JN082681

よくわかる最新

半導体の基本と仕組み

基礎技術から最新情報まですべてを網羅

西久保 靖彦　著

［第3版］

秀和システム

はじめに

私は大学卒業して数年後、まだバイポーラトランジスタが全盛の1970年頃に半導体に首を突っ込みました。

当時のプロセスは1.5インチウエーハからのスタートでした。
ウエーハ洗浄時にフッ酸を足にかけ病院にすっ飛んで行きました。ひざから下が真っ赤に腫れ上がったのを覚えています。手作りCVD装置のドライブにアマチュア無線機とリニア・アンプを用いました。設計は方眼紙に鉛筆書きでした。レイアウト図面修正は悲惨でした。位置を1ピッチ間違えて、数日分の設計を消しゴムで消すむなしさを味わいました。

自分で手がけた最初のICは、10ミクロンルールでした。分周回路の一段が、たしか250×500μmでした。論理回路の正論理と負論理を間違えて、出力パルス幅が逆でした。横拡散の影響がわからず、できあがったMOSトランジスタの実効チャネル長がすごく短くなっていて（ずっとあとからわかったのですが）、32KHz発振回路でなんと4MHz水晶で発振・分周動作し、すごくビックリしました。でもそれがはじめて動いたときは、天にも昇る気持ちでした。そしてその同時期に米IBMが1ミクロンルールのICを発表し、ほんとかよ～と疑うと共に仰天しました。

最初のCADを、正月休みの上司から自宅への電話"欲しいなら買ってやるぞ！"の瓢箪から駒で買ってもらいました。なんと、一式1億5千万円もしました（現在の同性能ならパソコン以下です）。その便利さに涙がちょちょ切れました。ICテスタも買ってもらいました。でも難しくてなかなか使いこなせませんでした。

2003年2月　　著者

[第3版]発刊にあたって

半導体デザインルールは、初版（2003年）の時は0.1μm、2版（2011年）の時は0.03μm、そして現在は0.01μm（10nmm）になっています。現在も、露光技術、成膜技術、エッチング技術に支えられ、微細化の進歩は止まっていません。私が最初にMOSFETを作った10μmの頃には、ここまでの進歩は夢にも思いませんでした。今後の10年、微細化は1nmを目指していくでしょう。その時に、私はボケないでいられるでしょうか？

2021年6月　　著者

How-nual 図解入門

よくわかる

最新半導体の基本と仕組み［第3版］

CONTENTS

第5章 ＬＳＩの開発と設計
設計工程とはどのようなものか

第6章 ＬＳＩ製造の前工程
シリコンチップはどうやってつくるのか

第7章 ＬＳＩ製造の後工程と実装技術
パッケージングから検査・出荷まで

第8章 代表的な半導体デバイス

第9章 半導体の微細化はどこまで?

第3版追加図版
株式会社マジックピクチャー

第1章

半導体とは何か？

どうしても知っておきたい物性基本の理解

高度情報通信社会の担い手は、パソコン、デジカメ、そしてスマホなどの電子機器構成のキー部品である半導体です。一般的には、半導体は集積回路（IC、LSI）と同義語ですが、本章では半導体を物性的にとらえ、その半導体本来の基本的性質や、なぜ半導体がIC、LSIになれるかを説明します。

1-1

半導体って何だろう？

半導体の本来の意味は、電気をよく通す「導体」と電気を通さない「絶縁体」との中間的な電気抵抗をもつ材料のこと。しかし通常は、電子機器の仕様や性能を決定する、製品の中枢となる電子部品である半導体材料につくり込んだ集積回路（IC、LSI）を指す場合が多いです。

半導体はスーパー電子部品

たとえば電卓の中身は、液晶セル（画面）、キーボード、電池、そして1～数個の集積回路の電子部品でつくられています。そして、この電卓の計算機能は、搭載されている半導体（集積回路）性能により決まります。本来、半導体ということばは、電気をよく通す**導体**と、電気を通さない**絶縁体**との中間的な**電気抵抗**をもつ材料を指します。しかし通常は、半導体というと、電子機能を搭載したその応用製品である**集積回路**（IC、LSI）と同義語的に使用されているといってもよいでしょう。

集積回路の製造は、**シリコンウエーハ**（半導体材料である単結晶シリコンを円盤状にスライスした薄片）の表面に、写真印刷技術を用いて一括して微細加工を施します。さらにそのシリコンウエーハに不純物を添加したり、絶縁膜、配線金属膜を形成する工程などを何度も繰り返して、100万～数億個もの半導体素子（従来のトランジスタや抵抗、コンデンサなどに相当するミクロン単位の電子部品）をシリコンウエーハ上につくり込みます。トランジスタや抵抗を一個一個つくってシリコンウエーハに搭載するのでなく、シリコンウエーハ上に一括処理でつくられるのです。

シリコンウエーハ上には、小さなシリコンチップ（10mm×10mm程度のペレット）が賽の目のように数百個以上配置されています。この小さなシリコンチップ一つひとつが、従来の電子部品搭載済の完成プリント基板と同じ機能をもっています。そしてシリコンウエーハからそのチップを、1個1個切り出してパッケージに封入したものが集積回路です。この小さなチップをパッケージに搭載したチップ状の集積回路の能力は、昔の大型コンピュータそっくり1台分を遥かにしのぐ性能をもっている、スーパー電子部品なのです。

この章では、まず本来の物理的な意味での材料としての半導体を理解しておきた

新聞や雑誌を賑わしている意味の半導体とは？

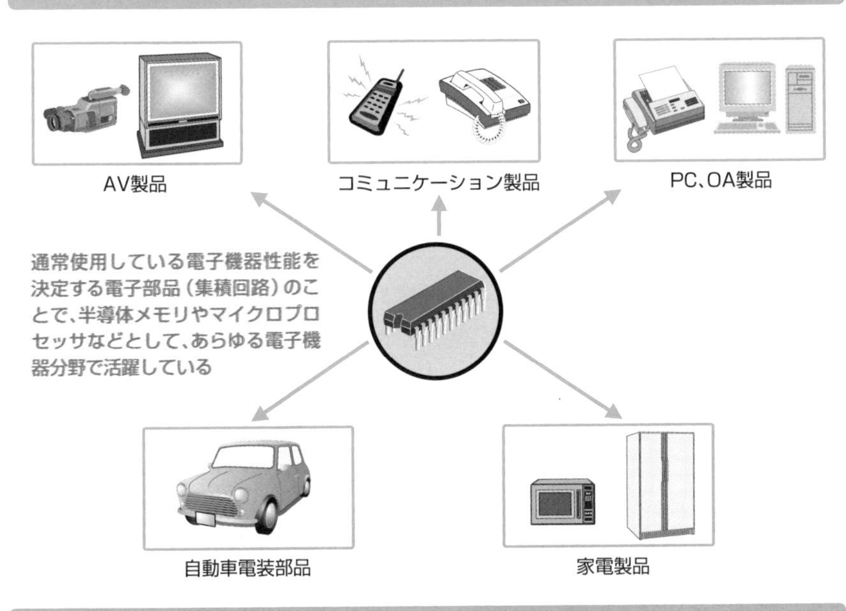

シリコンウエーハ

▲シリコンウエーハ　　出所：株式会社SUMCO

いと思います。電子部品としての意味合いの半導体（すなわち集積回路）については、後章で詳しく説明していきます。本章での基本的な半導体の材料特性の学習なくしては、現在のIT時代に必須な、集積回路であるIC、LSIを理解するところに進めないからです。

半導体の特質

日本語での半導体からの語感は、半分導体ということになるので、なんだかとてもわかりにくいと思います。半導体は入力された電気を半分だけ通すものなの？とか、半分が「導体」で半分が「絶縁体」でできているのか？　という具合です。

半導体を電気の通しやすさを論じる電気抵抗*から言えば、電気をよく通す「導体」と電気を通さない「絶縁体」との半ば、すなわち電気抵抗が「導体」と「絶縁体」の中間性質をもつ材料のこととなります。

ただし、電気抵抗が中間であるからといって、それだけでは半導体の条件は満たせません。電気抵抗が中間にあるものならすべて、電子部品としての半導体の特質を示すものなのかというと、そんなことはないのです。

これから学ぼうとしている電子産業における「半導体」の最大の特質とは、半導体への不純物の添加によって、電気抵抗が「絶縁体」に近い状態から「導体」へ近い状態へと性質を変化させることなのです。「半導体」とは、条件次第で「絶縁体」や「導体」の性質をもつようになる二重人格者なのです。この二重人格者の性格こ

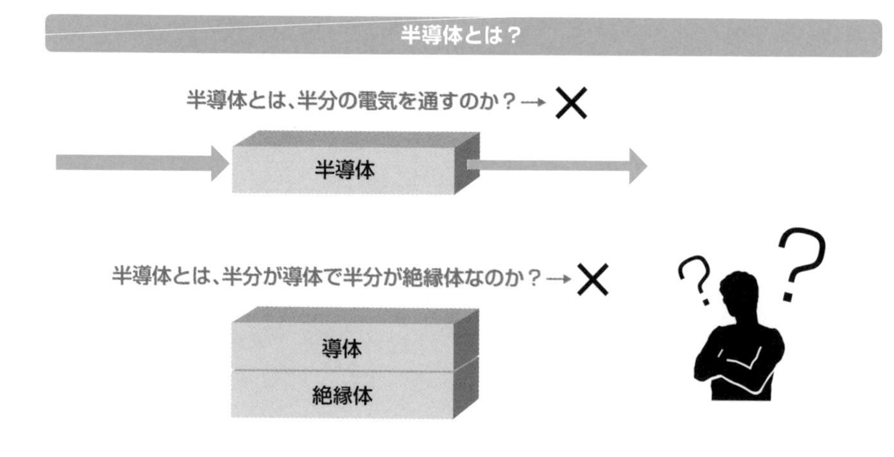

*電気抵抗　厳密には電気抵抗（Ω）ではなく電気抵抗率（ρ）。電気抵抗率は本文20ページ「1-4　半導体材料シリコンとはどんなモノ？」を参照。

そが、「半導体」からスーパー電子部品である集積回路（IC、LSI）をつくれる理由なのです。

LSIの構成単位の最小部品がダイオードやトランジスタです。このダイオード、トランジスタの内部は「半導体」の一部に不純物を添加したPN接合という領域からできています。このPN接合こそが電子回路（ダイオード、トランジスタ）の基本動作に必須なのです。したがって、「絶縁体」の中に不純物添加で「導体」（P型、N型導体）が作成可能な材料、すなわち「半導体」が集積回路（IC、LSI）になれるのです。

電気抵抗とは？

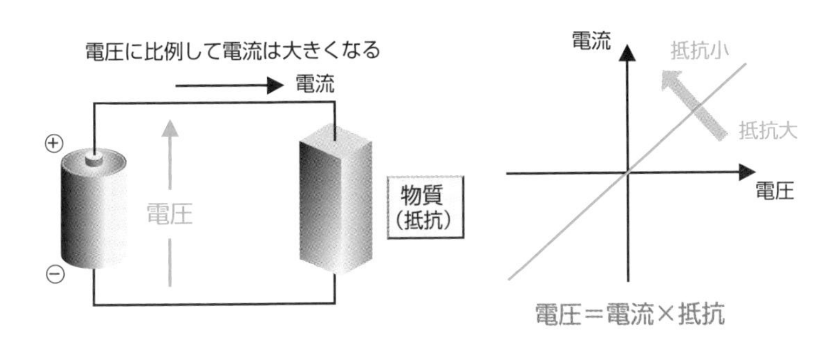

半導体の特質

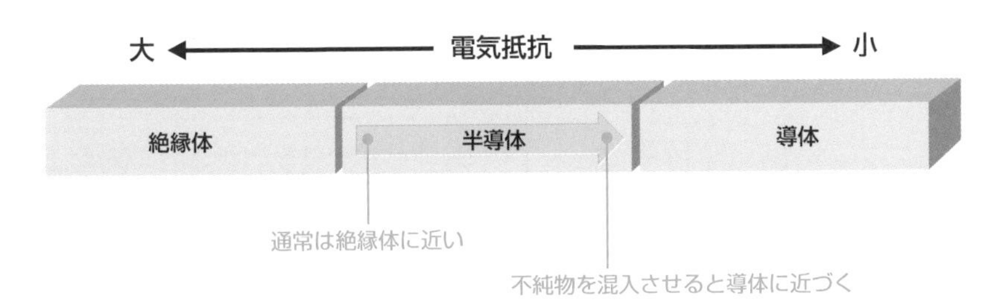

1-2

導体と絶縁体はどこが違うのか？

鉄や銅のような金属である導体は、非常によく電気が流れます。逆にビニールやプラスチックのような絶縁体は電気が流れません。電気が流れるということは、物質中に自由電子（動き回れる電子）があり、それが移動しているということです。

自由電子と電気抵抗

電気がよく流れるとは、どういうことなのでしょうか？

水は、大きな圧力のほうから小さな圧力のほうへ平衡するように流れます。電気の世界で水流にあたるのが電流で、流れている水にあてはまるものが電子です。電気の流れ、すなわち電流は、**電子**のかたまり（**電荷**）が物質の中を流れて移動することです。そして、電子の流れを生じさせるのが、水の水圧にあたる電圧です。水圧と同じように、電圧が大きければ、たくさんの電流が流れます。電子は電流と逆の方向に動いています*。

ここで電子という観点から、導体と絶縁体を考えてみます。

導体の中には、動き回れる**自由電子***がたくさんあります。そして電圧をかけることによって、この自由電子が押し出されるように移動して電流となります。

電圧、電流を水の流れに例えると

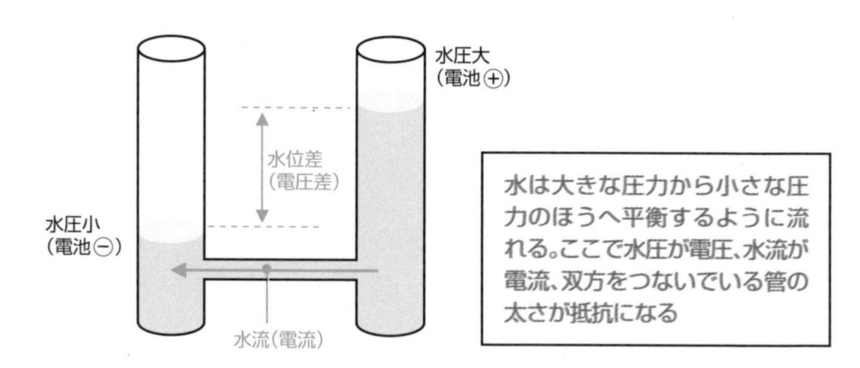

*電流と電子の流れが逆　この部分が、電子の説明でのややこしいところだが、ここではまず、そのようなものだと理解してほしい。

*自由電子　本文17ページの「1-3　半導体の二重人格」を参照。

絶縁体には、この動き回れる自由電子がないのです。電子はあっても、原子につなぎとめられていて動けず自由電子になることができません。したがって電子の移動が起こらず、電流は流れません。

電気抵抗とは、この自由電子の動きやすさの程度を表しているのです。

すなわち電気抵抗が大きいということは、導体中の自由電子が少なく、かつその導体物質中の原子とぶつかって抵抗を受け、電流が流れにくいということです。

逆に電気抵抗が小さいということは、自由電子に比較して導体物質中の原子が少ないために衝突がなく、電流がスムースに流れるということです。

自由電子に比較して導体物質中の原子が多ければ、たくさんの衝突抵抗を受けて熱や光を発生します。電熱器に用いるニクロム線は電気抵抗が大きく熱を発生させますが、わざと抵抗を大きくして、発生した熱を利用しているわけです。電球のフィラメントが光を発生するのも同じことです。

電気抵抗の大きさ度合いを示す電気抵抗率は、絶縁体が10^{18}～10^{8}Ωcm、導体が10^{-4}～10^{-8}Ωcmで、半導体はその中間の10^{8}～10^{-4}Ωcmの値です（詳細は21ページの図を参照してください）。このように半導体の電気抵抗は、導体と絶縁体の中間に位置するわけですが、電気抵抗率は範囲が約10^{13}桁にもおよぶ広範囲な中間的な抵抗であり、温度の影響を受けるという特徴があります。

電圧をかけると電流は流れる

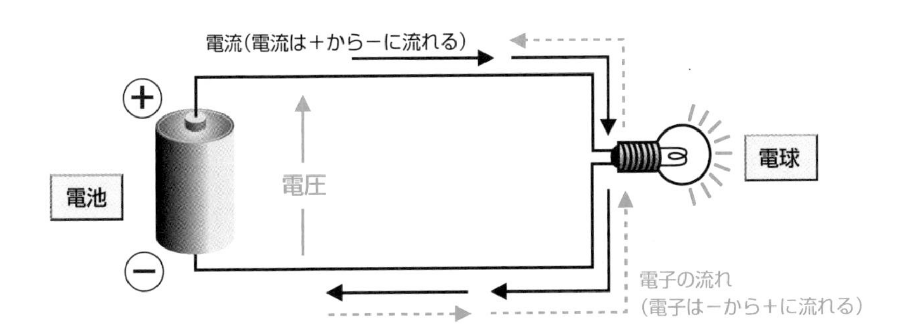

導体、絶縁体の原子と自由電子

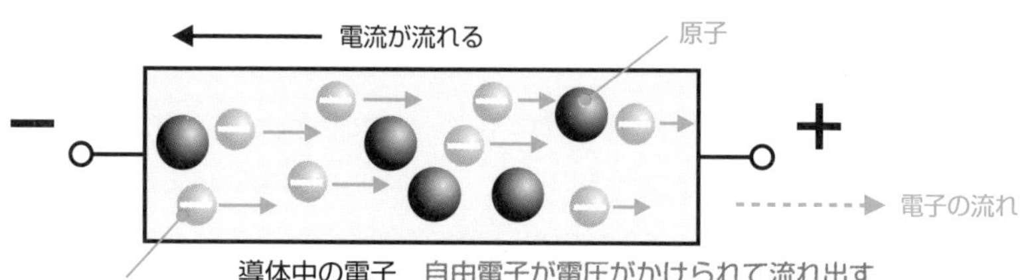

導体中の電子　自由電子が電圧がかけられて流れ出す

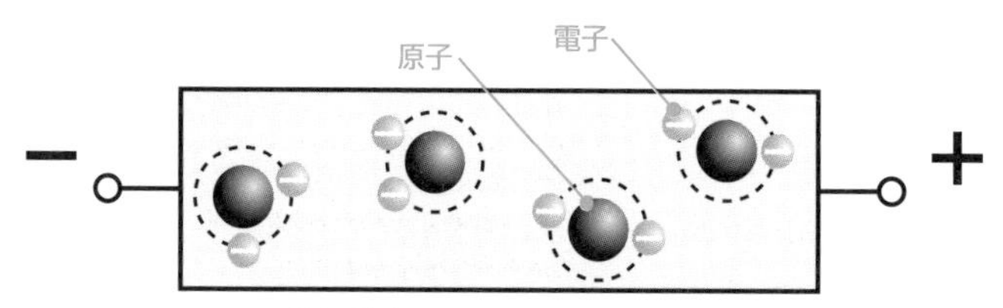

絶縁体中の電子　電子は原子に束縛されていて、自由電子はない
したがって電圧をかけても電流は流れない

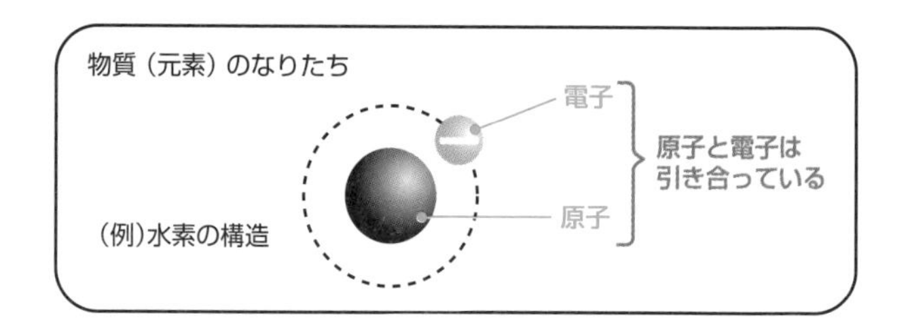

電気抵抗の考え方

[エネルギーは熱や光となる]

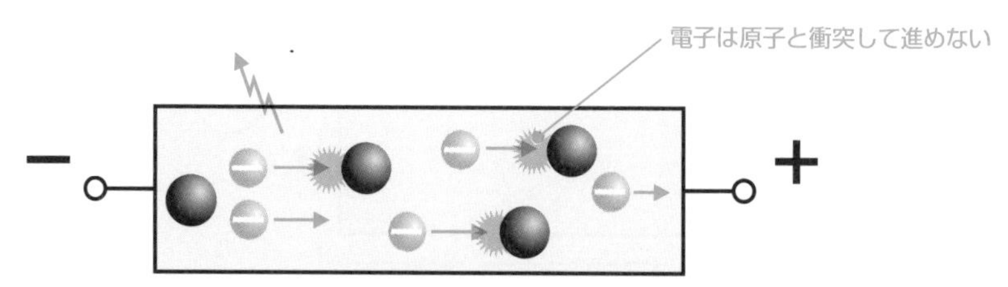

電気抵抗とは、自由電子はあるが原子とぶつかり合ってしまい、電流がスムーズに流れない状態の度合い(言い換えれば自由電子が少ない状態)

1-3

半導体の二重人格 〜絶縁体もどきから導体もどきへの変質〜

半導体の電気抵抗は通常は絶縁体に近い状態にありますが、不純物を添加することによって別の性質の導体となります。これは不純物が半導体構造中に入り込むことによって自由電子が生じ、その自由電子の寄与によって電気が流れる導体に変質するためです。

エネルギー構造を理解する

半導体、すなわちICやLSIのもととなる半導体材料の代表選手はシリコン*です。本節ではそのシリコンを例にあげて**エネルギー構造**を説明し、導体に変質する過程を説明します。

すべての元素は原子核と電子からなります。シリコン元素(Si)の**原子構造**は下図のようになっています。真ん中にSi原子核、そしてその周囲(電子軌道)に電子(エレクトロン)が原子に束縛されて存在します。この電子は自由に移動することができません。

この束縛された電子は、エネルギー構造図*の価電子帯にいます。この価電子帯の電子が電流に寄与する**自由電子**になるためには、禁止帯というエネルギーギャッ

シリコン原子の構造

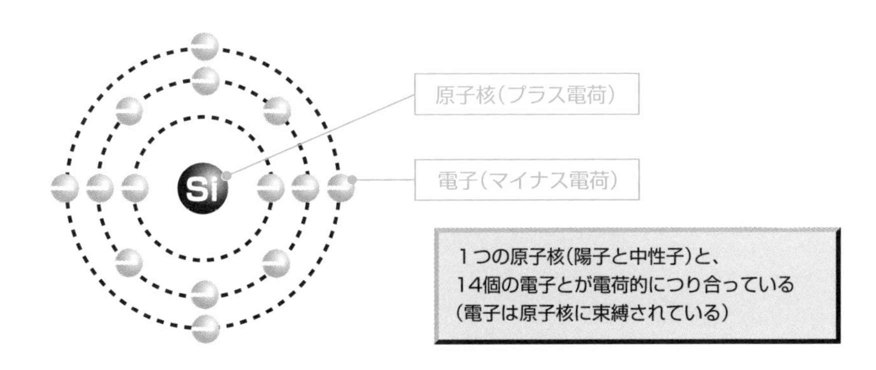

*シリコン　本文32ページの「1-7　LSIを搭載する基板—シリコンウエーハのつくり方」を参照。
*エネルギー構造図　次ページ欄外参照。

プを飛び越えて、**伝導帯**に行かねばなりません。ここで、純粋な半導体（真性半導体と呼ぶ）に**不純物添加**をすると、電子は通常では飛び越えられなかった禁止帯を飛び越えて、自由電子が存在できる伝導帯に行くことができます。こうして伝導帯に自由電子が存在するようになり、電圧をかけることによって電流が流れ、導体として動作するようになるのです。

このことを、価電子帯＝地下駐車場、禁止帯＝地上への坂道、伝導帯＝道路、電子＝自動車、と置き換えて説明します。

まず自動車（電子）は、地下駐車場（価電子帯）の決められた駐車スペースにきちんと並んで駐車（束縛）されています。

導体では、この地上出口までの距離（禁止帯）が短いので勾配が緩やかで、常温でも簡単に道路（伝導帯）に上がって走る（電流となる）ことができます。

ところが絶縁体では、地上出口までの距離（禁止帯）が長いので坂道は急峻で上がることはできず、自動車（電子）は道路（伝導帯）に出られず走れません（電流は流れない）。

電子エネルギー構造とその例え

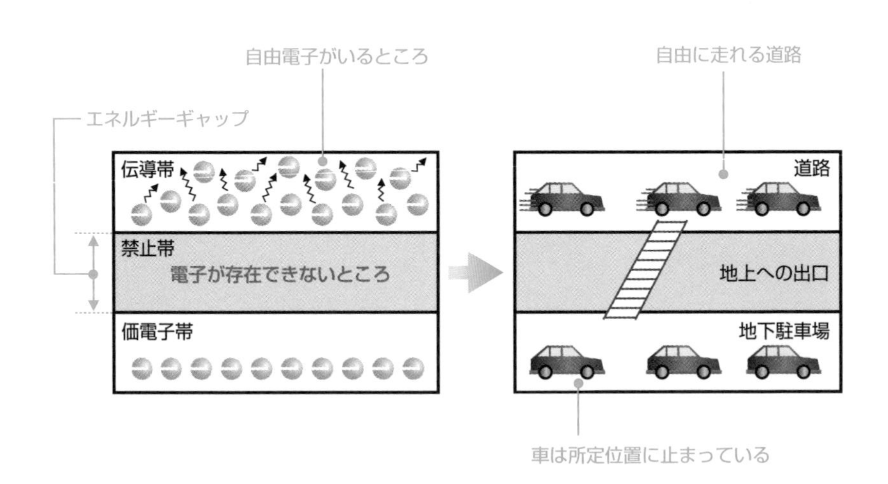

＊**エネルギー構造図**　結晶の電子エネルギー状態を表す。シリコン結晶のエネルギー構造図が上の左図。結晶中の電子エネルギーの状態は、それぞれの原子に対応して、電子が自由に動くことができる「伝導帯」、電子が束縛されて存在する「価電子帯」、そして伝導帯と価電子帯の間で電子が存在できない「禁止帯」とになる。禁止帯の幅がエネルギーギャップで、この値は半導体材料によって異なる。

半導体の場合は地上出口までの距離（禁止帯）が導体と絶縁体の中間にあるため、ハイオクガソリンを使って馬力をあげれば（不純物を添加すれば）、坂道を上がり道路（伝導帯）まで出られます。そして導体のように道路（伝導帯）を走る（電流を流す）ことができるようになります。

ここでのハイオクガソリン使用（不純物添加）による馬力アップは、あたかも価電子帯の電子にエネルギーを与えたような働きであると考えてください（より詳細な説明は、本文「1-6　N型半導体、P型半導体のエネルギー構造」を参照）。

通常、導体ではエネルギーギャップを乗り越えるエネルギー源として温度があり、常温でも自由電子がいっぱいで抵抗は小さいのです。真性半導体も高温ではいくらかは自由電子ができて、電気抵抗は常温時よりも小さくなります。

導体と絶縁体と半導体のエネルギー状態比較

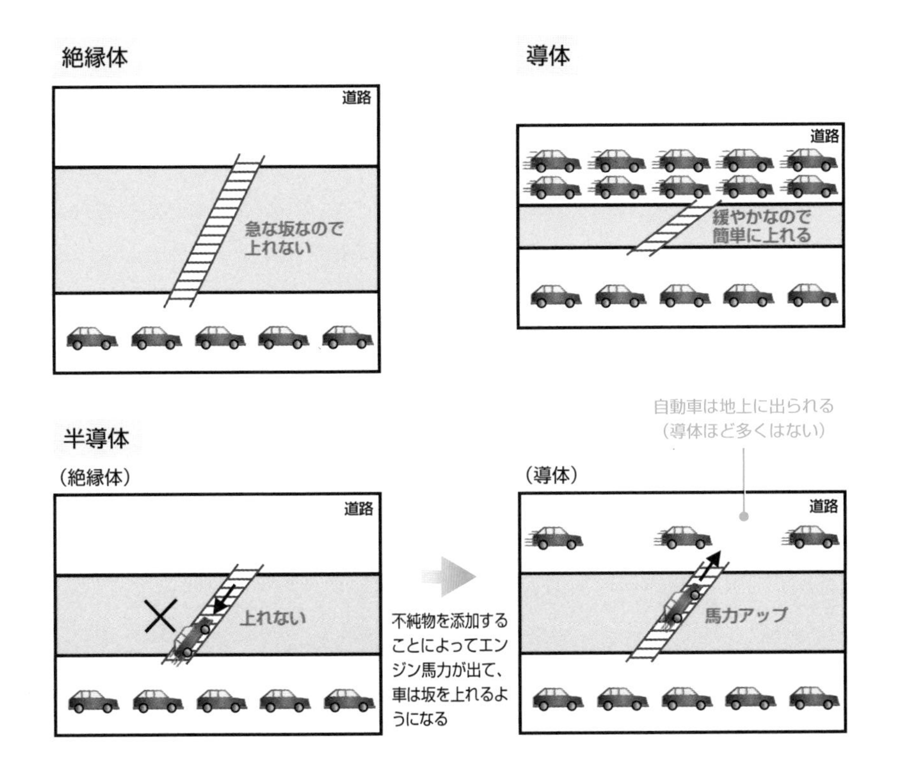

1-4

半導体材料シリコンとはどんなモノ？

現在の電子機器に採用されている集積回路用半導体材料として、最も使用されているのがシリコン（シリコンウエーハ）です。半導体用シリコンは地球上に天然に存在する酸化シリコンから生成し、超高純度の単結晶構造をしています。

シリコンの特性

半導体材料の**シリコン**は、地球上に2番目に多く存在する元素です*。日本語では珪素（ケイ素）とも呼び、元素記号はSiで表します。その存在はすごく身近で、土、砂や石の主成分がシリコンです。しかし、シリコンは酸素と結びついて存在し、大部分は珪石（ケイ石）という酸化物（SiO_2）の形で存在しています。

半導体材料として用いるシリコンは、この珪石を還元、精留させて、珪素の純度を99．999999999％（イレブンナイン）にまで高めたものです。次ページ上図の元素周期律表で示されるように、シリコン（Si）は、Ⅳ族の元素で、原子番号は14です。元素番号32のゲルマニウム（Ge）とともに、半導体として単独で用います。またⅢ－Ⅴ族の2種の元素を用いたガリウム砒素（GaAs）、ガリウム燐（GaP）などの化合物半導体（2種以上の元素からできている半導体）も、近年では光通信関係の半導体としてよく用いられています。

シリコンの結晶格子は、ゲルマニウム（Ge）、炭素（C）と同じダイヤモンドの結晶構造をもち、正四面体で非常に安定しています。シリコンは、一番外側の電子軌道にある電子*を4個もっています。シリコン結晶では、隣り合ったシリコン原子が互いの電子を共有しあって、それぞれの原子が8個の電子をもっている状態で結合しています*。本来、原子の結合は、価電子数が2個あるいは8個で最も安定するものなのです。したがって、この状態での電子は非常に安定しており、ほとんど電気伝導に寄与しません。そのため電流が流れにくく、電気抵抗率は約10^3 Ωcmという値をとります。これが導体でも絶縁体でもない、不純物をまったく含まない高純度単結晶シリコンの半導体（**真性半導体**）です。

＊2番目に多い元素　ちなみに一番多い元素は酸素。

＊一番外側の電子軌道にある電子　価電子といい、電気伝導に寄与する。

＊原子の結合　本文23ページの「1-5　不純物の種類によってP型半導体とN型半導体になる」を参照。

元素周期律表

Ⅱ	Ⅲ	Ⅳ	Ⅴ	Ⅵ
	5 B	6 C	7 N	8 O
	13 Al	14 Si	15 P	16 S
30 Zn	31 Ga	32 Ge	33 As	34 Se
48 Cd	49 In	50 Sn	51 Sb	52 Te

□の部分が主に単体で半導体として用いられる

原子核（プラス電荷）

電子（マイナス電荷）

Si

導体、半導体、絶縁体の電気抵抗率

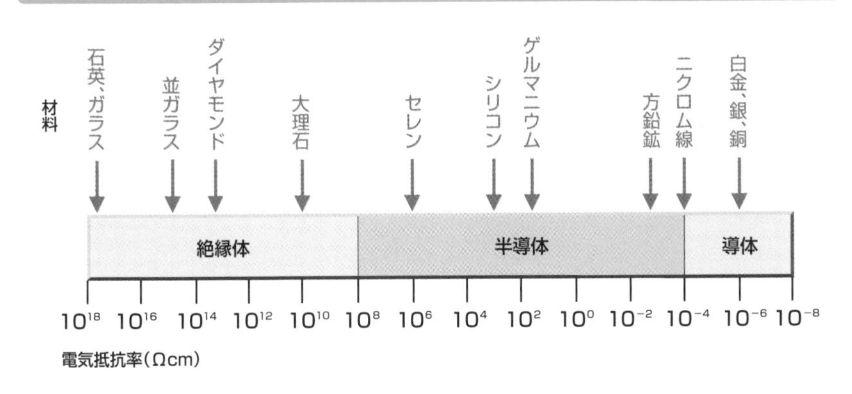

集積回路（IC、LSI）の半導体基板として用いるシリコンウエーハは、シリコン単結晶引き上げ時にP型もしくはN型の不純物を若干添加してP型、N型のシリコンインゴットをつくり、これを薄く円盤状にスライス、研磨したものです。詳細は「1-7　LSIを搭載する基板—シリコンウエーハのつくり方」を参照してください。

なお、シリコンが半導体材料として用いられる理由は、材料が入手しやすいということもありますが、半導体素子製造上に必須な**絶縁膜**＊が**シリコン酸化膜**（SiO_2）として容易に製造できるということも大きく起因しています。

電気抵抗率

電気抵抗の大きさは、実際には**電気抵抗率**を用います。

同じ物質でも、長さが長ければ抵抗は大きくなり、断面積が大きければ抵抗は小さくなりますので、電気抵抗だけの数値では材料特性を表しきれません。そこで、大きさによらないように単位断面積／単位長さあたりの抵抗値という電気抵抗率が用いられるのです。

電気抵抗率

各辺1cmの立方体が1Ωであれば、その電気抵抗率は1Ωcmとなる
電気抵抗率は、単位面積／単位長さあたりの抵抗値で表される

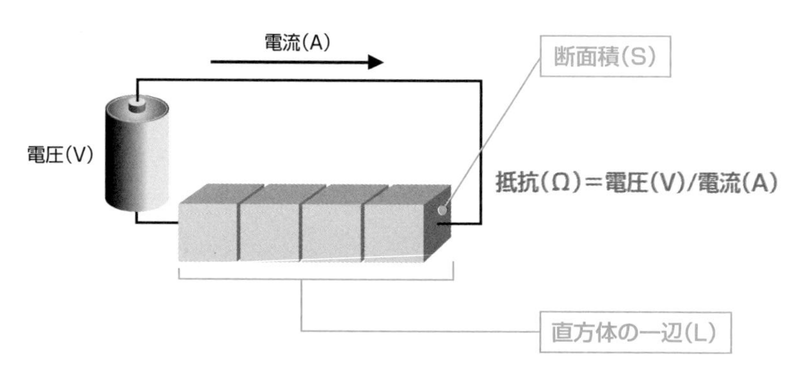

電気抵抗率ρ(Ωcm)＝抵抗R(Ω)×〔断面積S(cm²)/長さL(cm)〕
この図の直方体はR＝4Ω、S/L＝1/4でρ＝1Ωcmとなり、
立方体1個と同じになる

＊**絶縁膜**　詳細は本文165ページの「第6章　LSI製造の前工程」を参照。

1-5

不純物の種類によって P型半導体とN型半導体になる

不純物をまったく含まない高純度単結晶の半導体（真性半導体）に、不純物としてリン（P）、砒素（As）、アンチモン（Sb）を添加したものがN型半導体です。アルミニウム（Al）、ボロン（B）を添加したものがP型半導体です。

シリコンの原子構造

シリコンは中心に原子核（陽子と中性子からなり、プラス電荷）があり、原子核に捕らえられたかたちで、その周辺の軌道（電子軌道と呼ぶ）に14個の電子（マイナス電荷）をもっています。ここで電子を捕らえている拘束力は、電荷のプラス、マイナスの引き合いによるものです。

一番外側の電子軌道にある電子を**価電子**といい、原子の結合や電気伝導に寄与します。シリコン単結晶は、この価電子4個が、お互いに隣のシリコン原子の価電子を共有して、一番外側の電子数を8個として安定な結晶をつくっています。この状態の電子は強く原子に束縛され、ほとんど電気伝導に寄与することができません。抵抗率は10^3 Ωcmで、導体でも絶縁体でもない、これがいわゆる純粋な半導体（不純物のない真性半導体）の状態なのです。

単結晶とは、すべての原子同士の結晶方位が3次元的に規則正しく繰り返し配列している結晶構造です。それに対して多結晶は、いろいろな結晶方位の微小結晶が凝集している結晶構造です。またアモルファス（非結晶）は、規則性をもたず完全にランダムな配列構造です。

シリコンには、このように単結晶シリコン、多結晶シリコン、アモルファスシリコンの状態があります。

シリコン原子の構造

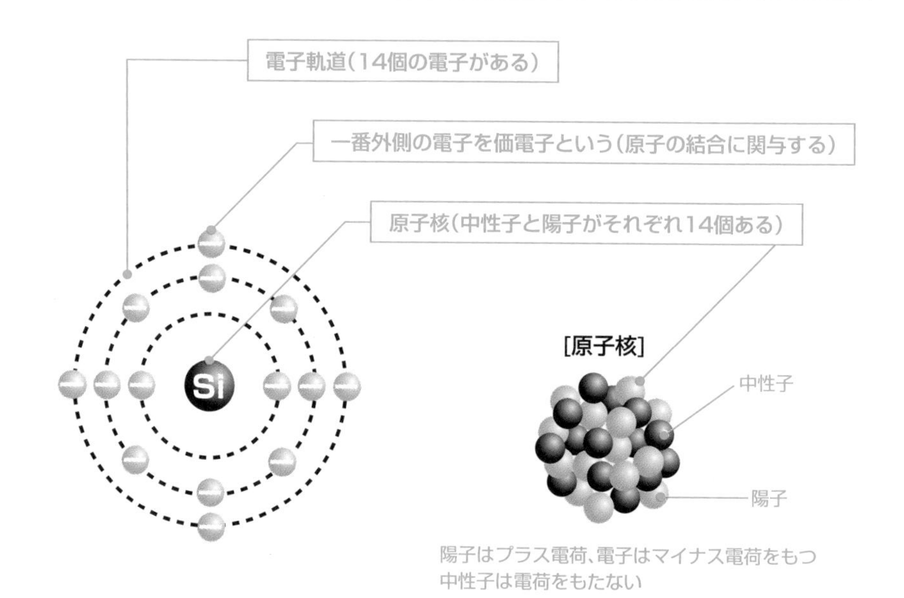

シリコン結晶（単結晶）

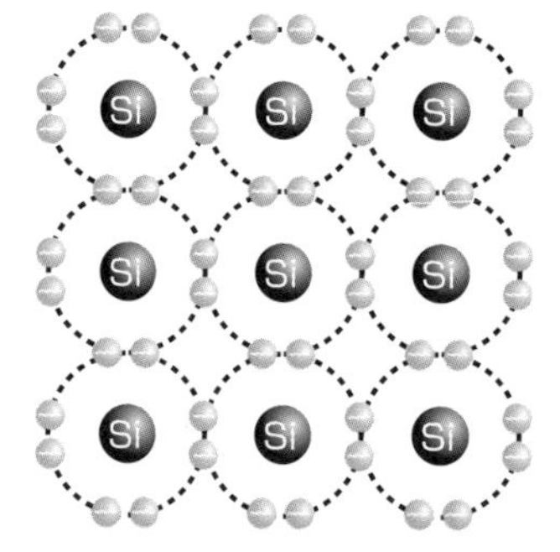

シリコン原子は、価電子が8個の最安定な状態である
自由電子はできず、伝導に寄与しない

＊電子は一番外側の電子軌道にある価電子のみ描いています

N型半導体

このシリコン単結晶に、微量のリン（P）などの5価元素（5個の価電子をもつ元素）を不純物として添加したものが**N型半導体**です。

シリコンは4個、リンは5個の価電子をもっています。この場合には、一番外側は価電子が8個で安定しているわけなので、1個の価電子は余って、原子に拘束されないフリーに動き回れる伝導帯での自由電子となります。この自由電子が伝導に寄与して抵抗率が1/1,000から1/10,000に急激に下がって導体に近くなるのです。

電子のことを**エレクトロン**ともいいますが、特にこの場合の伝導に寄与する自由電子を**キャリア**と呼びます。エレクトロンはマイナス（Negative）電荷をもつのでN型半導体といいます。

P型半導体

また、このシリコン単結晶に、微量のボロン（B）などの3価元素を不純物として添加したものが**P型半導体**です。

シリコンに微量のリンを添加した場合

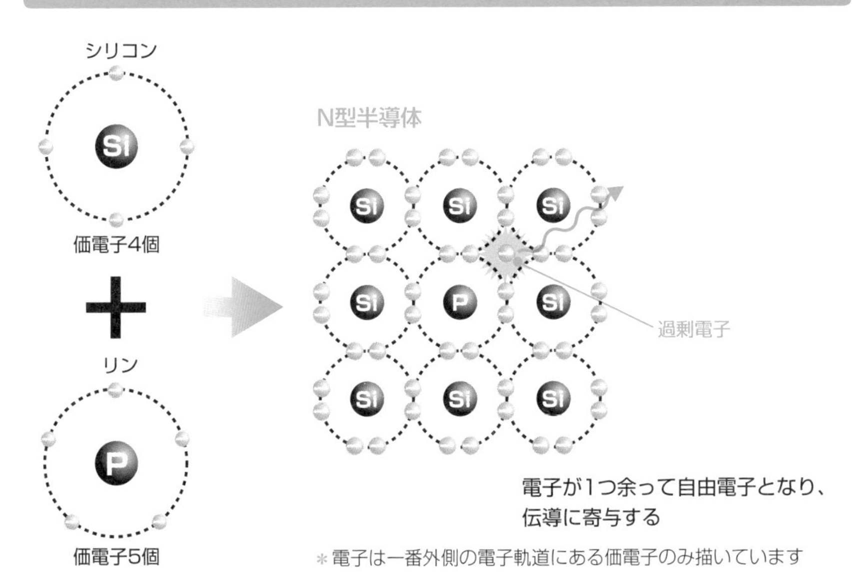

ここでシリコンは４個、ボロンは３個の価電子をもっています。一番外側は価電子が８個で安定しているわけなので、この場合には１個の価電子が不足となり、エレクトロンがあるべき場所ができます。これを**ホール**と呼びます。

このホールにはエレクトロンが入れるので、となりからエレクトロンが移ってきます。するとまた移ったエレクトロンがあった場所はホールになり、またエレクトロンが移ってきます。こうしたホールは、結果的には自由電子と同様に伝導に寄与します。でも、その方向は当然、エレクトロンと逆になり、電流と同じ方向になります。伝導に寄与するホールも**キャリア**と呼びます。キャリアであるホールがプラス（Positive）電荷をもつのでＰ型半導体といいます。

なお、実は常温でもＮ型半導体にはホールが、Ｐ型半導体にはエレクトロンが少しだけ存在します。これらを少数キャリアと呼びます*。少数キャリアはMOSトランジスタ*の動作で重要な役割を果たします。

シリコンに微量のボロンを添加した場合

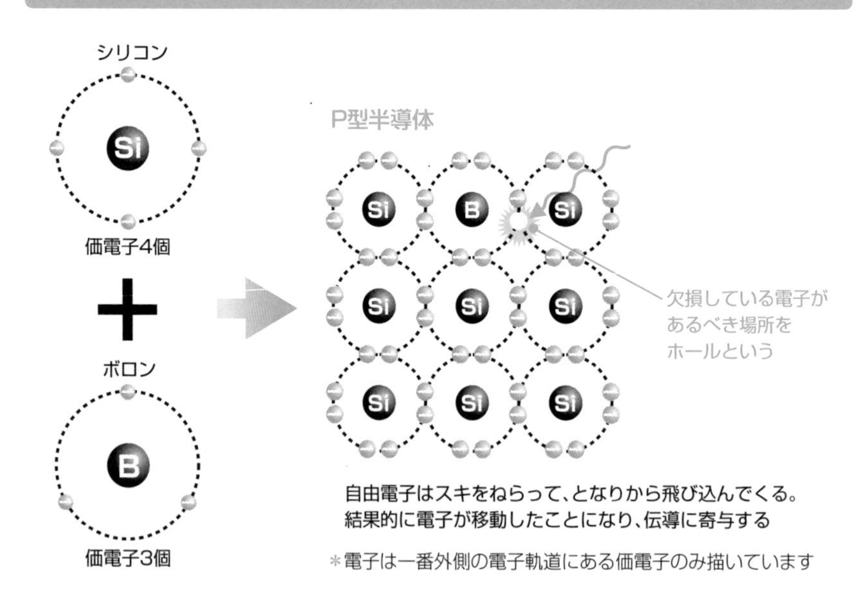

＊**少数キャリア**　これに対して、たくさんあるキャリアは多数キャリアと呼ぶ。本文30ページ「多数キャリアと少数キャリア」を参照。

＊**MOSトランジスタ**　本文80ページの「3-4　LSIの基本素子MOSトランジスタとは？」を参照。

1-6

N型半導体、P型半導体のエネルギー構造 馬力アップエネルギーの正体とは?

真性半導体に添加された不純物は、N型半導体ではドナー*、P型半導体ではアクセプタ*として働きます。馬力アップの正体は、不純物添加によって、エネルギー構造に新しいエネルギーレベルである、ドナー準位とアクセプタ準位が生成されたことによるものなのです。

絶縁体、半導体、導体のエネルギー構造

エネルギー構造とは、物質(結晶)の電子エネルギーの状態を模式的に表したものです。「1-3　半導体の二重人格」での復習をかねて、ここでもう一度、電子エネルギー構造によって、導体、絶縁体、半導体の違いを整理しておきます。

シリコン結晶の電子エネルギー構造は、電子が自由に動くことができる伝導帯、電子が充満しているが束縛されて動くことができない価電子帯、そして伝導帯と価電子帯の間で電子が存在できない禁止帯という、三つの領域(帯)で表すことができます。なお、禁止帯の幅をエネルギーギャップとも呼び、この値は半導体材料によって異なり、シリコンでは1.17エレクトロンボルトです。

導体は、禁止帯の幅がないか、あるいは価電子帯と伝導帯が重なった状態になっています。そのため、室温付近の熱エネルギーによって容易に励起され、電子は価電子帯から伝導帯へと飛び越えることができ、伝導帯にはたくさんの自由電子が存在します。したがって、電圧をかけることによって自由電子が移動し電流が流れます。絶縁体は、禁止帯の幅が非常に大きく、価電子帯の電子は禁止帯を飛び越えられないので、伝導帯に自由電子がなく、電圧をかけても電流は流れません。

半導体は、禁止帯の幅が導体と絶縁体の中間にあり、絶縁体ほど幅が大きくはありません。そこで、何らかのエネルギーをもらって励起され、例えば、馬力アップのエネルギーとなるような不純物の添加によって、価電子帯の電子を禁止帯の幅を飛び越えて伝導帯に到達することができます。その結果、半導体の特性は絶縁体から導体に変質して、伝導帯に自由電子が存在するようになり、電圧をかけることによって自由電子が移動し電流が流れるようになります。

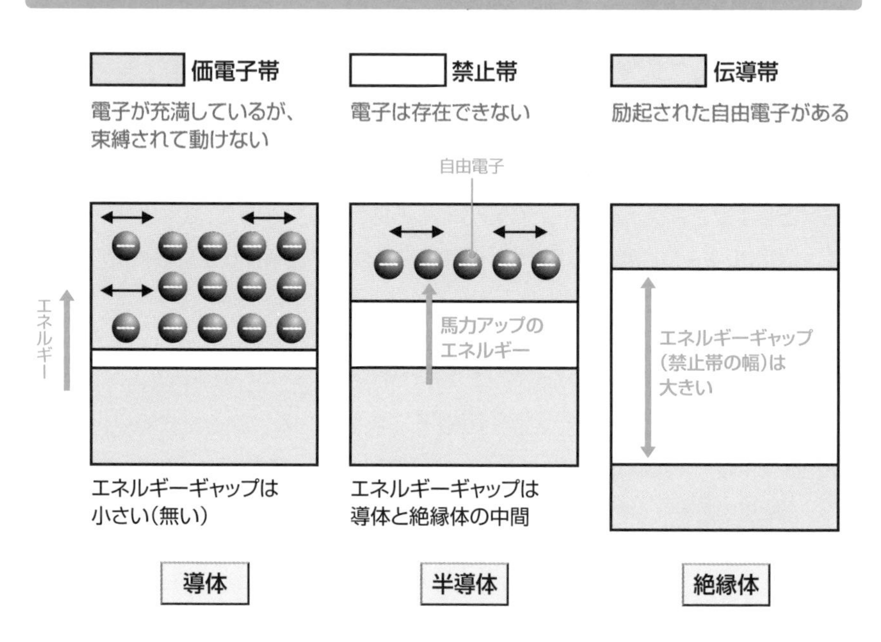

N型半導体のエネルギー構造

N型半導体は、真性半導体であるシリコン単結晶に、微量のリン（P）などを不純物として添加したものです。ここまでは、リンの添加によって馬力アップエネルギーを与えられた価電子帯の電子は、エネルギーギャップを飛び越えて伝導帯に到達し、自由電子となるとしてきました。しかし正確には、価電子帯の電子は、直接にエネルギーを与えられたのではなく、禁止帯中の新たなエネルギーレベルを中継して、伝導帯に到達できるようになったのです。

不純物としてリンが添加されると、シリコンの一部がリンに置き換えられ、1個の過剰電子が自由電子になるとすでに述べました。これをリンの方から見ると、電子を一つ欠損した、動くことができない正イオン化した不純物原子（**ドナー***）ができたと考えることができます。この状態をN型半導体のエネルギー構造から見れば、添加した不純物のリンが、禁止帯中の伝導体の下近傍に、**ドナー準位**というエネルギーレベルを生成したことになります。

＊**ドナー**　提供者。電子を伝導帯に放出するもの。

ドナー準位から伝導帯までのエネルギーギャップは、シリコン半導体の約1/20と小さいので、室温付近の温度領域において、容易に伝導帯に励起（放出）され、自由電子となることができるのです。これが、不純物を添加したときに説明した、伝導帯に自由電子が飛び上がった、馬力アップエネルギーの正体なのです。

P型半導体のエネルギー構造

P型半導体でも同様に考えます。不純物としてボロンが添加されると、シリコンの一部がボロンに置き換えられ、1個の電子が欠損し、他から電子を奪いやすくなります。これをボロンの方から見れば、電子を受け取れる状態のホールが、価電子帯から電子を受け取って、動くことができない負イオン化した不純物原子（**アクセプタ***）ができたと考えることができます。

この状態は、添加した不純物のボロンが、禁止帯中の価電子帯の上近傍に、**アクセプタ準位**というエネルギーレベルを作ったことになります。この状態では、価電子帯で拘束されていた電子は、アクセプタ準位までのエネルギーギャップが小さいので、容易にアクセプタに励起（受領）され、価電子帯にホールができるのです。なおこれは逆に考えて、アクセプタは価電子帯へホールを放出していると考えることもできます。

N型半導体、P型半導体のエネルギー構造

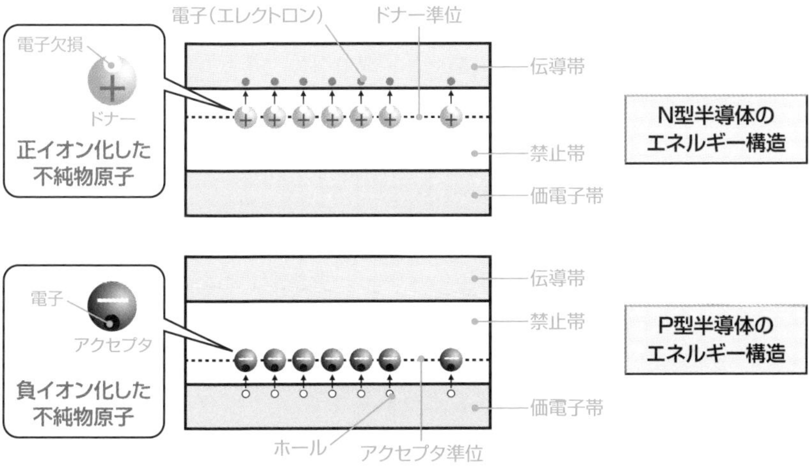

＊**アクセプタ**　受領者。電子を価電子帯から受け取るもの（ホールを価電子帯へ放出するもの）。

多数キャリアと少数キャリア

半導体中には、電気伝導に寄与するキャリア（半導体中で電流の元となる電荷を運ぶ担い手）として、N型半導体では電子（エレクトロン）が、P型半導体ではホールがあります。

ここでのキャリアは、半導体学問上では**多数キャリア**と呼んでいるものです。今まで真性半導体は、不純物を含まない高純度単結晶のため、キャリアとなるエレクトロンやホールは無いと説明してきましたが、実際には室温付近の温度（熱エネルギー）によって、価電子帯から伝導帯へ直接に励起されたエレクトロンやホールが微量（桁違いに少量）ですが存在しています。したがって、N型半導体にも微量のホールが、P型半導体にも微量のエレクトロンが存在し、これらのキャリアを、多数キャリアに対して**少数キャリア**と呼んでいます。つまり、N型半導体では、多数キャリアがエレクトロン、少数キャリアがホール、P型半導体では、多数キャリアがホール、少数キャリアがエレクトロンとなります。

これから説明するN型半導体とP型半導体を接合したダイオードでは、多数キャリアによってその動作を説明できます。しかし、トランジスタの動作説明では、多数キャリアとともに、少数キャリアの振る舞いが、その動作に大きな役割を果たします。

半導体の不純物濃度と電気伝導度

半導体の電気伝導度（電流の流れやすさ）は、多数キャリア数に依存するわけですので、その元となる添加されるドナーやアクセプタとなる不純物量（不純物濃度）に依存します。したがって、不純物の種類（ドナー、アクセプタ）や濃度を変えることによって、半導体の性質を変える（絶縁体から導体への変質）ことができ、現在のような半導体製品が製造可能になったのです。

半導体の電気伝導度は電気抵抗率*（電流の流れにくさ、単位Ωcm）で表されます。電気抵抗率とキャリアとなるドナーやホールを生成する不純物濃度は反比例の関係になります。ただし、不純物濃度が増加すると移動度*が減少するため、正確な反比例にはなりません。こうして、半導体での電気伝導度は、不純物濃度（不純物の添加量）によって制御することができるのです。

---

* **電気抵抗率**　詳細は本文20ページの「1-4　半導体材料シリコンとはどんなモノ？」を参照。
* **移動度**　半導体のキャリアである電子（エレクトロン）やホールの平均速度は、電場が比較的小さい場合には電界の大きさに比例する。このときの比例定数が移動度（単位は$cm^2/V \cdot sec$）。

多数キャリアと少数キャリア

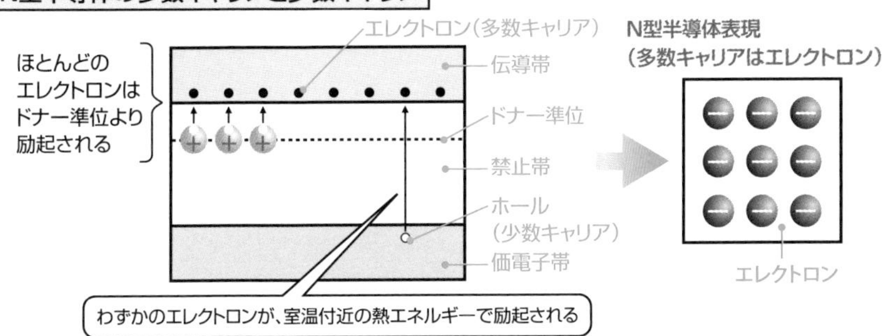

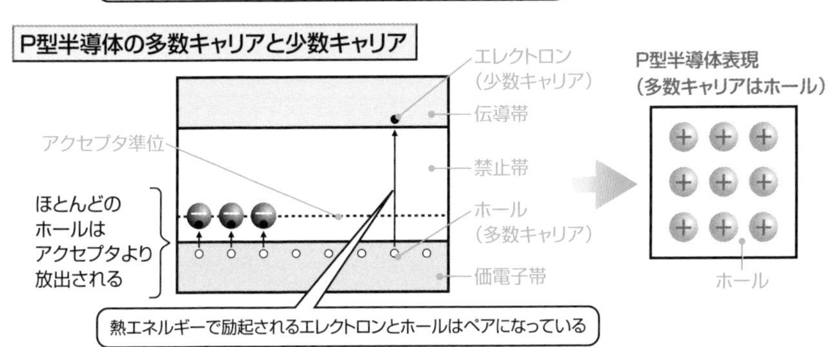

シリコンの電気抵抗率と不純物濃度

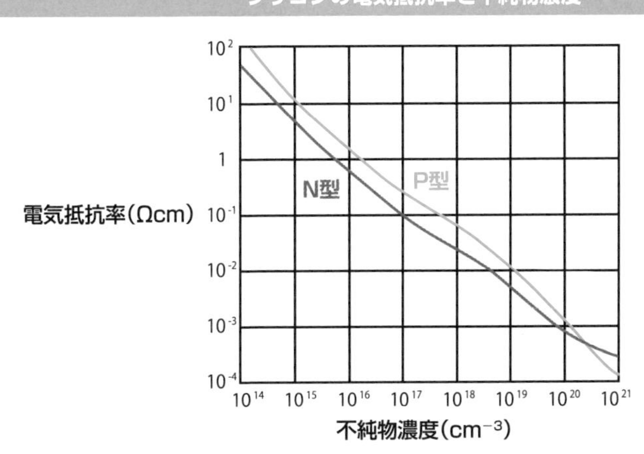

出典：J.C.Irvin,"Resistivity of Bulk Silicon and of Diffused Layer in Silicon,"Bell System Tech.J.,41:387,1962.

1-7
LSIを搭載する基板―シリコンウエーハのつくり方

シリコンウエーハは高純度単結晶シリコンを薄く円盤状にスライス、研磨したものです。このウエーハ上に、集積回路（IC、LSI）となる電子回路を形成します。超高集積・微細化構造のLSIを製造するためには、平坦度、反り、清浄度、結晶欠陥、酸素濃度、電気抵抗などの精緻な要素制御が必要です。

シリコンウエーハの製造工程

シリコンウエーハ製造の流れを簡単に、順を追って見てみましょう。

❶多結晶シリコンの製造

半導体シリコンの原料であるシリコンは、天然には単体ではなく珪石（SiO_2）として存在しており、この純度の高いものを半導体シリコンの原料として使用します。まず珪石を溶かして98%純度の金属シリコンをつくり、それから**多結晶**シリコンをつくります。

多結晶シリコンは、結晶方位がランダムな微小結晶の集合体です。半導体材料用には、このときの純度が99.999999999%（イレブンナイン）のものが必要です。この多結晶を、再び溶解して結晶方位が一定化された**単結晶**とします。

❷単結晶シリコン（単結晶シリコンインゴット）の製造

インゴット（塊）状単結晶シリコン製造のひとつであるCZ法（チョクラルスキ法）は、粗く砕いた多結晶シリコンを石英製のルツボの中で融解し、石英ルツボを回転させながらピアノ線に吊るしたシリコン単結晶の小片（シードと呼ぶ種結晶）をシリコン融液に接触させて、シードをゆっくり回転させながら、ピアノ線で徐々に引き上げて固化してつくります。このとき、ルツボ内に微量のボロン（B）、リン（P）などの不純物を添加して、P型やN型のシリコン単結晶をつくります。

シリコンウエーハ製造の流れ

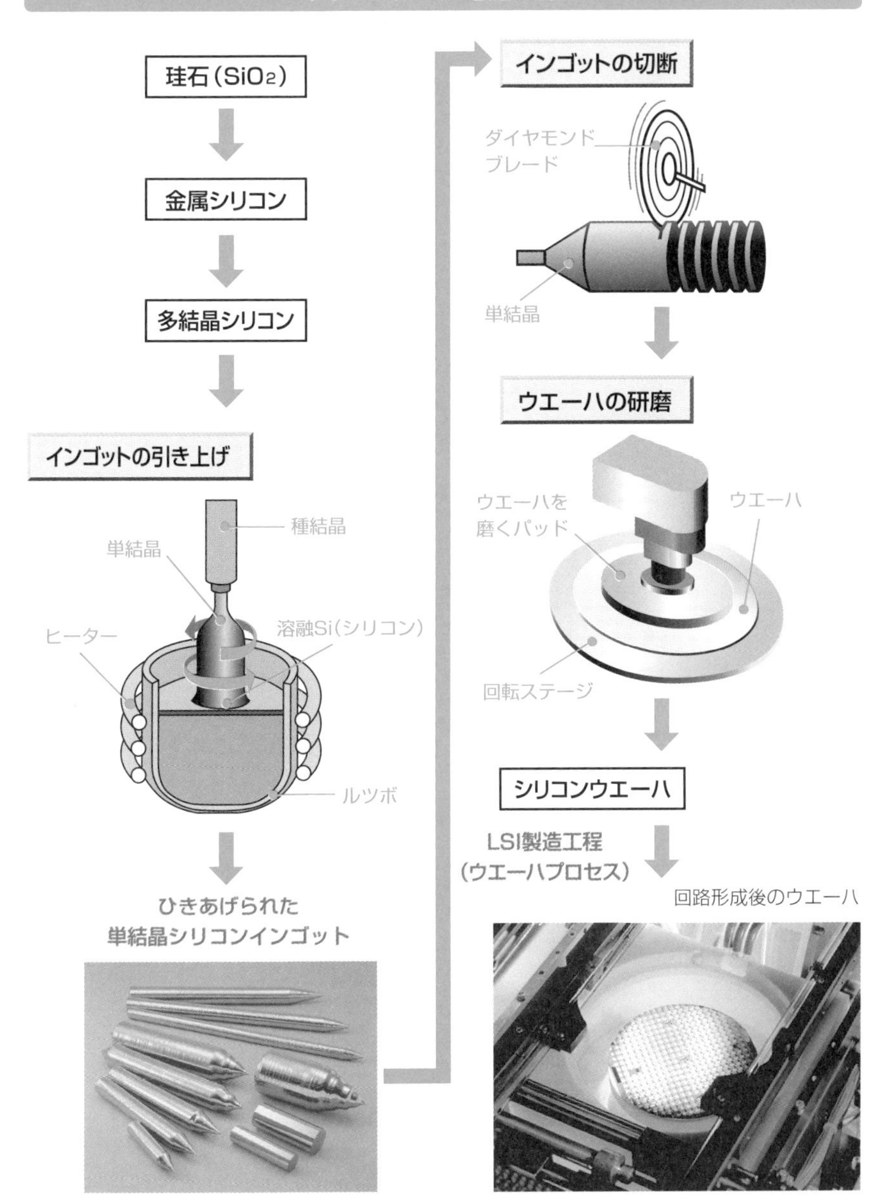

参考：「半導体のできるまで―前工程／後工程」（一般社団法人　日本半導体製造装置協会）
参考：SCREENホールディグスのホームページ（https://www.screen.co.jp）

③インゴットの切断

インゴットを特殊なダイヤモンドブレードやワイヤーソーなどにより、1枚1枚の**ウエーハ**に分離・切断してウエーハをつくります。

分離後、ウエーハは「ベベリング」と呼ばれる面取り工程をします。これは、ICの製造工程において側面部が欠けてシリコン屑が発生したり、あるいは熱処理工程で周辺部からの歪みによる結晶欠陥が入ったりするのを防ぐためのものです。

④ウエーハの研磨

面取りがすんだウエーハは、細かい粒径の研磨剤を含む研磨液によって機械研磨を行い、さらに側面部を磨いたあとに、ウエーハ表面を化学的に鏡面研磨して、半導体用のウエーハが完成します。

ウエーハサイズとチップの取れ数

ウエーハサイズが大きければ、一度に取れるチップ数も大きくなります。したがってシリコンウエーハは、半導体技術や製造装置の進歩とあいまって大口径化が進んでいます。現在の主流は200mmウエーハから300mmウエーハへと移行していますが、すでに450mmウエーハの検討も始まっています。

例えば、ウエーハ口径を200mmから300mmにすると、ウエーハ口径が1.5倍になることによって、その表面積は$1.5^2=2.25$、すなわち2.25倍になります。さらに大口径化によって、ウエーハ周辺のデッドスペース減少や製造時の周辺部のゆらぎ領域が相対的に減少することなどにより、取れるチップ数はさらに増加します。

▼200mmと300mmウエーハのチップの取れ数の比較

チップサイズ	取れ数	
	200mmウエーハ	300mmウエーハ
13×13mm	160個	380個（2.4倍）
10×10mm	280個	650個（2.3倍）
7×7mm	580個	1,360個（2.3倍）
4×4mm	1,860個	4,260個（2.3倍）

IC、LSIとは何か？

LSIの種類とアプリケーション

電子機器を飛躍的に小型化／軽量化／高性能化したLSIには、従来からの個別電子部品（トランジスタ、ダイオード、抵抗など）がシリコンウエーハ上に100万〜数億個以上もつくり込まれています。そのLSIは電子回路や機能面からの分類ができます。この章では、その中で特にメモリ、ASIC、マイコン、システムLSIなどについて説明します。

2-1

高性能電子機器を実現するLSIとは何か？

抵抗、コンデンサ、ダイオード、トランジスタなどの電子部品を多数個、シリコンなどの半導体基板上に集積した電子回路を集積回路*といいます。そのうち大規模なものをLSI*と呼んでいますが、現在ではICもLSIもほぼ同義語として使用されています。

LSIがもたらしたもの

LSIが従来製品に比較してどのくらい素晴らしい特長をもっているかを、まず理解しましょう。昔の**個別電子部品**である抵抗、コンデンサ、ダイオード、トランジスタを用いた電子回路を用いた製品と比較して、LSIの出現・進歩によって、以下の事項が実現しました。

●**小型化／軽量化**

プリント基板1枚分の電子回路が、数mmの1個のシリコンチップになった。

●**高性能化**

半導体素子を小さくつくることによって、処理速度が上がる。

●**高機能化**

非常に多くの半導体素子を1個のIC／LSIに搭載でき、高機能電子回路が実現。

●**低消費電力化**

半導体素子自身の小型化と配線減少で、消費電力が大幅に減少。

●**コストダウン**

1枚のシリコンウエーハ上にチップ（電子回路）が大量生産できる。

IC／LSIの出現・進歩によって、従来はたくさんの電子部品を用いていた電子回路を、たった1個の部品に**集積**してシリコンウエーハ上に実現できるようになりました。そのおかげで、私達がいつも使用している家電製品、情報映像商品などは劇的に進歩しました。

---

* **集積回路**　IC：Integrated Circuits。
* **LSI**　Large Scaled IC。

私達が身近に使用している電子機器には、次のような種類に大別されるLSIが組み合わされて、あるいは**ワンチップ化**されて搭載されています。

- **マイクロプロセッサ**　：パソコンに代表されるコンピュータの演算処理機能の中枢LSI
- **メモリ**　：コンピュータ動作でのプログラムやデータ情報の記憶素子
- **フラッシュメモリ**　：デジタルカメラなどで用いている電源を切ってもデータが消えないメモリLSI
- **DSP***　：音声や画像データを高速演算処理する専用LSI
- **MPEG**　：DVDやデジタル放送などカラー動画像のデータ圧縮・伸長の標準方式を処理する専用LSI
- **ASIC***　：民生機器、産業機器などに搭載する応用分野を絞った特定用途向けLSI

個別電子部品とIC、LSI

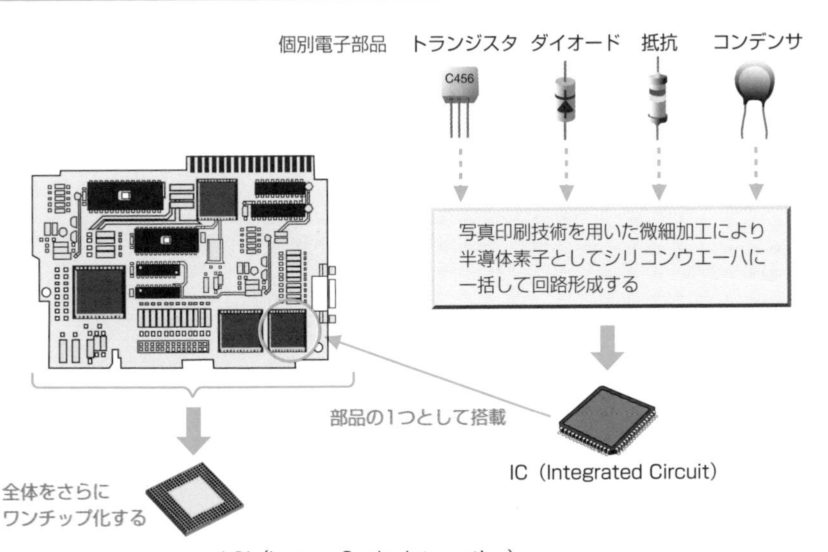

---

* **DSP**　Digital Signal Processor。
* **ASIC**　Application Specific IC。

これらのLSIは、産業製品向け電子機器はもちろんのこと、私たちが家庭で使用している映像機器（TV、ビデオカメラ、デジタルカメラ、DVD）、音響機器（CD、MD、カーステレオ）、通信機器（家庭用デジタル電話、携帯電話、FAX）、パソコンなど、いろいろな機器に多数搭載されています。

各種LSIがあらゆる電子機器に搭載されている

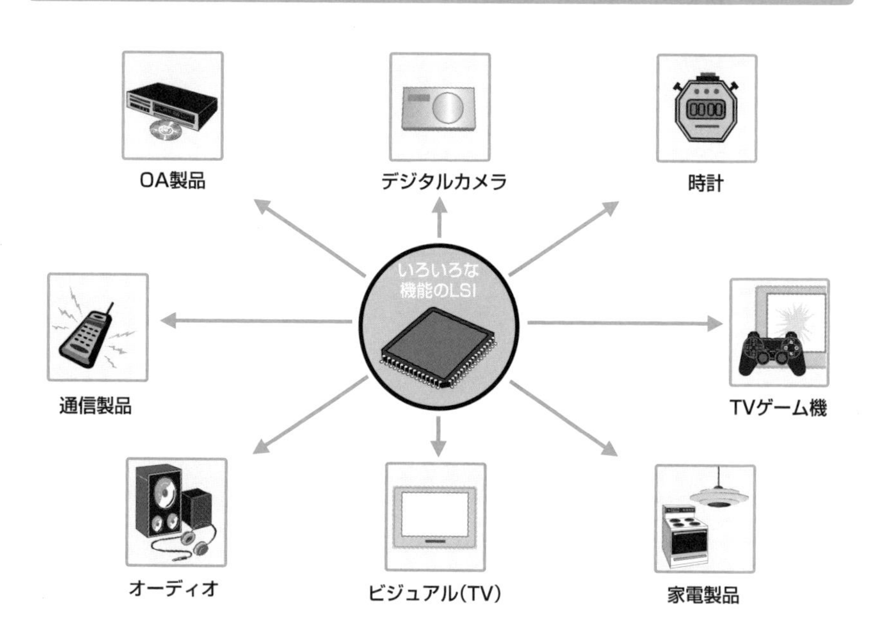

2-2

シリコンウエーハ上のLSIはどうなっているのか？

シリコンウエーハ上に半導体素子を多数集積して回路形成したものが、すなわち集積回路です。搭載電子部品は、抵抗、コンデンサ、ダイオード、トランジスタなどですが、精度の高い抵抗や、容量が大きいコンデンサ、コイル（インダクタンス）などは集積回路への搭載は不向きです。

LSIは半導体素子の集合体

単体の抵抗、コンデンサ、ダイオード、トランジスタなどは個別電子部品と呼んでいますが、これらの機能をシリコンウエーハに集積した場合は、機能は同じでも**半導体素子**と呼んでいます。

LSIでの半導体素子は、シリコン基板上に個々の半導体素子を、お互いに分離して形成します。プリント基板の時代には個別部品が10mm程度だったものが、現在のICでは0.2～0.01μm*以下になっています。

これらの半導体素子を、それぞれを金属配線によって接続し、AND*回路やOR*回路などの最小機能単位の**ゲート**を構成します。

このゲートを複数用いてフリップフロップ*やカウンタ*などを構成したものが**セル**です。さらにそのセルを複数用いて、マイクロプロセッサで用いる一段と高機能な加算器や制御回路などの**機能ブロック**を構成します。

そして、その機能ブロックを、さらに多数組合わせて、最終的な仕様・性能を満足させて所望の電子機器に必要な電子回路を実現します。

このそれぞれの段階を経て、半導体素子は100万～数億個にも達するような膨大な個数になるのです。もしこのLSIを昔ながらの個別部品でつくろうとしたなら、個別電子部品を500個搭載したプリント回路基板を用いても、200～2000枚の基板が必要になることになります。計算上では、膨大な枚数のプリント基板を接続すれば半導体と同じことができることになりますが、実際は電気的性能での消費電力や処理速度の点で実現は不可能です。そして、超小型化が可能になったおかげ

* **μm**　ミクロンメートル。1μmは1/1,000mm。
* **AND回路、OR回路**　詳細は本文103ページの「第4章　デジタル回路の原理」を参照。
* **フリップフロップ、カウンタ**　本文132ページの「4-8　その他の重要なデジタル基本回路」を参照。

で、高集積（100万個から数億個以上のトランジスタ等の半導体素子）、高性能（処理速度のアップ）、低消費電力が実現できるようになったのです。したがって、LSIは、従来のやり方では実現不可能だった高性能電子回路を、非常に小さなシリコンチップ上で実現し、その上「超小型化」、「超低消費電力」、「超高速処理」を可能にした夢の電子回路なのです。現在のシリコンチップ（ICチップ）の一辺は、大きなもので、ほぼ10mm前後になっています。これは生産性上からの歩留まりや、発生熱電力の問題などからきています。

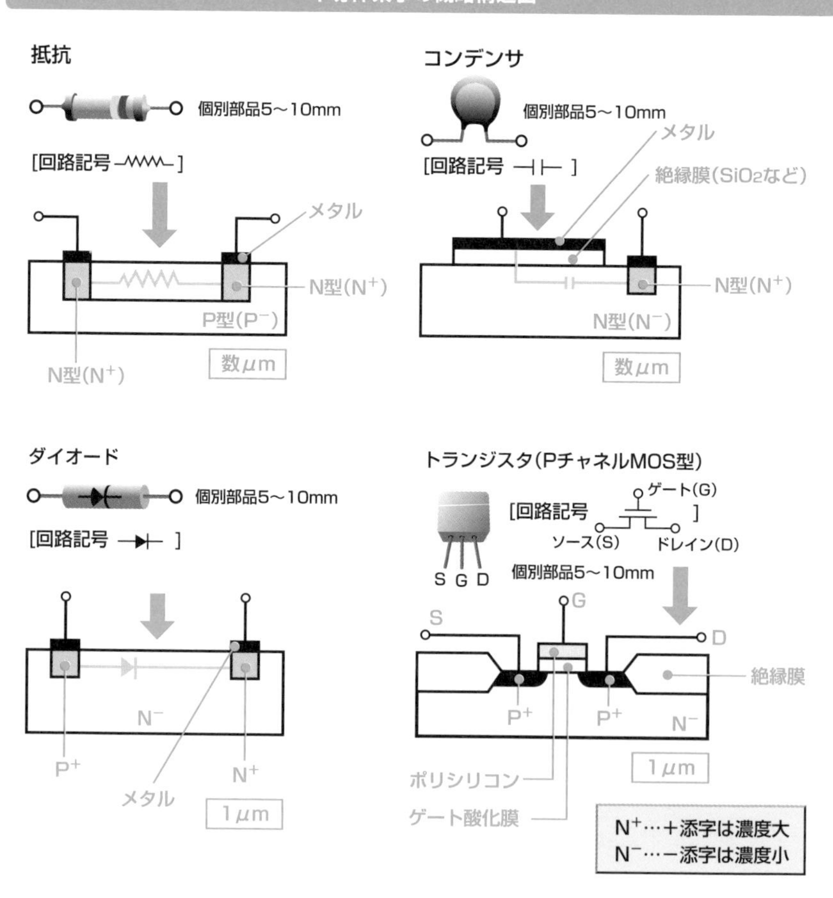

私たちユーザーが、電子機器のフタを開けたときに基板上に目にするのは、このシリコンチップを内部に実装した、黒っぽい薄い四角の形状の周辺に小さなムカデ足をもったものです。これがシリコンチップが実装されたLSIです。

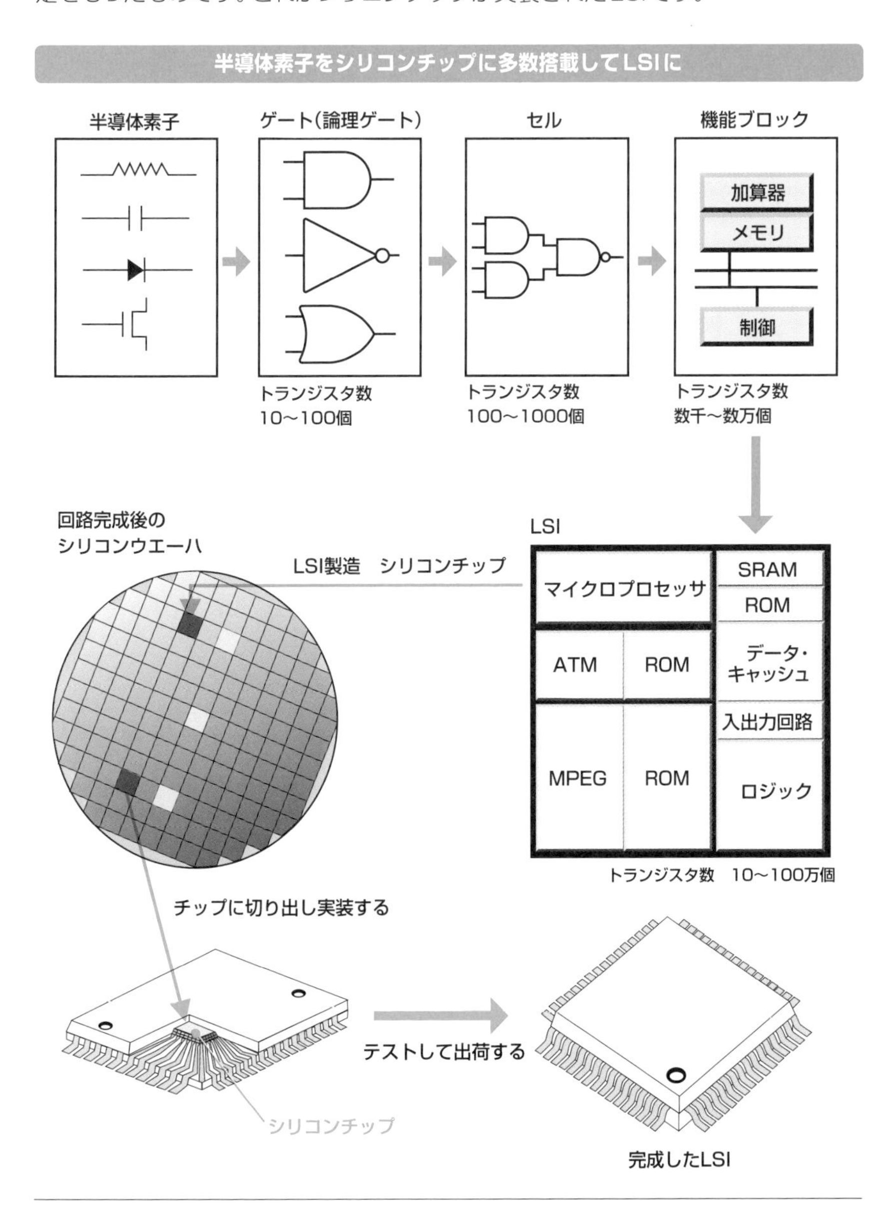

2-3

LSIにはどんな種類があるのか？

LSIは、半導体素子トランジスタの動作原理からMOS型とバイポーラ型に分類できます。扱う電気信号から、アナログLSIとデジタルLSIに分類することもできます。

また、使われる半導体材料から、シリコンLSIと化合物LSIに分類することもできます。

バイポーラ型とMOS型

LSIは、そこで使われる半導体素子トランジスタの動作原理から、**バイポーラ型***トランジスタと**MOS（モス）型**トランジスタの２種類に大きく分類できます。

バイポーラの由来は、電子伝導に携わるキャリアが、エレクトロンとホールの2つのポール（極性）に関わっていることによります。

バイポーラ型の特徴は、高速動作が可能で負荷駆動能力が大きいことにありますが、逆に消費電力は大きく、また集積度はMOS型トランジスタ（MOSTと略すことが多い）ほどあげられません。

MOSTは、その断面がMOSすなわちmetal（金属）-oxide（酸化膜）-semiconductor（半導体）の３層構造をしていることに由来しています。MOSTは、動作原理上のバイポーラ型分類に対比させれば、電子伝導に寄与するキャリアが１種類のため、**ユニポーラ型**と呼ぶこともあります。

また、ゲート電圧によって電流制御されるチャネル内のキャリアによって、P

半導体素子（トランジスタ）の動作原理による分類

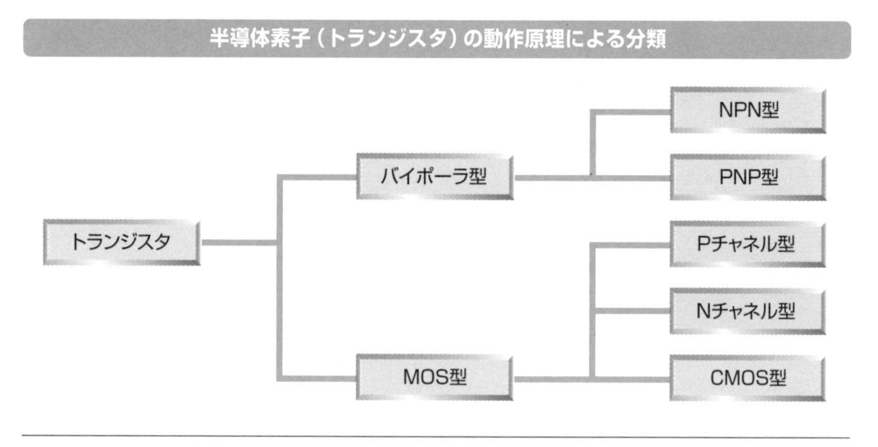

＊**バイポーラ型**　MOS型出現以前、トランジスタといえば通常これを指していた。

チャネル型（キャリアがホール）とNチャネル型（キャリアがエレクトロン）に分類できます。

MOSTは、垂直構造での接合面におよぶ動作をするバイポーラ型に比較して、シリコンウエーハ表面での水平構造的（表面的）な振る舞いをする素子なので、個々の素子に対しての複雑な構造の素子分離をする必要がありません。したがって、MOSTによるLSIはバイポーラ型に比較して、トランジスタなどの電子部品を、シリコンチップに高集積化するのに非常に適しています。

Pチャネル型とNチャネル型の両方のタイプを同一基板上に構成したのが、**相補型MOS**（CMOS＊）で、現在のLSIのほとんどがCMOSタイプで製造されています。

デジタルLSIとアナログLSI

LSIの信号処理面からでは、マイコン、メモリ、ASIC＊、システムLSI＊に代表されるデジタル信号を処理する**デジタルLSI**と、TV放送受信やDVDからの微弱信号のTV画面への変換などアナログ信号を処理する**アナログLSI**に分類できます。

LSIの信号処理上からの分類

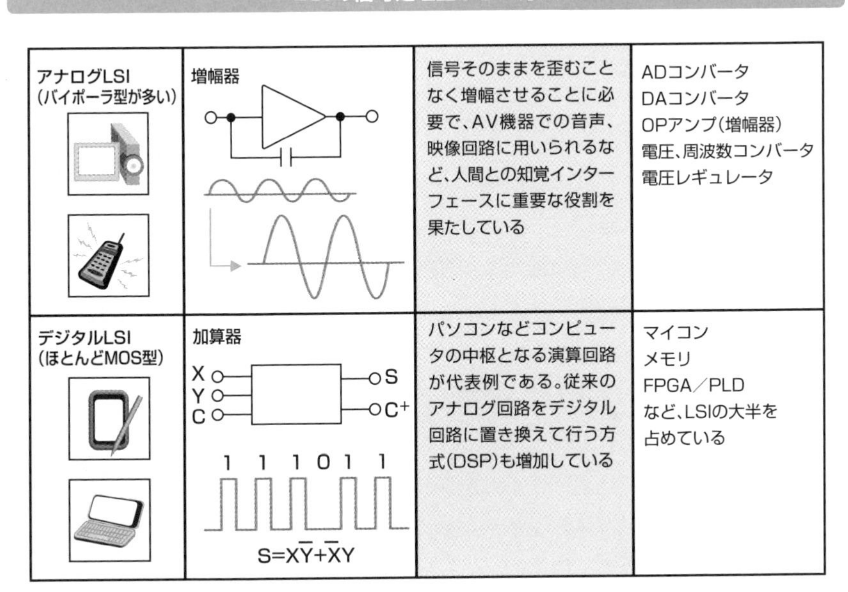

アナログLSI （バイポーラ型が多い）	増幅器	信号そのままを歪むことなく増幅させることに必要で、AV機器での音声、映像回路に用いられるなど、人間との知覚インターフェースに重要な役割を果たしている	ADコンバータ DAコンバータ OPアンプ（増幅器） 電圧、周波数コンバータ 電圧レギュレータ
デジタルLSI （ほとんどMOS型）	加算器 X Y C S C+ 1 1 1 0 1 1 $S=X\overline{Y}+\overline{X}Y$	パソコンなどコンピュータの中枢となる演算回路が代表例である。従来のアナログ回路をデジタル回路に置き換えて行う方式（DSP）も増加している	マイコン メモリ FPGA／PLD など、LSIの大半を占めている

＊**CMOS**　Complementary MOS：コンプリメンタリ・モス。本文84ページの「3-5　もっともよく使われているCMOSってなんだ？」を参照。

＊**ASIC、システムLSI**　本文45ページの「2-4　LSIを機能面から分類すれば？」を参照。

アナログLSIの回路機能は、音声や画像処理などの取り込み回路、微少信号を検知するセンサ回路、大出力のための電力駆動回路そして、これらをデジタル回路とつなぐADコンバータ（アナログデータからデジタルデータへの変換）やDAコンバータ（デジタルデータからアナログデータへの変換）などがあります。

シリコンLSIと化合物半導体

半導体材料から見ると、現在のLSIの主流を占めるシリコン基板によるLSIのような単体の半導体材料だけではなく、２種以上の半導体材料からなる**化合物半導体**があります。化合物半導体は、Ⅲ族（価電子３個）のガリウム（Ga）、インジウム（In）、アルミニウム（Al）などの元素と、Ⅴ族（価電子が５個）のヒ素（As）、リン（P）の元素との化合物からできています。代表的なものは、ガリウムヒ素（GaAs）、ガリウム燐（GaP）、シリコンカーバイド（SiC）、ガリウムナイトライド（GaN）などです。

ガリウムヒ素は、シリコン半導体に比べて、半導体材料中を移動する電子の速度が約５倍速いため、電子回路の高速動作（コンピュータなどでの高速処理）が可能になります。したがって、超高速コンピュータ処理用のIC、LSIとして、また光通信や衛星放送などの低雑音増幅器、あるいはトランシーバ用の出力素子として用いられています。しかし、シリコンウエーハに比べて大口径化が難しいことや、微細化製造技術にも問題が多く、シリコン半導体のような高集積LSIには向いていません。近年は、微細化によって高速化されたCMOSが、ガリウムヒ素による高速動作領域をもとってかわっています。

ガリウムヒ素はまた、化合物半導体の発光機能を利用した半導体レーザーや発光ダイオード（LED）、受光機能を利用したフォトダイオード、赤外線センサなどに用いられています。また地球の環境保全化を推進する太陽電池において、高効率が要求される通信衛星向けにガリウムヒ素、民生一般向けにインジウム、セレンなどの化合物半導体が用いられています。

シリコンカーバイドは高電圧・大電流・高温動作が可能なので、パワートランジスタとして、ガリウムナイトライドは小パワーながら高周波パワートランジスタ、高速通信用に用いられています。

2-4

LSIを機能面から分類すれば？

LSIを機能で分類すると、メモリ、マイコン、ASIC、システムLSIに大別できます。

LSIの機能は４種類

電子機器に搭載される機能別にLSIを分類すると、**メモリ**（コンピュータなどでのデータや情報を記憶するLSI）、**マイコン**（コンピュータ演算処理機能を１つに絞ったLSI）、**ASIC**（Application Specific IC：電子機器の要求に合わせてつくる特定用途向IC）に分類できます。

そして、従来はメモリ、マイコン、ASICなど複数のLSIでできていたシステム全体をワンチップに収めた大規模LSIが**システムLSI**です。

現在ではASIC自体がシステムLSI化しており、ASICを含めて大規模なLSIをシステムLSIと呼ぶことが一般的になっています。またこのシステムLSIを、システムを１つのチップ上に搭載することから、**SOC**（System on a Chip：システム・オン・チップ）とも呼びます。

LSIの機能別分類

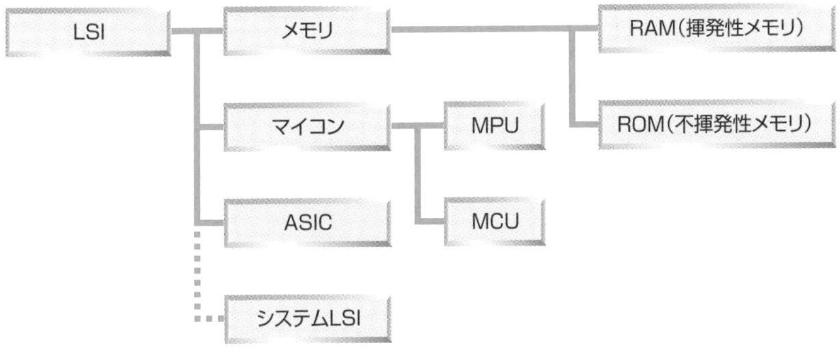

LSI
メモリ
RAM（揮発性メモリ）
ROM（不揮発性メモリ）
マイコン
MPU
MCU
ASIC
システムLSI

●メモリ

メモリは、情報（データやプログラム）を記憶するLSIです。コンピュータ、パソコンなどでCPU*と同時に用いられています。また最近では、デジタルカメラでのフィルムに代わって画像を記録したり、音楽ソースを記録したりすることに使われるメモリカードやメモリスティックも、中身はメモリの固まりです。

メモリには、電源を切ると情報が消えてしまう**揮発性タイプメモリRAM***と、電源を切っても情報が保持されている**不揮発性タイプROM***とがあります。

コンピュータのメインメモリは揮発性メモリRAMの一種類である**DRAM**（Dynamic RAM）で構成されています。パソコンなどで、メモリサイズが2Gバイトとか4Gバイトと呼ばれているのがこのDRAM容量なのです。

また、不揮発性メモリROMには、再書き込みができるかどうかで種類が分かれます。なお、これらのメモリについては、「2-5　メモリの種類」で詳細に述べます。

●マイコン

マイコンのひとつMPU*は、コンピュータの中枢部分であるCPUおよび周辺制御装置などをワンチップで構成したLSIです。大型コンピュータやパソコンの心臓部に使われています。

製品としては、パソコン分野でのトップ米インテル社のPentiumやCeleronプロセッサがあまりにも有名です。また、通常マイコンまたはワンチップマイコンと呼ぶMCU*は、MPUよりも演算機能を絞り込み、その代わりにROM、RAMや各種の制御、インターフェース回路を備えた**ワンチップLSI**です。家電製品や産業機器の制御用として広く使われています。また、マイコンは電子化が進む自動車用向けにも、多数使用されています。

なお、マイコンの動作については、「2-7　マイコンの中身はどうなっているのか？」で詳細に述べます。

---

* **CPU**　Central Processor Unit：中央演算処理装置。
* **RAM**　Random Access Memory。
* **ROM**　Read Only Memory。
* **MPU**　Micro Processor Unit：マイクロ・プロセッサ・ユニット。
* **MCU**　Micro Controller Unit：マイクロ・コントローラ・ユニット。

●ASIC

ASICは、専用電子機器・システムに搭載するための、応用分野を絞った特定用途機能のLSIの総称です。民生・産業用LSIとしてたくさん使われています。

ASICはユーザーを特定するかどうかで二分し、特定ユーザーを対象にしたUSIC（User Specific IC）と、ユーザーを特定しないASSP（Application Specific Standard Product）に分類できます。たとえば、A社が自社電子機器用にASICを開発し、その製品がたくさん売れて他社からも同様なASICへのニーズが出てきた場合など、ASIC（USIC）を汎用化したかたちでASSPとして発売します。

ASIC（USIC）は、私達が背広などを買うときにオーダーメイドするように、LSIメーカーに発注してつくってもらう製品です。ASIC（USIC）のセミカスタムICは、半導体メーカーが製造する方式によって、オーダーメイドやイージーオーダーのタイプがあります。フルカスタムICは、まさにシステムLSIそれ自身です。

これらについては、「2-6　オーダーメイドASICにはどのような種類があるか」で詳細に述べます。

ASICの分類と用途

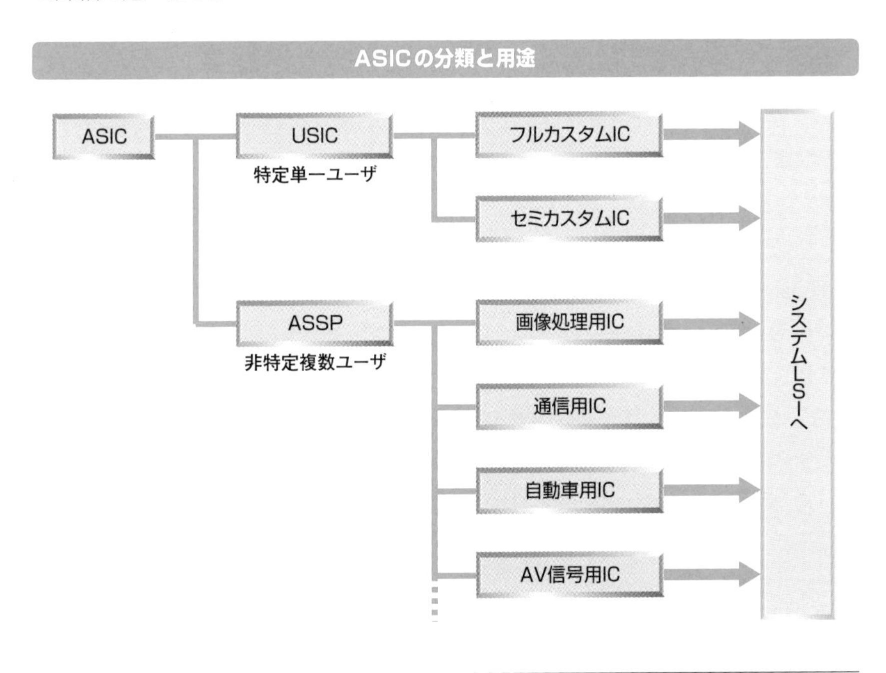

2-5

メモリの種類

揮発性タイプRAMには、大容量に向いているDRAMと、読み書き処理速度が速いSRAMがあります。不揮発性タイプROMには、ユーザーがデータ書き換え不可のマスクROMと、データ書き換え可能なEPROM、EEPROM、フラッシュメモリがあります。

大別するとメモリは2種類

メモリLSIの機能は、文字や画像情報が本に印刷されているのと同じように、LSIの中に必要な情報が書き込まれており、それを必要に応じて読み出すことができるのが基本です。本などの印刷物は、ある日突然印刷された文字が消えてページが真っ白になったりはしません。また、印刷物であるがゆえに、書き換えたりもできません。しかし、メモリLSIは電気で動作する記憶素子なので、電源のON、OFF条件によってはデータが消去されてしまうものもあります。ただし、メモリLSIが出版物と違って良いところは、データの記憶保持とあわせて、ユーザーがデータを書き換えることができることです。

メモリLSIは、電源ON／OFFによってデータが消える／消えないで、**揮発性**（電源OFFで記憶消去）と**不揮発性**（電源OFFでも記憶保持）に分類できます。また、データ書き換えができない／できるで、書き換え不可タイプ（読み出し専用）と書き換え可能タイプに分類できます。

●RAM

揮発性メモリ**RAM**（Random Access Memory）は、DRAM（Dynamic RAM）とSRAM（Static RAM）に分類されます。DRAMは主としてコンピュータやパソコンのCPU(中央処理装置)とストレージ(補助記憶装置)の間で、データをランダム（随時）に書き込み、読み出しすることができるメインメモリ（主記憶装置）として用います。しかしメモリセルの構造上、電源ON時でも微小リーク電流によってデータが消失してしまいます。そのため、データが消失してしまう前に、再書き込み（リフレッシュ動作*）をする必要があります。

これに対してSRAMは、データの読み書きスピードが高速で消費電力も小さい特

*リフレッシュ動作　本文87ページの「3-6　メモリDRAMの基本構造や動作はどうなっているか？」を参照。

メモリLSIの機能分類

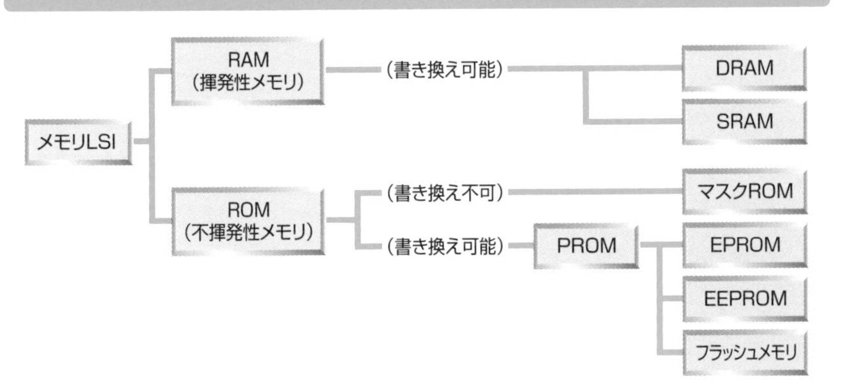

徴があり、主としてキャッシュメモリ(使用頻度の高いデータを蓄積しておく高速記憶装置)として用いられます。回路動作は、dynamic(動的)に対して、static(静的)な回路方式で、リフレッシュ動作は必要ありません。ただし、DRAMに比較して集積度が落ちるのが欠点です。

●ROM

不揮発性タイプの**ROM**は、電源がOFFになってもデータは保持され消失しないタイプです。**マスクROM**(Mask　ROM)は製造時にデータが書き込まれており、ユーザーはデータを読み出すだけで変更はできません。音楽CDとか、CD-ROMのLSIチップ版と思えばよいでしょう。電卓タイプの辞典や家電製品などに使用します。

SRAMとDRAMの比較

	スピード	集積度	価格	市場規模	用途
SRAM	高速	1/4	4	1/10	パソコン、ゲーム機(高速処理部分)
DRAM	速い	1	1	1	コンピュータ、パソコン

メモリモジュール

通常、単にROMと言えばこのマスクROMを指します。

一方、ユーザーが書き換え可能なタイプがPROM*です。

PROMの一種であるEPROM*は、電気的に書き換えが可能なメモリです。パッケージに開けてある窓から紫外線を照射することで、データの一括消去ができます。

EEPROM*は、EPROMが紫外線消去なのに対して、電気的に消去を可能としたメモリです。さらに、書込み／消去がバイト（1バイト=8ビット*）単位で実行できるので、部分的データ修正が可能になります。

EPROM、EEPROMは、パソコン上での各種プログラムに使用されています。

フラッシュメモリ*は、EEPROM構造を簡略化して高速・高集積化し、その代わりに消去方法をバイト単位から一括型（フラッシュ・タイプ）としたメモリです。このことによってビットあたりのコストを下げて応用範囲を広げ、電子機器、携帯電話、デジタルカメラなどを中心に数多く搭載されています。

各種ROMの特徴と用途

マスクROM	LSI製造時に書き込まれる（変更不可）	電子辞書など
EPROM	電気的書き込みだが、消去は紫外線になる	パソコン（基本プログラム）
EEPROM	電気的に書き込み、消去（バイト単位）	
フラッシュメモリ	電気的に書き込み、消去（ブロック一括）	携帯電話　デジタルカメラ

*PROM　Programmable ROM：プログラマブル・ロム。
*EPROM　Electrically PROM
*EEPROM　Electrically Erasable PROM
*ビット　本文104ページの「4-1　アナログとデジタルは何が違うのか？」を参照。
*フラッシュメモリ　Flash Memory

2-6

オーダーメイドASICにはどのような種類があるのか？

ASICは、特定ユーザーを対象にしたUSICと、ユーザーを特定しないASSPに分類できました*。しかしASICは、設計手法や製造方法からの分類の仕方もあります。

現在のASIC（システムLSI）は、ゲートアレイ、セルベースIC、エンベデッドアレイの3方式を単独で、あるいは組み合わせた複合方式で実現されています。

ASICの3つの種類

ゲートアレイは、LSI要求仕様があらかじめつくり込んである半完成ウエーハに金属配線工程を実施するだけでLSIを入手することができ、ASICの中でも最も短納期です。

セルベースICは、スタンダードセル*を用いた方式で、最初からユーザー要求に合わせてつくるので、LSI機能要求を完全に満足することができます。しかし、ゲートアレイより納期は長くなります。

エンベデッドアレイは、機能要求と納期が、ちょうど、ゲートアレイとセルベースICの中間に位置する製品です。

また、ゲートアレイに比較して一段と利便性を増した、ユーザーが手元で回路書き込みができるFPGA*も市場拡大しています。

ASICの設計、製造方法による分類

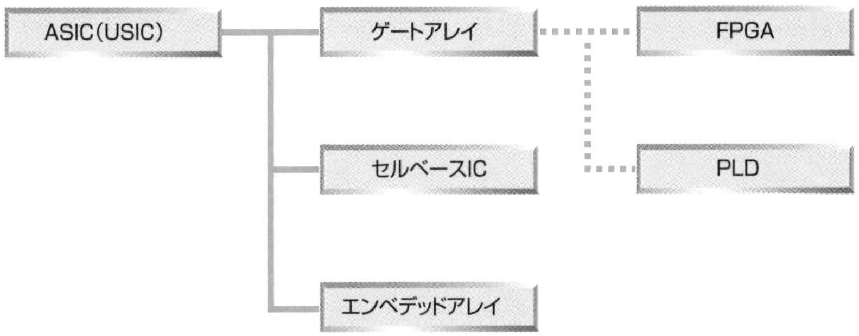

* **ASICの分類**　本文45ページの「2-4　LSIを機能面から分類すれば？」を参照。
* **スタンダードセル**　本文53ページの図「セルベースIC」を参照。
* **FPGA**　Field Programmable Gate Array

ゲートアレイ、セルベースIC、エンベデッドアレイの特徴

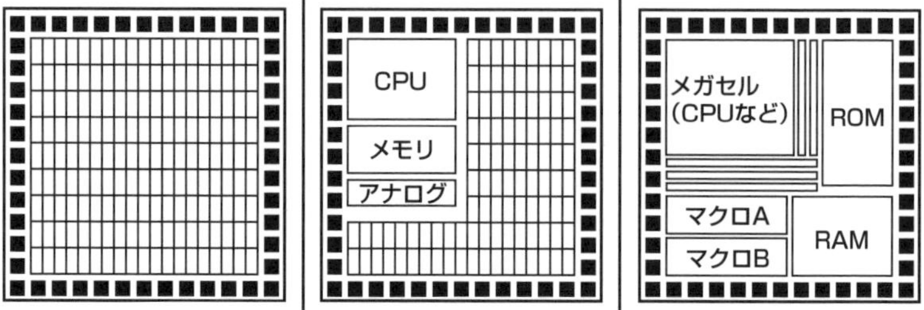

ゲートアレイ	エンベデッドアレイ	セルベースIC
	CPU / メモリ / アナログ	メガセル（CPUなど） / ROM / マクロA / マクロB / RAM
開発期間　小	開発期間　小〜中	開発期間　大
開発コスト　小	開発コスト　中	開発コスト　大
搭載機能　中	搭載機能　中〜大	搭載機能　大
生産数量　中	生産数量　中〜大	生産数量　大

●ゲートアレイ（Gate Array）

ゲートアレイは、ユーザーからのLSI要求仕様が、金属配線工程のみによって満足できるよう、あらかじめ回路がつくり込んである半完成品ウエーハのLSIです。したがって、ユーザーからLSI回路が提示された時点で、半完成ウエーハに金属配線工程を実施するだけでLSIを提供することができ、非常に短納期です。

これはスーツ購買時に、吊るし製品を選択し寸法直しだけですむイージーオーダーに近い手法です。しかしながら、短納期と引き換えに、ユーザーのLSI仕様はある程度限定されてしまいます。

●FPGA、PLD、CPLD

通常のゲートアレイでは、半導体メーカーがチップに回路機能をつくり込みます。これに対して**FPGA**では、購入したユーザーが手元（フィールド）で回路機能を決定（プログラム）できます。なおかつ、何度でも再プログラム可能な製品もあるので、製品開発時での回路変更などにすぐ対応できる、非常に優れたLSIです。

ゲートアレイのチップ概念図

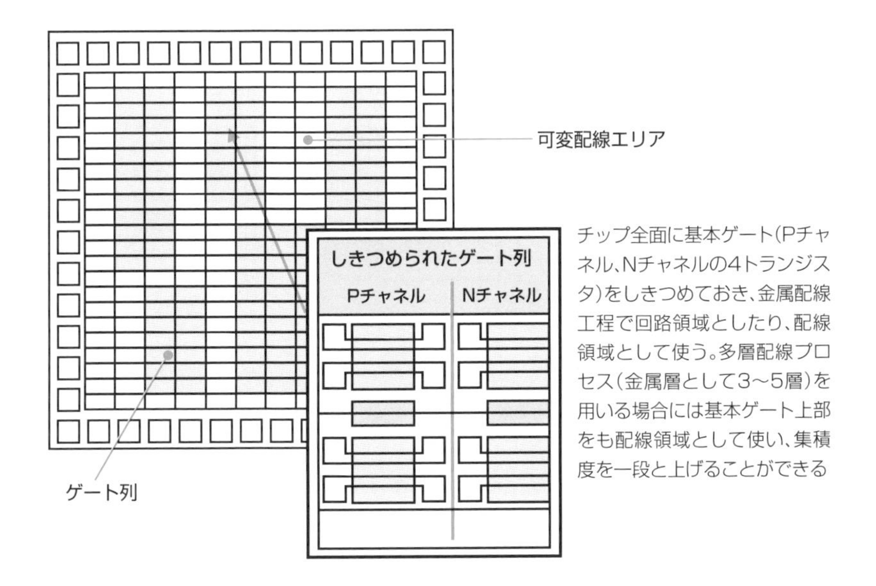

FPGA製品は、当初は開発段階あるいは小ロットの電子機器に用いられていました。しかし最近のFPGAは高集積化・高速動作周波化して、CPU、RAMブロックやPCIバス・インターフェースなどの機能ブロックを搭載し、高機能電子機器のシステムLSIの一端をになう機能を有しています。

なお、FPGAと同等機能のLSIにPLD*があります。**PLD***はFPGAと構成上の違いからこう呼ばれていますが、ユーザーから見れば同じ範疇のものです。なお、複雑・高機能なものを特にCPLD*と呼んでいます。

●セルベースIC（Cell-based IC）

スタンダードセル（あらかじめ半導体メーカーが用意した標準的な論理ゲートを組み合わせてつくったブロック）を用いて、まず1つの機能ブロックをつくります。セルとは、ブロックのうちでも比較的に機能が小さいブロックを指します。そして他にも必要とする機能ブロックを複数個設計し、これらを階層的に積み上げて設計製造したLSIが**セルベースIC**です。

セルベースICは、ゲートアレイと並ぶ代表的なASICで、ゲートアレイでは配線

＊**PLD**　Programmable Logic Device。
＊**CPLD**　Complex PLD

FPGAプログラミング方法とFPGA構成

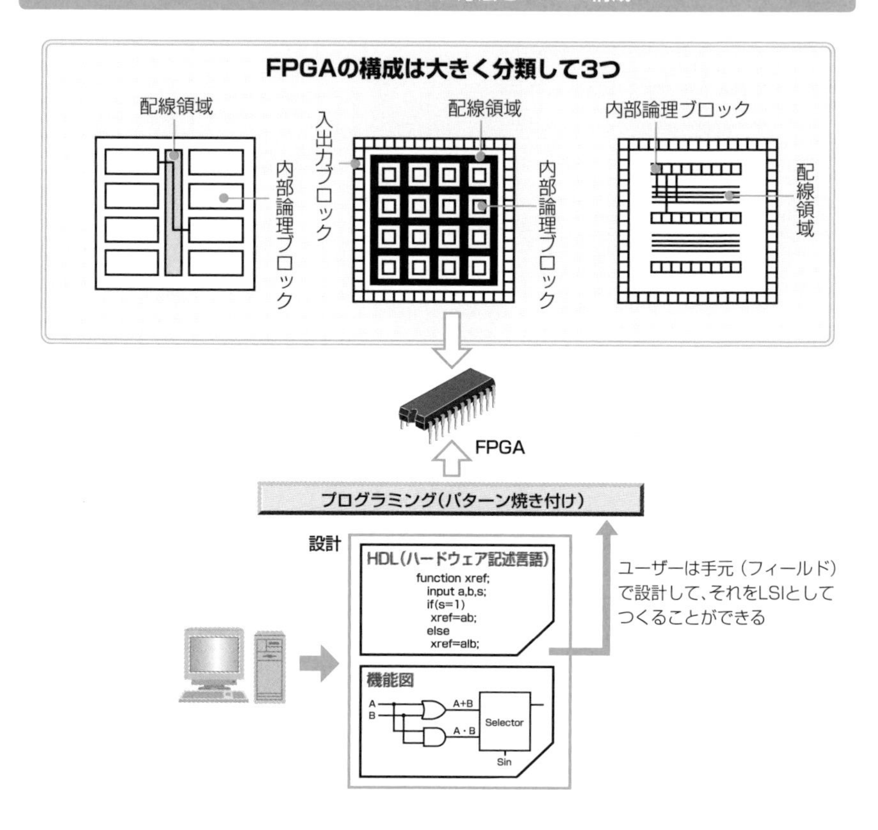

のみをユーザー要求に合わせて製作するのに対して、セルベースICではセル配置と配線の両方をユーザー要求に合わせることができ、ユーザーの機能要求を完全に満足することができます。これは、用意された色柄、生地を選択し、寸法、デザインなどを指定するオーダーメイドのスーツ購買に近い手法です。

ゲートアレイと比較するとやや設計期間が長く、製造コストも最初からユーザー要求に応じて行うので割高になります。ただし、性能やチップ面積などの点でゲートアレイよりも最適化しやすく、規模の大きい機能ブロック（メガセルやマクロセル）の混在も可能なため、システムLSIにより向いています。

●エンベデッドアレイ（Embedded　Array）

ゲートアレイとセルベースICの、両方の特徴を合わせ持つLSIが**エンベデッドアレイ**です。

機能ブロック以外のユーザーが所望するLSI回路部分がゲートアレイ手法の下地で製作してあるシリコンウエーハに、ユーザーが使用する機能ブロック（マクロセル）が決定した時点で、それを埋め込んでLSIの製造を開始します。そして、このウエーハを金属配線工程前までつくり込んでおいて、ユーザーLSI回路の設計が完了した時点で、金属配線工程をゲートアレイ手法で実施します。これにより、セルベースICでの機能ブロックを搭載したシステムLSIを、ゲートアレイ並みの開発期間で入手できます。

ストラクチャードASIC

あらかじめ機能予測した論理ブロック搭載のウエーハを製造した後に、ユーザー所望のASIC仕様を、わずかなマスク枚数で実現できます。FPGAのシステム設計手法を取り入れて納期短縮、開発費削減を行い、またセルベースICの高密度・高性能を維持することを狙ったASICです。

セルベースIC

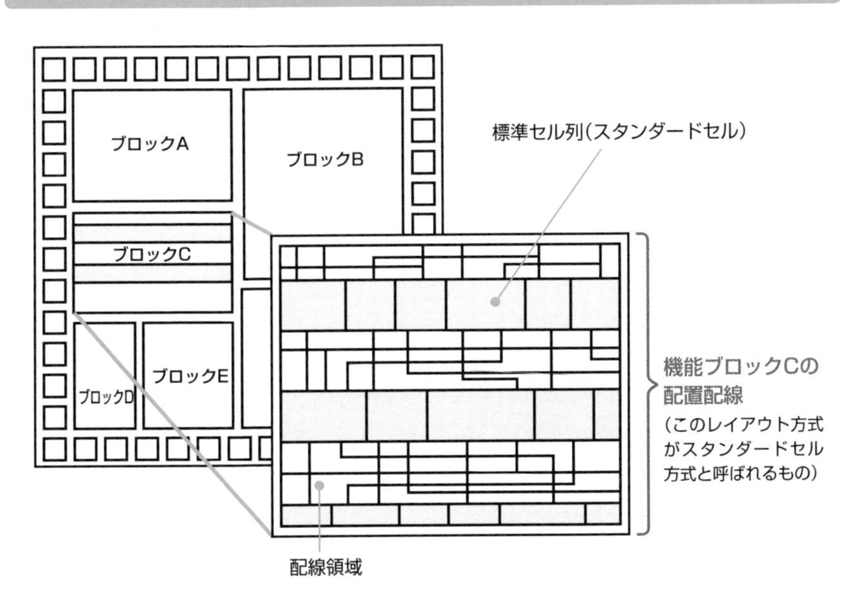

2-7

マイコンの中身はどうなっているのか？

マイコンはマイクロコンピュータの略で、コンピュータ機能を１つのシリコンチップ上に実現した極小コンピュータです。マイコンのハードウェア構成はCPU、メモリ、I/O（入出力インターフェース）からできています。これにソフトウェアであるプログラムを搭載して、はじめて動作します。

マイコンを構成する各機能

通常マイコン（ワンチップマイコン）は、MPUよりも演算機能を絞り込み、その代わりにCPU、ROM、RAMや各種の制御・インターフェース回路がひとそろえになったワンチップLSIです。家電や産業機器の制御用として広く使われています。MCUとも呼ばれます。

●CPU

CPUは中央演算処理、データ処理、制御、判断などを行うコンピュータの中枢部分を言い、人間の脳にあたる部分です。

CPUが扱うデータ幅の大きさによって、8ビット、16ビット、32ビット、64ビット*などの種類があります。データ幅が大きければ大きいほど、コンピュータの処理能力が上がります。家電製品などには8ビット程度、そしてパソコンやコンピュータなどでは、32～64ビットが使われています。また、一般にCPUの**動作周波数**（クロックスピード）の高いほど処理能力が高くなります。パソコンで1.6GHz版とか2.5GHz版とか言っているのが、これにあたります。

●メモリ

ROMには、コンピュータ動作のためのプログラムや参照データなどが格納されています。パソコンのブート（電源ON時のシステム立ち上げ）に必要なBIOSプログラムや、エアコンの温度・風強度などを入力したときに、運転をどのようにするかなどのデータなどがメモリに書き込まれているわけです。

---

*ビット　本文104ページの「4-1　アナログとデジタルは何が違うのか？」を参照。

RAMは、演算、演算データ記憶、実行プログラム格納などコンピュータ動作のためのメインメモリです。このメインメモリの大きさによって、処理速度などの性能が変わります。たとえば、メインメモリが小さいと、扱えるデータビット幅が制限されてしまいます。また、当然メモリの書き込み、読み込み速度が速くないと、処理速度も落ちます。パソコンを買うと、メインメモリは2GB搭載などと表記してあるのは、このRAMの容量です。

●I/O（Input/Output：アイオー）

I/Oは、入出力インターフェースと周辺機器よりなります。入出力インターフェースは、キーボードからの入力を内部CPUに伝えたり、また逆に内部データを外部のモニタやプリンタへ出力したりする場合のポートです。周辺機器は、マイコン応用機器に必要な、タイマー、ADコンバータ、各種通信機能などで構成されます。

●バス

バスは、これらの機能を結んで、命令やデータなどの情報交換を行うための通路です。処理速度をあげるためには、このバス幅（ビット数）もCPUビット数と同様に、大きなものが必要になります。

マイコン性能と応用機器

民生電子機器は最近になってデジタル化が進み、ほとんどの製品がマイコン搭載になっています。従来からの家電製品での冷蔵庫、エアコン、洗濯機などから、最新デジタル機器の携帯情報端末、電子手帳、デジタルＴＶ、ゲーム機（32ビット／64ビット）、デジタルカメラ、DVD／CDプレーヤー、カーナビ、携帯電話まで、私たちの便利な生活に役立つほとんどの民生電子機器にマイコンは使われているのです。さらに、自動車用車載マイコン（1台あたりに50～100個が使用されている）を始め、農業機械、建設機械、産業機械、船舶、鉄道などのインフラシステム、ロボット、宇宙・航空などの分野で益々要求が高まっています。

マイコン（ワンチップマイコン）の基本構成と応用例

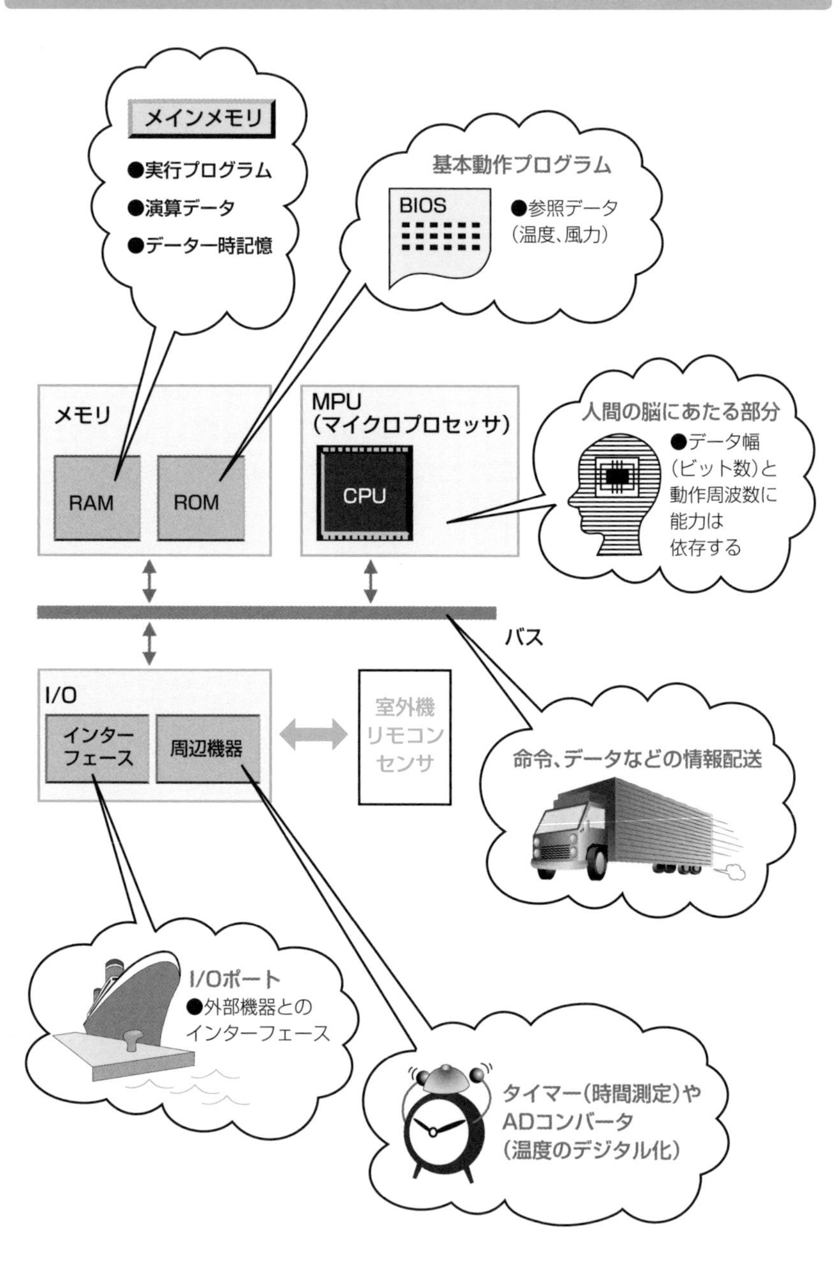

2-8

あらゆる機能をワンチップ化、システムLSIへの発展

システムLSIとは、複数のLSIで構成していた電子機器のシステム機能を、1つのチップに統合したものをいいます。大規模な機能ブロックIPに加えて、メモリやCPUなども搭載され、たとえばワンチップ携帯電話やワンチップデジタルカメラが実用化されつつあります。

複数の機能を1つのチップに

私たちが使用している携帯電話や携帯型デジタル音楽プレイヤーなどは、なぜあんなに小さく軽くできていると思いますか？

たしかちょっと前までは、携帯電話は自動車電話を外部に出した、すごく重い大きい商品だったのです。そうです、システムLSIは高度情報技術に応えつつ、超小型＆超低消費電力を実現させたキーデバイスなのです。すべてのシステムがチップ上にできることから**SOC**（System on a Chip）という呼び方もあります。

LSIの製造方法、設計手法が進歩するにつれて、1つのチップに搭載できる素子数は驚異的に増大し、いまや100万～数億個を超えるところまできました。そこで、従来はマイコン、アナログ回路、メモリ、通信インターフェースなど別個のLSIでシステム構成していた機能を、現在では1つのチップに搭載できるようになったわけです。その進歩は、「2-6　オーダーメイドASICにはどのような種類があるのか？」で説明したセルベースICの高機能化、大規模化が実現したものと考えることができます。

マイコンやメモリなどの機能を、LSI搭載時に1つのブロックとして考えたものを、**機能ブロック**、**コアセル**、**マクロセル**などと多様な呼び方をします。最近では、これらをソフトウェア・プログラムまで拡大して、**IP**＊（Intellectual Property）という言い方が一般的になっています。ちなみに、IP本来の意味は、特許や著作権などの知的財産権のことです。

＊**IP**　本文156ページの「5-7　最新設計技術動向　ソフトウエア技術、IP利用による設計」を参照。

セルベースICが大規模化したものがシステムLSI

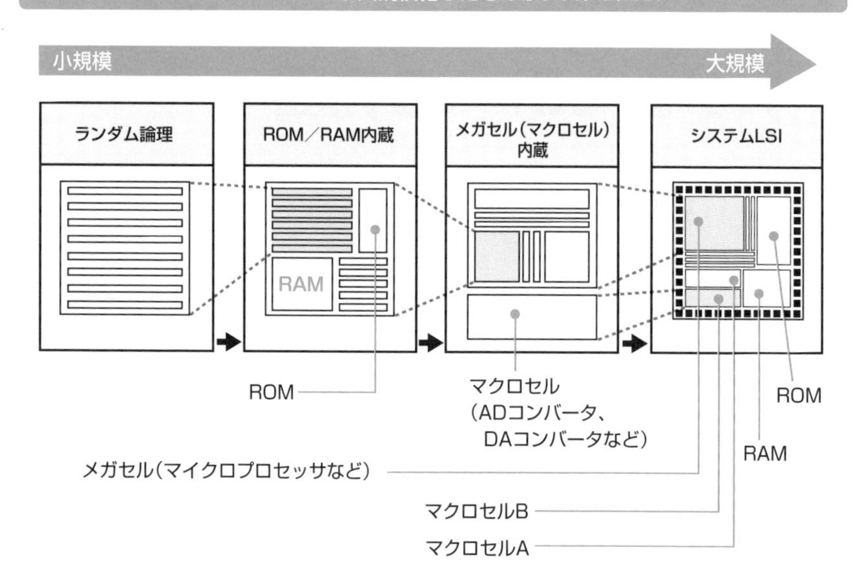

したがって、システムLSIを自社や他社から購入したIPを用いて設計した場合を、**IPベース設計**といいます。IPが1つの部品として流通・入手できるようになれば、システムLSI設計は、このIPベース設計が主流になっていくと思われます。

システムLSIを支える技術

●製造技術*

メモリ、CPUなどでは10nm以下におよぶ超微細加工技術が必要になります。これらには、精緻な露光技術、成膜技術、エッチング技術などが必要になります。

最新のシステムLSIをシリコン上に実現するには、従来から使用していたArF露光装置では解像度限界に達し、ArF液浸露光装置およびダブルパターニング技術などの超解像技術を用いています。また、トランジスタやIP同士を接続する配線も大変なことになっています。素子数が100万個を越えるようになると、単純な配線方式では配線遅延が生じてしまい処理速度低下を招きます。そこで、配線層数は5～10層以上にもおよび、複雑さを増しています。さらに配線抵抗を下げるために、配線金属がアルミとともに銅が使用されるようになりました。

＊**製造技術**　詳細は本文165ページ「第6章　LSI製造の前工程」を参照。

本来、LSI製造においてメモリとASIC論理（ロジック）を製造する方式は異なっています。しかしながら、メモリを搭載するシステムLSIでは、これらの異なった製造プロセスを、同一ウエーハに作成することも必要になります。

●設計技術*

モバイル機器（携帯電話など）に向けての消費電力削減が、大きな問題です。これら電池動作するものについては、長寿命化が商品差別化のポイントだからです。またパッケージでの熱発生低減の意味からも、低消費電力化は重要なのです。

さらに、処理速度の向上も図られねばなりません。動作周波数のアップが処理速度を上げることになるので、この要求に応じた論理設計や、回路構成が必要です。

そして、これらのシステムLSIへの性能要求に応えつつ、設計効率化をコンピュータ自動設計支援EDA（Electronic　Design　Automation）装置を使って行い、設計・開発期間のさらなる短縮が必要です。

システムLSIの概念とそれを支える技術

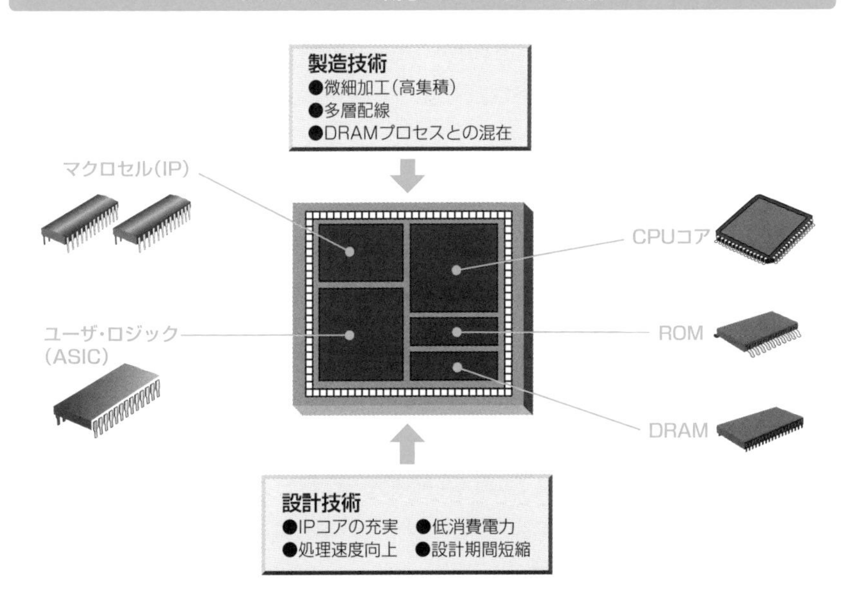

＊**設計技術**　詳細は本文135ページの「第5章　LSIの開発と設計」を参照。

2-9

システムLSI搭載機器①
携帯電話はどうなっている？

最近の軽量、小型でかつ高機能の携帯電話は、最新の半導体技術があればこそ実現したものと言えます。携帯電話のシステムLSIセットと働きがどのようになっているか、見てみましょう。

携帯電話が相手にかかり通信できる仕組み

携帯電話は、全国に数kmごとに設置されている基地局との間で送受信を行っています。街中でビル屋上にアンテナが設置されているのを見かけていると思います。この1つの基地局がカバーする通信範囲をセルといいます。

携帯電話をONにしておくと、一定時間ごとに一番近い基地局にアクセスし、自分の携帯電話がどのセル内にあるかが記憶されます。携帯電話をかけるとアクセスしている基地局とNTT電話網を経由して、相手番号の記憶されているセル位置・基地局を探し出し、その基地局から相手に電波を発射して呼び出し、通信が可能になるのです。基地局のコンパクトな筐体は、もちろん**システムLSI**の固まりです。

携帯電話の構成

新時代の携帯電話は、電話番号などの記録、着信メロディの再生、カラー画面表示（動画、静止画）そしてカメラなどを備え、ますます高度化しています。

その高機能処理のために、32～64ビットの高性能CPUや、大容量のメモリ搭載など、現在の携帯電話は従来のPDA*を凌駕するシステム構成になっています。

携帯電話の中身は、いくつかの**システムLSI**から構成されています。

初期の携帯電話では、現在のベースバンドLSI*は、CPUを別にしても数チップのLSIで構成されていました。しかし現在は、CPUをも搭載して1チップ（ベースバンドプロセッサ）になっています。したがって基本的には、もう一つのアプリケーションプロセッサと併せて2個のシステムLSIチップで構成できます。

なお現状は、上記2個のプロセッサを一つのシステムLSIチップに統合し、さらに集積度を高めています。

---

* **PDA**　Personal Digital Assistance：個人向け携帯情報通信機器。
* **ベースバンドLSI**　電波送受信信号と実際の音声・画像データの双方向変換処理を行うLSI。

携帯電話が相手にかかり通信できる仕組み

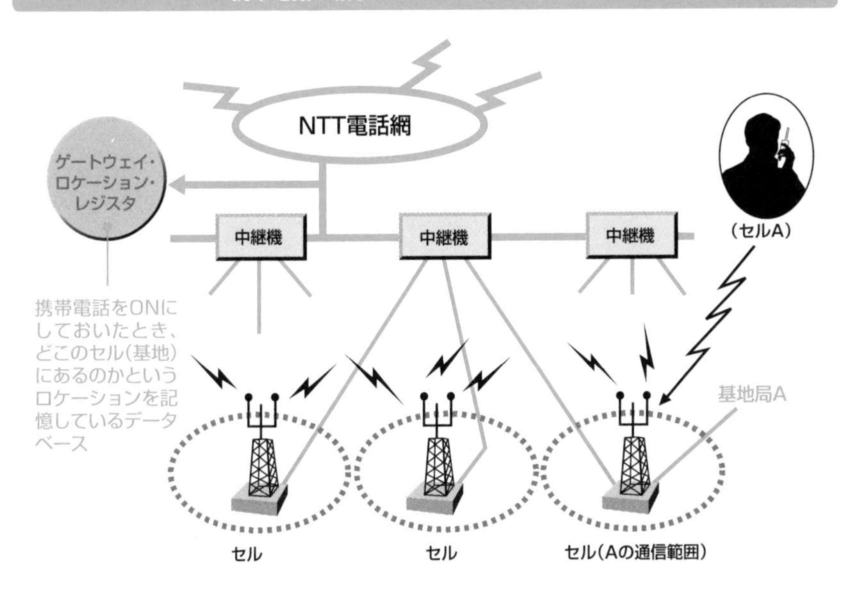

携帯電話のシステムLSIセットと働き

電話の基本的動作は、アンテナからの受信信号がRF・LSI＊を通過して、ベースバンドLSIに入力されます。そして音声は増幅してスピーカーを鳴らし、画像は液晶ディスプレイに表示します。逆に送信信号であるマイクロホンからの入力信号は、ベースバンドLSIを経てRF・LSIに入力され高周波変換されたあと、内部の送信用パワーアンプを通して電波となり、基地局へ発射されます。

現在のスマートフォンは、基本的な通信速度（音声、画像）の高速化に加えて、高画素カメラの搭載や液晶、有機ELディスプレイの高精細化・サイズ拡大・タッチパネル、地上デジタルTV（ワンセグ放送）の受信・録画や、動画・音楽配信、GPSなどに対応するために、複数の専用チップセットが搭載されています。その一方で、携帯電話の基本機能である通話時間や待受け時間維持のため、それに相反する低消費電力化、軽薄短小実装技術が重要な課題になってきます。

＊**RF・LSI**　受信時にはアンテナがキャッチした微弱な高周波電波信号を増幅してベースバンドプロセッサに伝え、逆に送信時には、パワーアンプとなるLSI。

携帯電話の概略システム構成

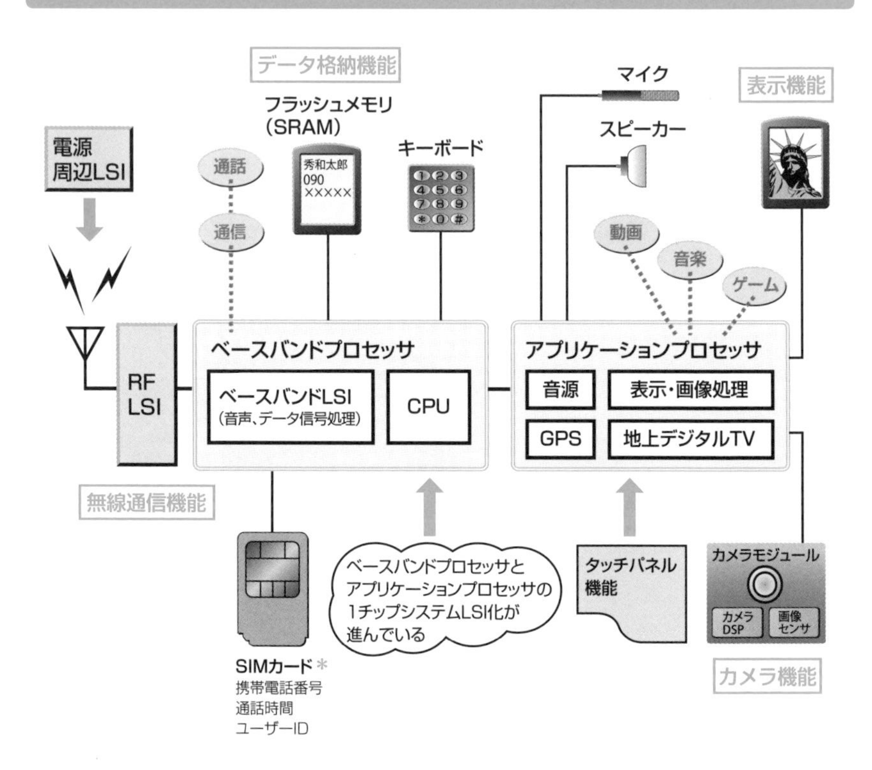

携帯電話端末の発展

携帯電話の超小型化への経過がIC、LSI発展そのものの歴史であるともいえます。そこで、開発当初からのNTTドコモ代表機種、およびスマートフォンを代表するiPhone12で、その大きさ、重さを比較してみました。

1980	肩掛け電話ショルダホーン（100型）	190 × 55 × 220mm	3,000g
1991	携帯電話（ムーバN）	100 × 55 × 38mm	280g
1999	携帯電話（デジタルムーバN）	125 × 41 × 20mm	77g
2002	カメラ付き最新携帯電話（N504iS）	95 × 48 × 19.8mm	105g
2010	スマートフォン（iPhone4）	115.2 × 58.6 × 9.3mm	137g
2020	スマートフォン（iPhone12）	146.7 × 71.5 × 7.4mm	162g

（高さ × 幅 × 厚さ）

＊**SIMカード**　SIM：Subscriber Identity Module Card。電話番号を特定するための固有ID番号などが記録されるカード。

2-10

システムLSI搭載機器②
デジタルカメラはどうなっている？

デジタルカメラは画像を記憶する部分に、フィルムに代わってイメージセンサー（光電気変換素子）を用いています。イメージセンサー受光部分には、300～1000万を越す画素（ピクセル）が網の目状に配列されています。この取り込んだ画像をシステムLSIによって1枚ずつ画面として電気量にデータ変換してメモリに記録します。

イメージセンサーの仕組み

イメージセンサーとは、光強度（明るさ）を電気信号に変換する光電気変換素子のことです。第1章の、半導体中の電気抵抗の考え方でエレクトロンやホールが原子と衝突し消滅すると光や熱エネルギーになることを説明しましたが、この逆に光や熱エネルギーが半導体中に加わると電子（自由電子）が生成される現象もあります。この光を自由電子に変換する原理を応用した半導体であるフォトダイオードを多数個並べたものがイメージセンサーなのです。

イメージセンサーには、**CCD**＊や**CMOS**型がありますが、現在はほとんどが消費電力、LSIシステム化などの点で有利なCMOS型です。しかし医療用、X線検出用など特殊な領域では、いまだCCD型も使用されています。

カメラ性能でよく言う画素数（ピクセル数）とは、撮像画像となるイメージセンサがいくつのピクセルから構成されているかを示したものです。CMOS型イメージセンサーのピクセル寸法は、大きなもので8～11μm四方、小さいものは4～5μm四方ですが、最近では1μm四方の製品も開発されています。

イメージセンサ（CCD、CMOS型）は、本来は白黒画像ですが、実はイメージセンサと一緒にカラーフィルタ（R赤、G緑、B青）が貼付されており、各画素は各ブロックでRGBに対応した電子を生成します。そのあと、システムLSIで色補正などの画像解析処理を行い、画像として取り出します。なおCCDやフォトダイオードの原理については、「8-3　膨大な数のフォトダイオードを集積化したのがイメージセンサ」で詳細に説明します。

＊**CCD**　Charge Coupled Device。

●デジタルカメラ向けシステムLSI

デジタルカメラは、イメージセンサーで光量から電気量に変換されたRGB対応のデータを、いかにきれいに画像として再現できるかがポイントです。画像データ処理LSIでは、膨大なデータを高速かつ低消費電力で処理しなくてはなりません。そして加工されたデータは、モニタ画面である液晶パネルに表示されるとともに、**フラッシュメモリ**などの記録メディア（従来カメラのフィルム）に取り込まれます。

画像データ処理LSIは、CMOS(CCD) センサーからのアナログ信号をデジタル信号に変換します。そしてRGBデジタルデータから、各画素間の色補正（イメージ・プロセッシング）を行って本物に近い色づくりをしていきます。

この画像データ処理LSIは、大きく分類してCMOSインターフェース、画像データ処理、画像データ圧縮（JPEGなどの方式で膨大なデータ量の品位を損なわないように圧縮する）、ビデオエンコーダ（画像再生）、記録メディア制御、PC機器インターフェース、カメラ制御（ズーム、ストロボ、タイマー、自動焦点など）と、それらを制御するCPUとからなります。現在では、従来は数チップだったものが、1チップ化されるようになっています。

▶▶ デジタルカメラ画像のメモリ容量

デジタルカメラの画像数（ピクセル数）は初期の31万画素から、現在では5,000万画素を超える製品まであります。画素数が多いほど当然、きれいで色に忠実な写真が撮れることになります。しかしそれを保存するメモリ（フラッシュメモリ）容量は、撮影画素数により膨大なものになることを理解しておきましょう。以下におおよそのカメラの画素数と必要なメモリサイズをあげてみました。なお、JPEG等の画像圧縮方式によってメモリサイズは若干異なります。

画素数	メモリサイズ
31万画素（ 640 × 480 ピクセル）	約70Kバイト
131万画素（1,280 ×1,024 ピクセル）	約400Kバイト
192万画素（1,600 ×1,200 ピクセル）	約800Kバイト
432万画素（2,400×1,800 ピクセル）	約2Mバイト
675万画素（3,000 ×2,250 ピクセル）	約3Mバイト
1,300万画素（4,200×3,150 ピクセル）	約6Mバイト

デジタルカメラの仕組み

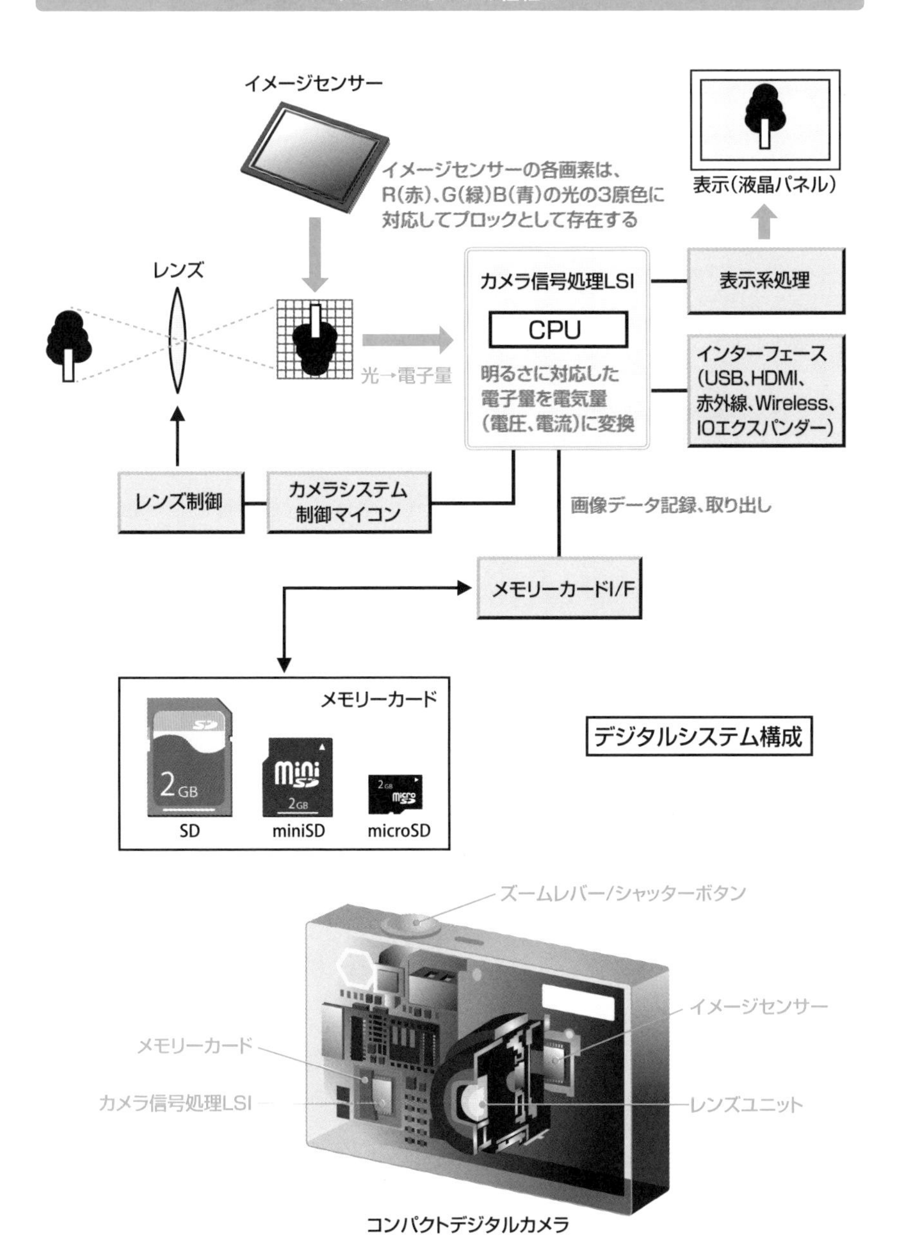

コンパクトデジタルカメラ

個別半導体（IC、LSI以外のいろいろな半導体）

本章であげたIC、LSI以外にも、IT時代を担う半導体として、いくつかの重要な半導体があります。

❶バイポーラトランジスタ

シリコン小信号トランジスタ：RF受信機などに用いる微少信号増幅用

電力増幅パワートランジスタ：送信出力の電力増幅用

オーディオ用パワートランジスタ：大出力スピーカー駆動用

電源用トランジスタ：スイッチング電源用など

❷MOSFET(MOS電界効果トランジスタ)

パワーMOSFET：送信出力や電源用MOSFET：249ページ参照

IPD(Intelligent Power Device)：付加機能を一体化した電源用IC

❸化合物半導体

ガリウムヒ素（GaAs）：44ページ参照

ヘムト（HEMT）、SiGe HBT

シリコンカーバイド（SiC）

ガリウムナイトライド（GaN）

❹光半導体素子

フォトダイオード：234ページ参照

イメージセンサー（CCD、CMOS型）：239ページ参照

半導体レーザー：245ページ参照

発光ダイオード（LED）：233ページ参照

●半導体センサー

磁気センサー：磁束密度（単位面積あたりの磁束量で磁界の強弱）の変化から、物体の接近や移動、回転などを検知。

圧力センサー：単結晶半導体のピエゾ抵抗効果（機械的な力による電気抵抗の変化）を利用して圧力変化を検知。

加速度センサー：加速度（単位時間あたりの速度の変化）を検出して、振動、衝撃、傾き、縦横などの動き情報を得る。

ガスセンサー：ガス漏れ、排気ガスなどの検出。

イオンセンサー：液中の特定イオンのみに反応しイオン濃度を検出。

第3章

半導体素子の基本動作

トランジスタの基本原理を学ぶ

LSI電子回路の動作原理では、P型とN型半導体の接触するPN接合、そしてそのダイオード機能の理解が基本です。

本章では、このPN接合を用いたLSIに搭載されるバイポーラ・トランジスタ、MOSトランジスタ、そしてLSIに最も使用されているCMOSトランジスタ動作、メモリ（DRAM、フラッシュ）動作の基本を説明します。

3-1

PN接合が半導体の基本

N型半導体とP型半導体を接触させると、N型半導体のエレクトロンはP型半導体領域に向かって、逆にP型半導体のホールはN型半導体領域に向かって移動し、お互いが結びついて消滅します。そして、両半導体の接触面には、エレクトロンもホールも存在しない領域（空乏層）ができます。

N型半導体とP型半導体の接触で起こる拡散現象

エレクトロンとホールについては「1-5　不純物の種類によってP型半導体とN型半導体になる」で述べましたが、ここで復習しておきましょう。不純物をまったく含まない高純度単結晶の半導体が真性半導体です。この真性半導体に、不純物としてリン（P）、砒素（As）、アンチモン（Sb）を添加したものがN型半導体、そしてアルミニウム（Al）、ボロン（B）を添加したものがP型半導体です。不純物を添加したことによって半導体は導体に近づきます。導体とは電気伝導がある物質のことですが、この電気伝導に寄与するキャリア（半導体中で電流を運ぶもの）として、N型半導体にはエレクトロン（電子）が、P型半導体にはホール（エレクトロンの抜け殻）ができます。

不純物が添加されたN型半導体にはエレクトロンが、P型半導体にはホールが、電圧をかけない状態でも常温での熱励起*などによって、たくさんあります。この状態でN型半導体とP型半導体を接触させると、N型半導体のエレクトロン（自由に動き回れるエレクトロン）はP型半導体領域に向かって、逆にP型半導体のホール（自由に動き回れるホール）はN型半導体領域に向かって移動します。これを拡散現象といいます。拡散は混合するモノの濃度が違うときにお互いが交じり合って均一な濃度になる現象です。P型半導体とN型半導体は、エレクトロン（－電荷）とホール（＋電荷）の電荷エネルギーをもっていますが、これらが一定になるように結びつき消滅します。エレクトロンとホールが結びつき消滅した領域は、キャリアであるエレクトロンやホールが、ほとんどない状態になります。この領域を**空乏層**と呼びます。

---

*__熱励起__　熱温度によるエネルギー充填のこと。

空乏層とは

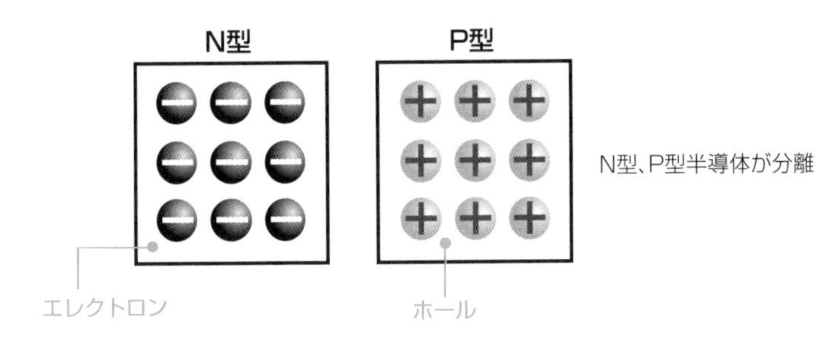

N型、P型半導体が分離

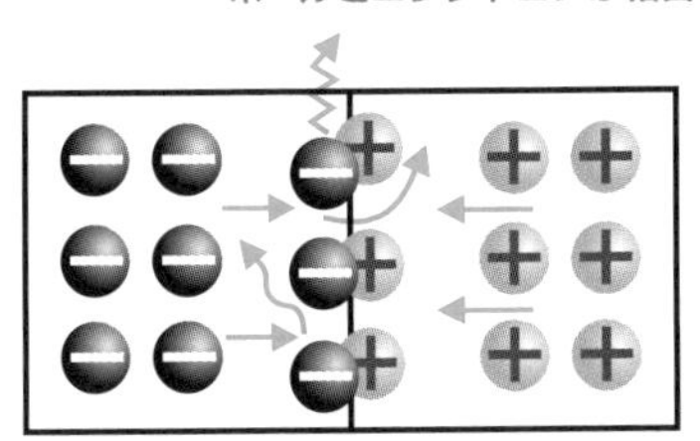

N型とP型半導体を接触させると、エレクトロンとホールは引き合い、結合して消滅する

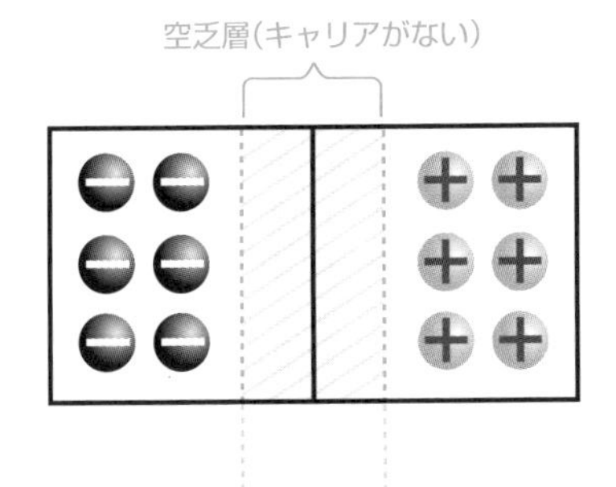

キャリアがほとんどない領域ができるこれを空乏層と呼び、ホールとエレクトロンはこの障壁を越えられない

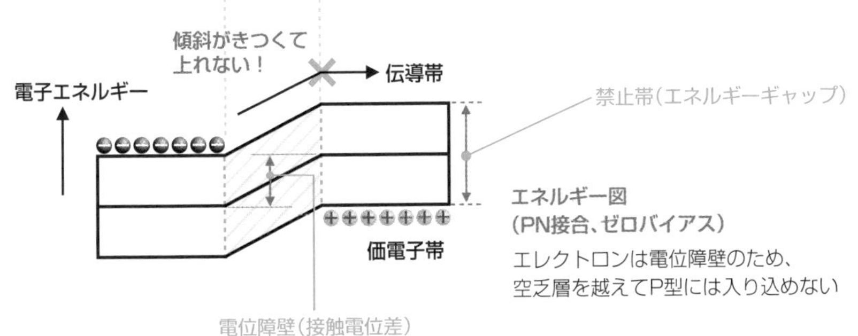

エネルギー図
(PN接合、ゼロバイアス)

エレクトロンは電位障壁のため、空乏層を越えてP型には入り込めない

空乏層と順／逆バイアス

この空乏層は、実はP型半導体とN型半導体のエネルギーが徐々に平衡している領域なので、エネルギーレベルは傾斜していて、**電位障壁**と呼ばれるエネルギーの壁ができています。したがって通常では、エレクトロンもホールもこの壁をまたいで相手側の半導体に行けません。したがって空乏層ができたあとも、拡散中和して消滅しないエレクトロンとホールは、まだたくさん残っています。こうして空乏層をはさんで、P型半導体にホールとN型半導体にエレクトロンが存在するPN接合ができます。

このPN接合に**順バイアス**（PN接合のP側に電池の＋電極を、N側に－電極を接続）をすると、電池の－電極からエレクトロンがN型半導体に供給されます。

またこの条件では、電池電圧が空乏層を狭くし電位障壁を小さくする方向なので、キャリアが双方で移動できるようになり、エレクトロンは障壁を越えてP型領域に流れ込み、ホールと結合します。エレクトロンは次々に電池から供給されるので、結合で消滅しない過剰のエレクトロンは電池の－電極から＋電極に向かって流れます。言い換えれば、電池の＋電極から－電極へ、PN半導体を通して電流が流れている状態なのです。

PN接合に**逆バイアス**（PN接合のP側に電池の－電極を、N側に＋電極を接続）をすると、エレクトロンが電池の－電極からP型半導体に供給されますが、P型半導体のホールと結合して消滅してしまいます。

またこの条件では、空乏層が広くなって電位障壁は大きくなる方向なので、さらにエレクトロンは障壁を越えられなくなり、エレクトロンはまったく動けません。

これがPN半導体に電流が流れない状態です。

PN接合に順バイアスした場合

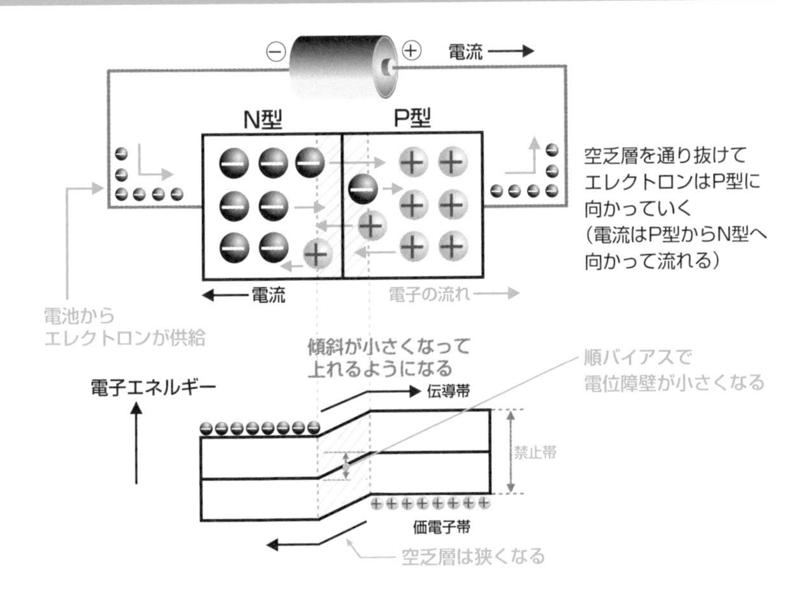

PN接合に逆バイアスした場合

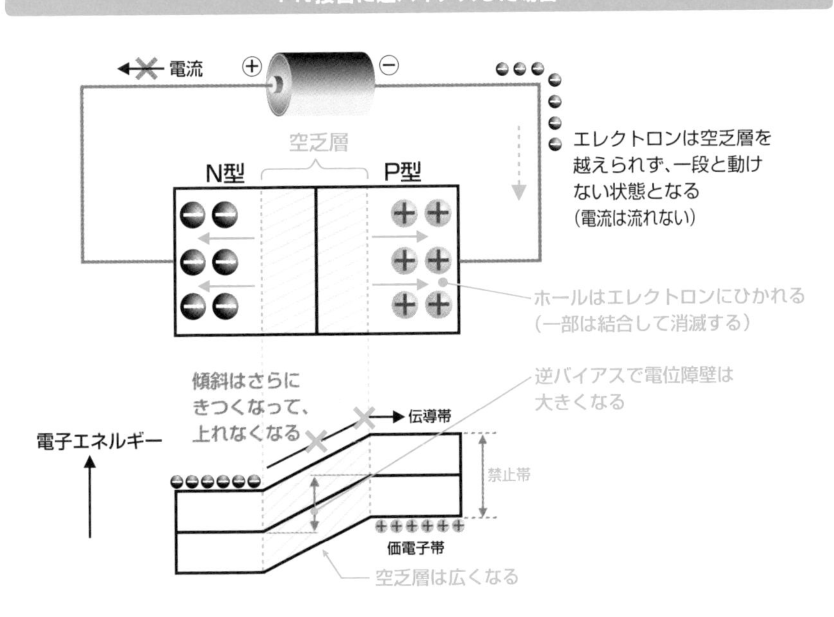

3-2

電流を一方向に流すダイオードとは？

P型半導体とN型半導体を接合したのが、半導体電子部品のダイオードです。ダイオードは、P型からN型半導体への一方向のみに電流を流す整流作用があります。

ダイオード（Diode）

P型半導体とN型半導体を接合したダイオードは、順バイアス（P型半導体に+、N型半導体に－を印加*）では電流が流れます。また逆に逆バイアス（P型半導体に－、N型半導体に+を印加）では、電流は流れません。この様子がダイオードの電圧V－電流I特性に示されています。

順バイアスでは、エレクトロンが電位障壁を越える電圧（これを**順方向電圧**Vjと呼びます）を印加したときに、電圧値に応じた電流が流れます。逆バイアスでは、電流は流れません。ただし半導体構造によるものですが、ある一定以上の逆方向電圧（これを**逆方向耐圧電圧**V_Rと呼びます）では、電流は流れてしまいます。これはIC構造（半導体構造）上では、やむをえません。したがって、LSIの電源電圧は、この逆方向耐圧電圧より十分低い電圧で動作させます。

ダイオードのV－I特性

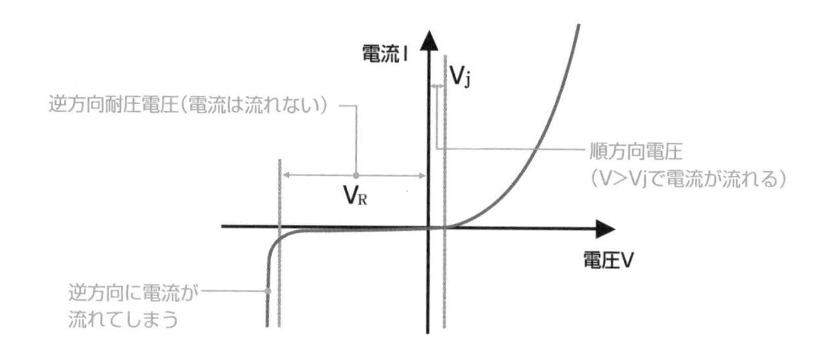

*印加　電圧を加えること。

ダイオードの構造と電流の流れ

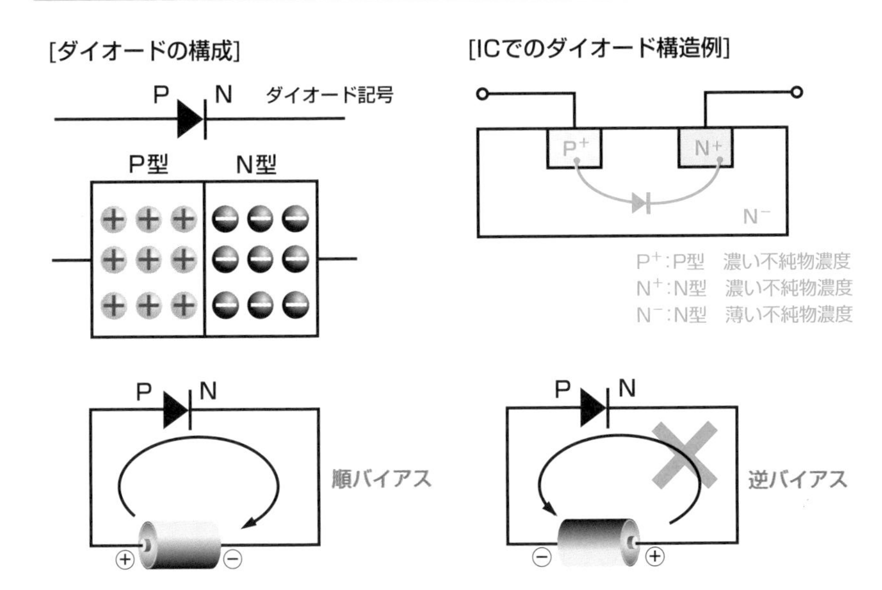

整流作用

ダイオード整流作用の典型的な応用例が、交流（交互に電流が行ったりきたりする電流でたとえば家庭の電源コンセントなど）を直流（一方向にしか流れない電流でたとえば電池など）に変える作用です。

家庭の電源コンセント（交流）に電球を接続して点灯させた場合を考えてみましょう。

ダイオードなしで直接電球を接続した場合は、通常の家庭の電灯と同じで電球は明るく輝きます。交流ですから電気は、＋と－側へ交互に流れ*ており、電球から見れば、時間軸上ではいつでも電流は流れています。

ダイオードを電源コンセントから電球に向けて、順方向に接続した場合、半分の時間しか電流は流れず、電流は半分になります。したがって、電流の明るさは暗くなります。この状態を波形で示すと、波形は＋側のみにあります。

ダイオードを電源コンセントから電球に向けて逆方向に接続した場合は、電流の波形は－側のみになります。当然ですが電球の明るさなどは順方向と同じです。

電源を電源コンセントから電池に変えて考えてみましょう。

＊**交互に流れ**　交互に繰り返す周期である周波数は、関東以北で50Hz、関西以西で60Hzとなっている。

ダイオードの整流作用（交流）

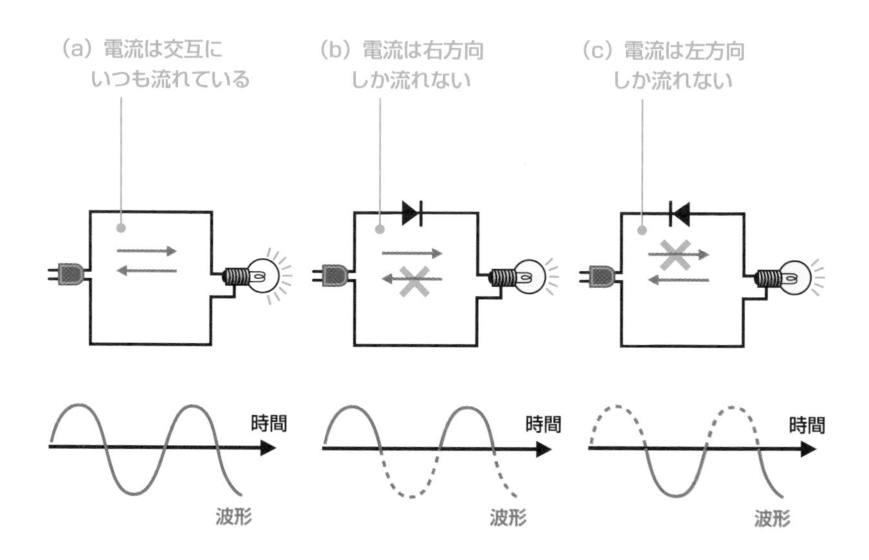

ダイオードを電池から電球に向けて順方向に接続した場合 (a) は、電流は流れるので電球はつきます。しかし、ダイオードを電池から電球に向けて逆方向に接続した場合 (b) は、電流は流れず電球はつきません。

これが電流を一方向にしか流さない**整流作用**です。

ダイオードの整流作用（直流）

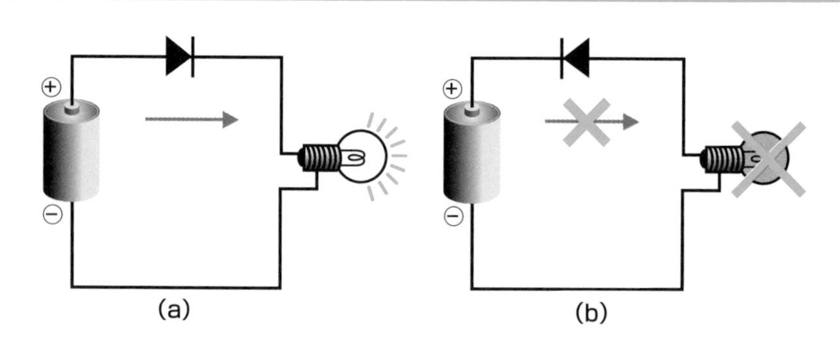

3-3 トランジスタの基本原理、バイポーラトランジスタとは？

P型半導体とN型半導体を、NPNまたはPNPのサンドイッチ状に接合した半導体素子がバイポーラトランジスタ*です。バイポーラは、ホール（+電荷）とエレクトロン（−電荷）の両方極性（ポール）のキャリアが動作に寄与することに由来しています。

NPNトランジスタとPNPトランジスタ

トランジスタ*は、P型半導体とN型半導体が、NPNあるいはPNPのサンドイッチ状に接合されて構成されています。素子構造は、エミッタ（Emitter：キャリアの注入）、ベース（Base：動作の基盤）、コレクタ（Collector：キャリアの収集）の3端子からなります。NPNトランジスタとPNPトランジスタの基本構成、IC構造、記号は、次ページにそれぞれを示します。

NPNトランジスタ基本動作

ここでは、**NPNトランジスタ**について基本動作を考えてみます。電源は、コレクタC〜エミッタE間に大きめの電圧V_{CE}を、ベース（B）〜エミッタ（E）間にV_{BE}を印加します。V_{CE}は本来コレクタ（C）〜ベース（B）間が逆バイアスになっているため電流は流れません。

一方V_{BE}はPN接合の順バイアスが印加されているので、ベース電流I_Bが流れます。ということは、エレクトロンがエミッタ（E）からベース（B）に向かって注入されています。このエミッタ（E）からベース（B）に向かっている注入されたエレクトロンの一部はベース（B）に向かいますが、ほとんどのエレクトロンはコレクタ（C）〜ベース（B）間が逆バイアスにもかかわらず、ベース領域（実際は非常に薄い層でできている）を突き抜けて、そのままコレクタ（C）に向かって移動してコレクタ電流I_Cとなります。

これは、小さなベース電流I_Bによって、大きなコレクタ電流I_Cが得られたことを意味します。これがバイポーラトランジスタの**増幅作用**です。

---

* **バイポーラトランジスタ**　Bipolar Transistor。
* **トランジスタ**　通常、バイポーラトランジスタは、単にトランジスタと呼んでいる。

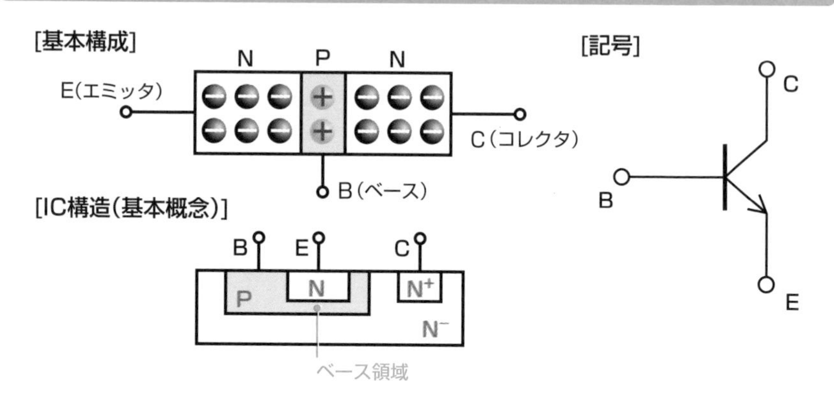

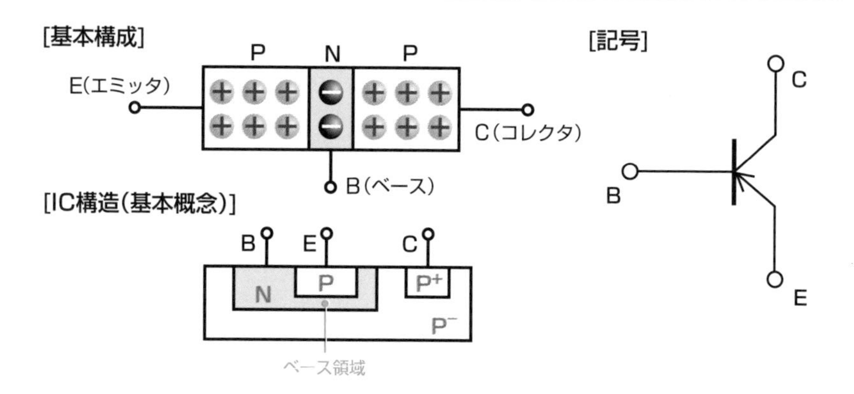

増幅作用

もう少し増幅作用を説明してみましょう。次ページ下の回路図で、

$I_E = I_B + I_C$

の関係が成立します。ところがIC≫IBですので

$I_E = I_B + I_C \fallingdotseq I_C$

となります。ここでI_C / I_B＝hfe（**電流増幅率**）とすれば

$I_C = hfe\ I_B$

となり、コレクタ電流I_Cはベース電流I_Bのhfe倍に増幅されたことになります。これが増幅作用の基本です。

実際の回路で増幅する信号は、カラオケのマイクから入力するような複雑な交流信号です。そこで実際の増幅回路は、入力した微少信号を忠実に増幅してスピーカーから鳴らすために、より複雑な回路になります。

NPNトランジスタの基本動作

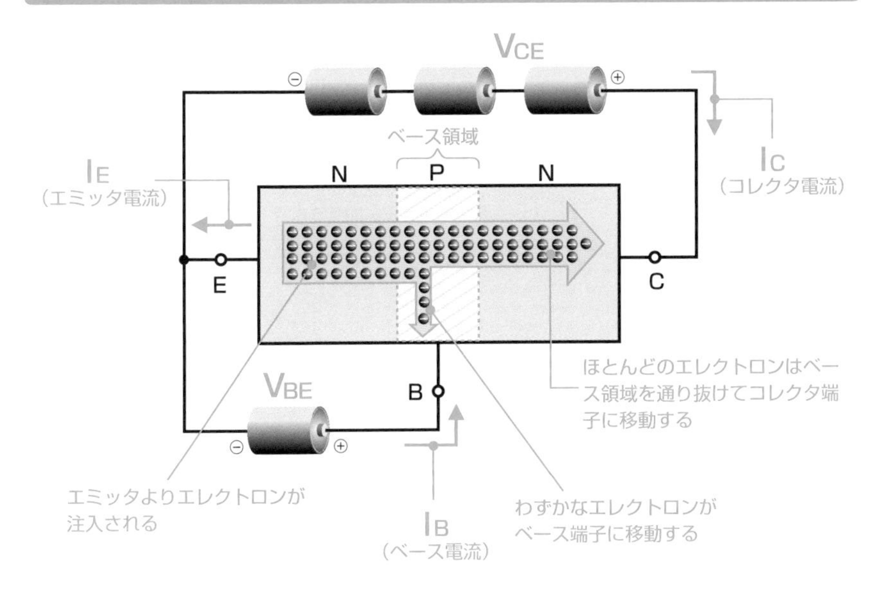

回路図による増幅回路の説明

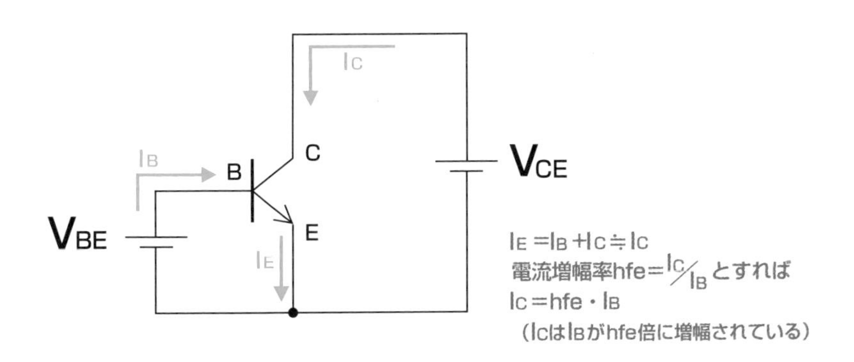

$I_E = I_B + I_C \fallingdotseq I_C$
電流増幅率$hfe = I_C/I_B$とすれば
$I_C = hfe \cdot I_B$
（I_CはI_Bがhfe倍に増幅されている）

3-4

LSIの基本素子MOSトランジスタとは？(PMOS、NMOS)

バイポーラトランジスタは構造的に集積度を上げられません。そこでデジタル回路が主な現在のLSIは、微細化が向くMOSトランジスタが多く使用されています。そして、このMOSトランジスタには、Nチャネル型とPチャネル型の２種類があります。

MOSトランジスタ基本構造

MOSトランジスタの正式名称は、MOS電界効果型トランジスタ（MOS Field Effect Transistor）です。バイポーラトランジスタが電流制御によって動作するのに対して、MOSトランジスタ（以下MOST）は、電圧（電界）制御によって動作するからです。またバイポーラトランジスタが、電流が流れるのにキャリアが２種類（ホールとエレクトロン）いるのに対して、MOSTはキャリアが１種類なので、モノポーラトランジスタという分類の仕方もできます。

MOSTの構造は、バイポーラトランジスタが縦構造のベース領域でのホール、エレクトロンのキャリア動作するのに比較して、非常にシンプルです。ゲート（G）電圧を与えるか否かの制御によって、ドレイン（D）とソース（S）の２つの電極間に電流パス（チャネルと呼ぶ）を誘起させて、ドレイン～ソース間に電流を流します。したがって構造としては、半導体基板にソースとドレインを作成し、ゲートから絶縁膜を通して電圧をかける単純な構造になります。

チャネル領域で伝導に寄与するキャリアが流れる幅方向をチャネル幅（W）、走行する距離方向をチャネル長（L）と呼びます。

バイポーラが縦構造なのに対して、MOSTは横方向（表面）構造のため製造が比較的に容易で、かつ微細化が可能なため、高集積が必須のLSIに向いているのです。

MOST動作を電流伝導に寄与するキャリアによって分類して、エレクトロンが寄与するのがNチャネル型MOSトランジスタ（**NMOS**）、ホールが寄与するのがPチャネル型MOSトランジスタ（**PMOS**）となります。

MOSトランジスタのスイッチング動作（NMOSの場合）

NMOSで、ドレイン（D）～ソース（S）間にドレイン電圧V_{DS}を、ゲート（G）～ソース間にゲート電圧V_{GS}を印加します。

V_{GS}に電圧を印加したとき、その電圧（＋電荷）によって、P基板（ホールがいっぱいの半導体基板）からエレクトロン（この場合、少数キャリアになります）がMOSトランジスタに表面誘起されます。

これは、ゲートが＋電荷で満たされるので、それによる誘引作用で、－電荷のエレクトロンをゲート直下表面に引き寄せることです。もし、V_{GS}をだんだんに大きく

MOSトランジスタ（Nチャネル型）の基本概念

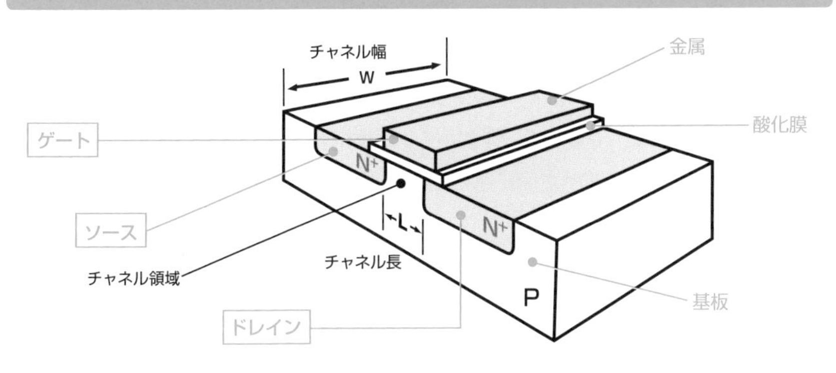

MOSの断面の基本概念

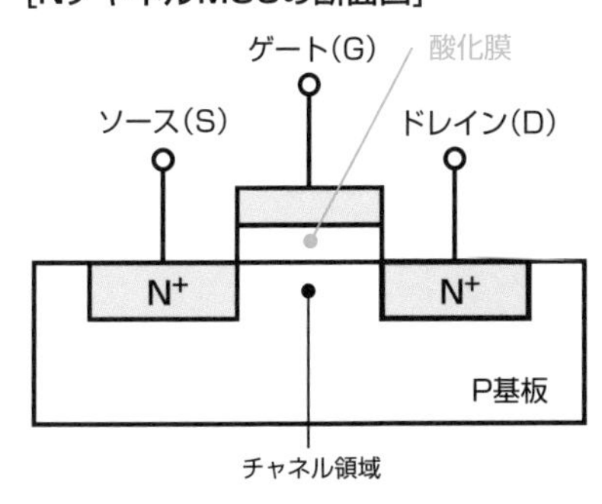

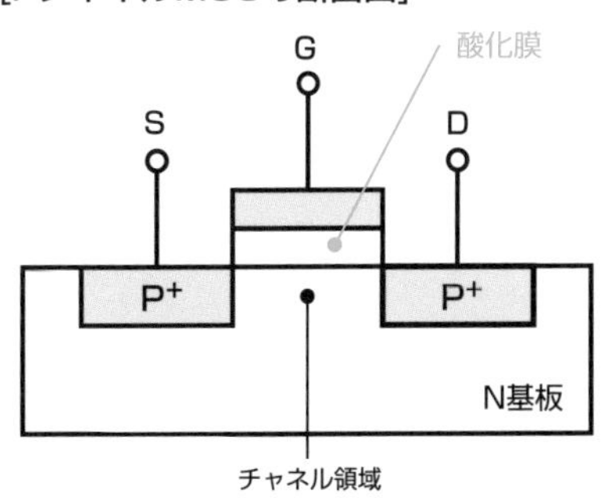

していって、たくさんのエレクトロンがゲート直下表面（チャネル領域）に誘起されると、ついにドレイン（D）（エレクトロンがいっぱい）とソース（S）（エレクトロンがいっぱい）間には、エレクトロンが移動できるチャネルが形成されて、両端子は接続されたことになります。

ここでV_{DS}が印加されていますので、このチャネルをドレイン（D）からソース（S）に向かって電流I_{DS}が流れることになります。このときが、NMOSのスイッチ動作で、SWがOFFからONになった状態です。また、SW=ONになるのに必要なV_{GS}を**Vth（スレッシュホルド電圧）**と呼びます。NMOSは、V_{GS}<VthでOFF、V_{GS}≧VthでONになるわけです。

PMOSのスイッチ動作も同様に考えることができます。ただしPMOSはNMOSと違ってすべて負電圧で動作します。またこれらの電圧V_{GS}—電流I_{DS}特性を次ページ上の図に示しました。

電圧V_{GS}—電流I_{DS}特性からわかるように、V_{GS}の大きさに比例してI_{DS}電流は増加します。これはMOSTでは、V_{GS}電圧によって増幅動作があることを示しています。バイポーラトランジスタが電流によって増幅動作（スイッチ動作）をするのに対し

NMOSのスイッチ動作

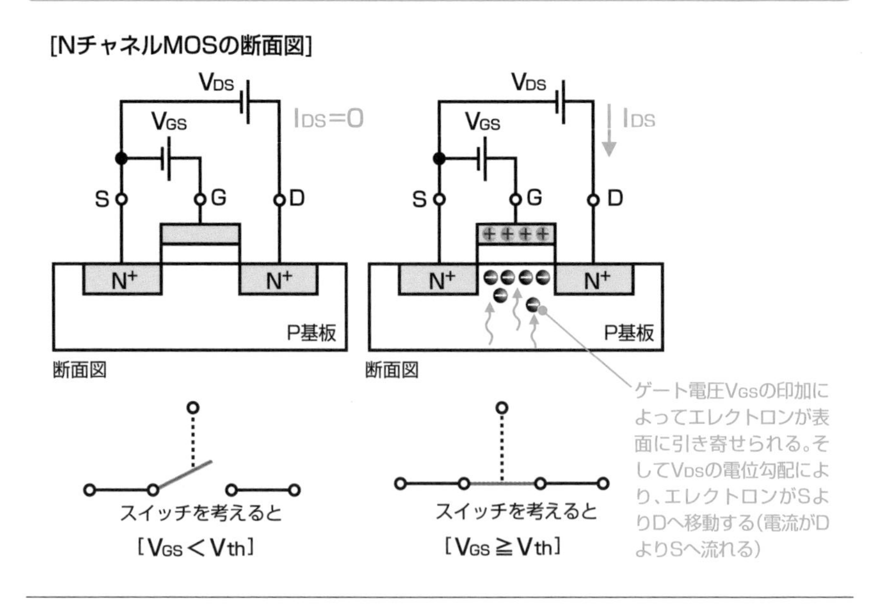

て、MOSTでは電流をほとんど必要としないで電圧のみによって増幅動作（スイッチ動作）ができます。これを**電圧制御**と呼びます。

　微細化、構造が簡単に加えて消費電力でもMOSTがバイポーラトランジスタより有利なわけで、これらがMOSTがLSIの主流となった理由なのです。

NMOS、PMOSの電圧V_{GS}―電流I_{DS}特性

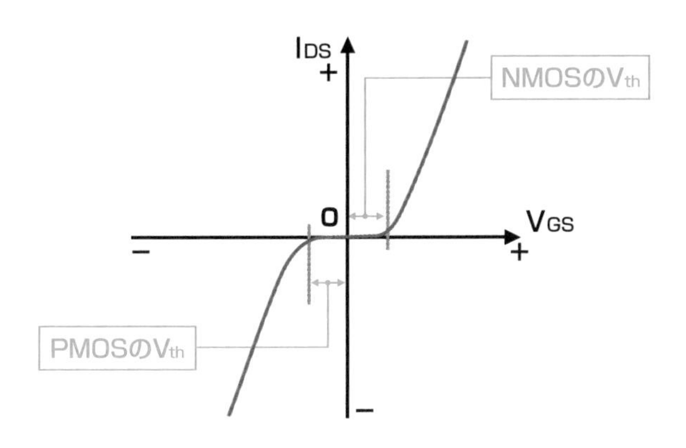

PMOSのスイッチ動作

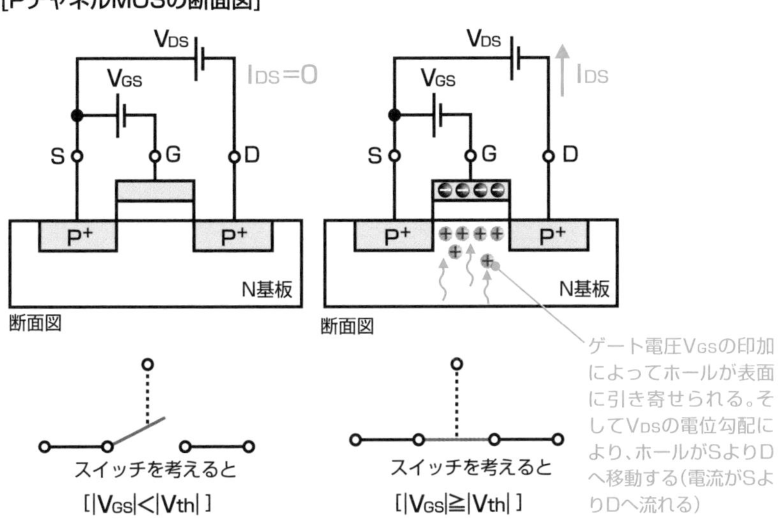

3-5

もっともよく使われているCMOSってなんだ？

PMOSとNMOSの動作特性を相補的（Complementary）に組み合わせた回路構成を用いたLSIがCMOSです。CMOS・LSIは、PMOSやNMOSでの回路構成に比較して、低消費電力性で最もすぐれています。他にも低電圧動作、耐雑音余裕度大などの優位性があり、LSIの種類の中で最も多く採用されています。

PMOS＋NMOS＝CMOS

CMOS（Complementary　MOS）は、PMOSとNMOSを一対として用います。下図左の基本構成は、LSI論理回路の最も基本的な構成で、インバータ*（この場合**CMOSインバータ**）と呼ばれているものです。この動作を理解すると、CMOSの最大特徴である、**低消費電力**のわけが理解できます。

下図右の基本構造は、この基本構成を半導体で実現した場合の例で、下図左の回路図同様にシリコン基板にも**NMOS、PMOS**は一対でつくられています。1つの半導体基板に、2つの種類の半導体をつくる必要があることから、本例ではNMOSは、Pウエル（P型半導体領域）の中に作成しています。

CMOSの基本構成と基本構造

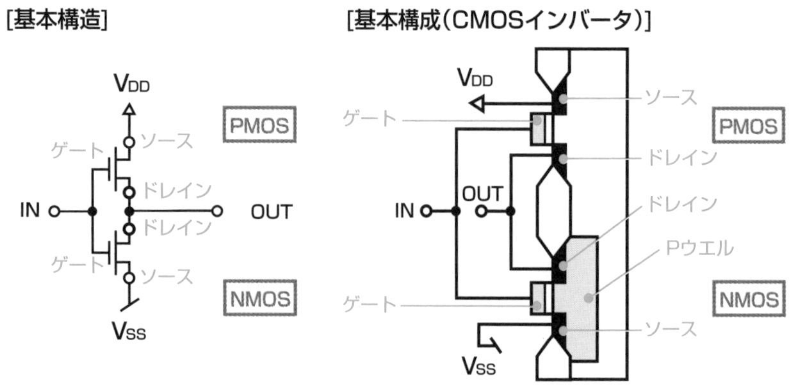

[基本構造]

[基本構成（CMOSインバータ）]

* **インバータ**　入力信号を反転させる回路のこと。詳細は本文114ページの「4-4　LSIで用いる基本論理ゲートとは？」を参照。

CMOSインバータの基本動作は、NMOSのスイッチング動作を、PMOSにも同様に用います。インバータ（反転回路）は、後ほど詳細に説明しますが、ここでは入力信号を反転する回路、すなわち入力がH（$=V_{DD}$）のとき出力がL（$=V_{SS}$）になり、入力がL（$=V_{SS}$）のとき出力がH（$=V_{DD}$）になる回路だと理解してください。したがってここではCMOSインバータについて、NMOSとPMOSをスイッチと考えて説明することにします。

まず入力がHの場合には、PMOSトランジスタはOFFになりますのでスイッチはオープン、一方NMOSTはONになりますのでスイッチはショートになります。したがって出力はLになります。

ところで、実際には図のように機械的にオープン、ショートがあるわけではありません。それぞれのトランジスタは、固有の抵抗値をもっています。たとえばOFF状態のPMOSトランジスタの抵抗値は概略1000MΩ以上、ON状態のNMOSTは1～10kΩ（チャネル幅W／チャネル長L、ゲート電圧などに依存）と考えてください。したがって出力電圧は抵抗分割比で決まり、ほとんどLに等しくなります。

逆に入力がLのときは、PMOSトランジスタはONなのでスイッチはショート、一方NMOSトランジスタはOFFなのでオープンになります。したがって上記の説明と同じ理由から、出力はH（$=V_{DD}$）に等しくなります。

CMOSインバータは入力一定なら、むだな電流は生じない

このように、NMOSとPMOSの動作電圧関係を相補的に利用すると、入力が一定（H、L）のときにはこの一対のMOSのうちどちらかがOFFになって、電源であるV_{DD}から接地V_{SS}へのむだな消費電流が流れません。

ところがNMOSインバータで考えてみますと、入力がH（$=V_{DD}$）一定のときにはNMOSはONとなりますので、V_{DD}からV_{SS}に向かって電流$I=(V_{DD}-V_{SS})/R$は流れ続けます。なんとデジタル回路（“1”、“0”）での半分の周期でむだな電流が生じてしまうのです。PMOSインバータでも同様なことがおこります。

したがって、PMOS・LSIやNMOS・LSIが回路動作していないときでも恒常的にむだな消費電流を必要とするのに対して、CMOS・LSIは大きな優位性をもつのです。

CMOSインバータの基本特性（スイッチ特性）

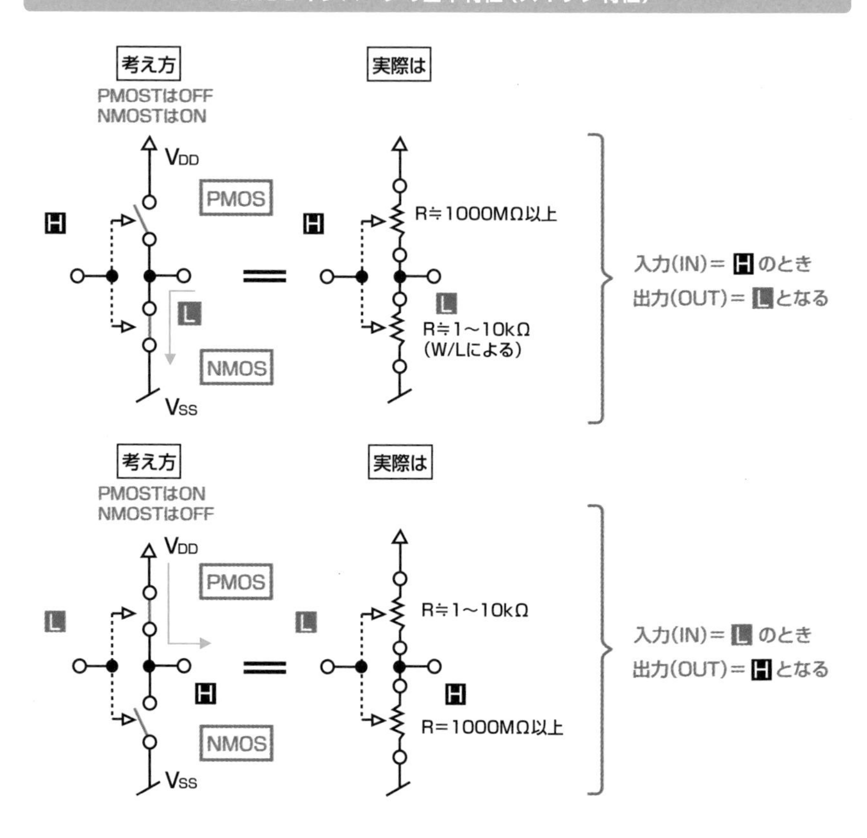

CMOSインバータは入力が一定（H、L）なら、ムダな消費電流がない

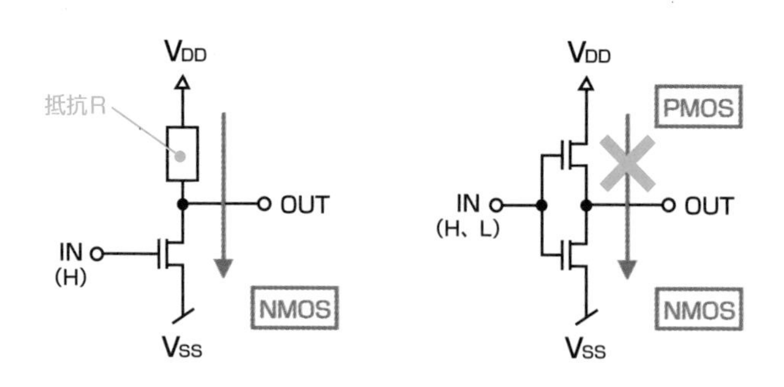

3-6

メモリDRAMの基本構造や動作はどうなっているか？

代表的な半導体メモリ（記憶素子）に、DRAM（Dynamic RAM）があります。DRAMのメモリセルは、MOSトランジスタ１個とコンデンサ１個からできています。コンデンサは電荷を蓄積する働きがあり、コンデンサに電荷があるときを"1"、ないときを"0"として記憶します。MOSトランジスタは、コンデンサ電荷の記憶や読み出しのためのスイッチです。

DRAMのメモリセル構造と動作の考え方

DRAMの**メモリセル***は、MOSトランジスタ１個とコンデンサ１個からできています。**ワード線***と**ビット線***の制御によって、ワード線とビット線の交差点を選択し、MOSトランジスタを介してコンデンサに**電荷**を書き込み（充電）／読み出し（放電）をして、メモリ動作を行います。コンデンサは、電荷があるときを"1"、ないときを"0"として記憶します。大容量化に伴いMOSトランジスタ、コンデンサ共に微細化が進んでいますが、コンデンサは単位面積当たりの容量を稼ぐために、垂直柱状構造になっています。

DRAMのメモリセルの構成

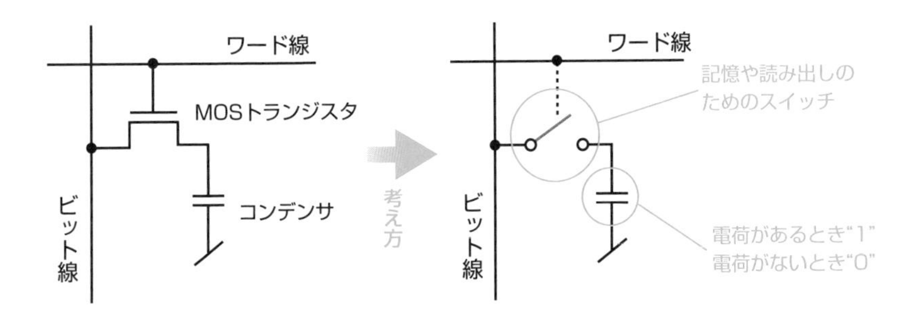

* **メモリセル**　記憶素子を構成する基本単位。メモリはメモリセルの集合体と考える。
* **ワード線**　メモリセルアレイの中から一行を選択するための制御信号線。
* **ビット線**　メモリセルアレイの中から一列を選択するための制御信号線。

メモリセルへの書き込み、読み出し方法

❶ "1" の書き込みは、ワード線をHレベル（MOSトランジスタがONすなわちスイッチがONになる電圧状態）にして、ビット線の電圧もあげ（Hレベル）、コンデンサに電荷を充電します。これがメモリ状態 "1" です。このときに、コンデンサがすでに電荷のある "1" の状態ならば、書き込みしても変化はありません。

❷ "0" の書き込みはワード線をHレベルにして、ビット線の電圧は0Vとし（Lレベル）、コンデンサの電荷を放電させてコンデンサの電荷をなくします。これがメモリ状態 "0" です。このときに、すでにコンデンサに電荷のない "0" の状態ならば、書き込みしても変化はありません。

❸ "1" の読み出しは、ワード線をHレベルにして、ビット線を検出状態とします。もしコンデンサの電荷が "1" ならば、コンデンサから電荷が検出状態のビット線に流れ込み、ビット線の電圧は瞬間的に上がります。これを "1" 状態として読み出します。このとき、記憶内容は一時的に消失してしまいます。

❹ "0" の読み出しは、ワード線をHレベルにして、ビット線を検出状態とします。もしコンデンサの電荷が "0" ならば、コンデンサからの電荷流失はないので、ビット線の電圧は変化しません。これを "0" 状態として読み出します。

メモリセルへの書き込み、読み出し方法

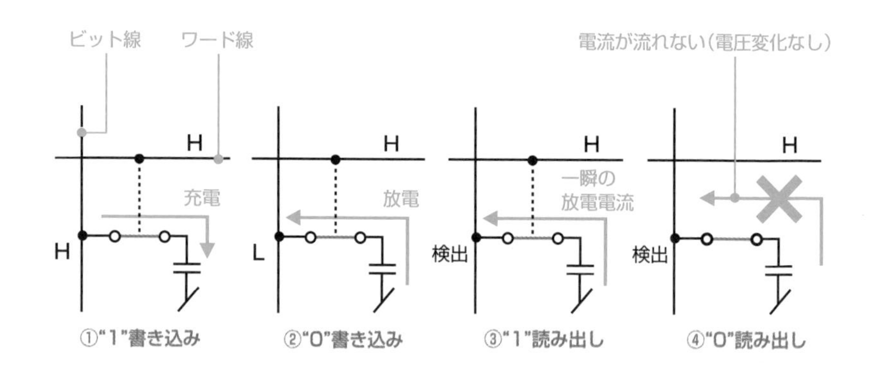

メモリセル位置の選択

このメモリセルを、ワード線、ビット線に沿って並べたのが実際に使用しているメモリアレイです。下図に示すメモリアレイは、4ビット×4ビットです。ここではわかりやすく、MOSトランジスタはスイッチに置き換えています。

リフレッシュ動作

上記で説明したように、DRAMでは読み出しによってメモリセルの電荷は流失し、記憶内容は消失してしまいます。またコンデンサ電荷も非常に小さいため、構造上の微少なリーク電流によって記憶内容が変化してしまいます。

そのためDRAMでは、記憶内容を保持するために一定時間ごとに同一データを繰り返し書き込む、**リフレッシュ動作**が必要になるのです。

微細加工技術による大容量化が進む

半導体微細加工技術の進歩によって、DRAMの大容量化が進んでいます。米国インテル社が、1970年に世界で初めてのDRAMは1Kビットでしたが、現在は各社から、32Mビット～8Gビット（プロセスルール* 18nm～20nm）の製品が販売されています。なんとメモリ容量比は、8Gビット／1Kビットで800万倍になったわけです。

メモリアレイ

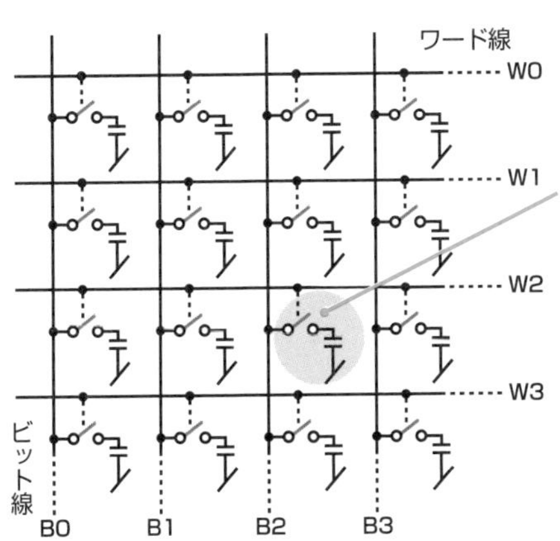

メモリアレイでのこの部分のセル（W2,B2）の選択は、まずW2=Hとしてスイッチを0Nにして、次にB2を選択しておいて、書き込みでHあるいはL、また読み出しで検出状態にする。選択セル以外のワード線はLなので、コンデンサはスイッチでビット線と切り離されていて変化しない。
このように、順次ビット線をワード線を切り換えて、すべてのメモリセルを走査して全情報を書き込み／読み出しする。

* **プロセスルール**　半導体製造プロセスにおける最小加工寸法を規定する数値。プロセスルールによって、回路パターン設計でのデザインルールが決まる。

3-7

携帯機器に活躍するフラッシュメモリとは？

フラッシュメモリは、電気的にデータの書き換え（書き込み・消去）が可能なRAMと、電源を切ってもデータが保持できるROMの双方の特長を併せもった、EEPROMに属する不揮発性メモリです。

メモリ分野をDRAMとフラッシュメモリで二分する

従来からのメモリは、コンピュータやPCでのDRAMがけん引してきましたが、現在は**フラッシュメモリ**が、携帯電話の動作プログラム、メール・画像データ、そしてデジタルカメラの画像データのストレージ用途として、デジタル情報家電機器には欠かせない存在となり、メモリ分野をDRAMと二分しています。

フラッシュメモリは、データの書き換え（書き込み、消去）が可能なRAMと、電源を切ってもデータ保持が可能なROMの双方の特長をもった、EEPROM*に属する不揮発性メモリです。メモリ構造は、消去方法の一括化（フラッシュ・タイプ）により、従来のEEPROMの消去方法がアドレス指定であったのに対し、バイト単位、ブロック単位など一括化して処理することにより、メモリセル構造を単純化し、これによって高集積大容量化やデータ読み出しの高速化（書き換えは低速）などを実現、さらに低コスト化も容易にしています。

フラッシュメモリはROMとRAMの特長を兼ね備える

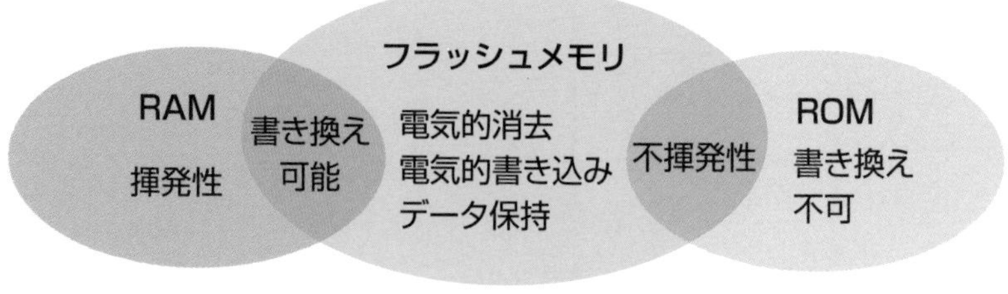

* **EEPROM**　詳細は本文48ページの「2-5　メモリの種類」を参照。

フラッシュメモリの分類と特徴

フラッシュメモリは、その構成方法によって何種類かがありますが、大きく分けると**NAND型**と**NOR型**に分類できます。

NAND型は、メモリセルを直列接続して、ビット線のセル1個あたりのコンタクト数（トランジスタと配線金属を接続する数）を減らして集積度を高めています。この方式は、一括してデータアクセスするのに有利で、デジタルカメラ（画素数）、スマートフォン（画像などのデータ容量）、ビデオカメラ（録画時間）など、メモリの大容量化要求に応えて非常に多くが搭載されています。量産による急激なコスト低下も進み、パソコンのハードディスクに代るSSD*としても使用されています。

NOR型は、ビット線を各セルに並列接続しているので、集積度はNAND型より劣ります。しかし、ランダム読み出し（メモリセルに対するデータの読み出しが、規則的に限定されないで、任意（＝ランダム）にできること）でかつ高速なデータアク

フラッシュメモリセルアレイ構造

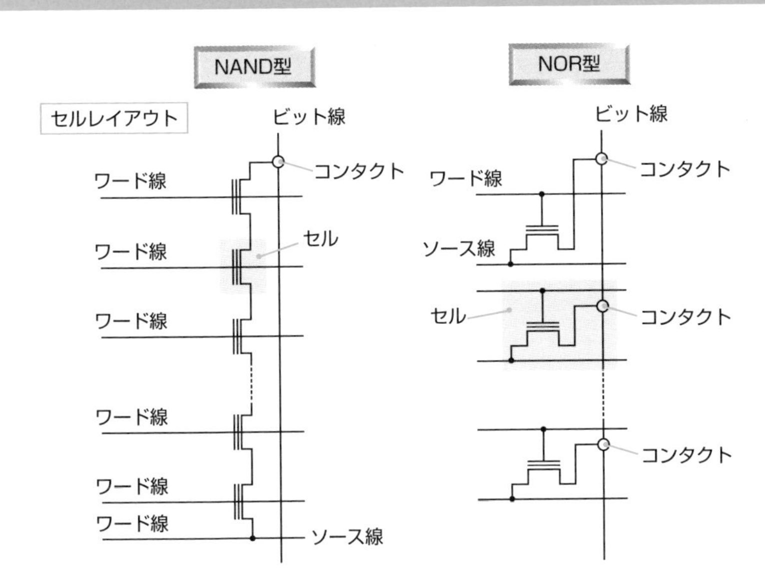

* **SSD**　Solid State Drive。ハードディスクドライブ（HDD）と同機能を持つ、半導体メモリ記憶装置。

セスが可能など、NAND型に比較して有利な点もあり、パソコンでのOS、携帯電話のプログラム、データなどを格納するためのメモリとして多用されています。

なお、NAND型フラッシュメモリの大容量化は急激に進んでおり、3DNAND型フラッシュメモリの実現で、1Tビット（1,000Gビット）製品も登場しています。

フラッシュメモリ（NOR型）の基本構造

フラッシュメモリNOR型の基本構造は、通常のMOSトランジスタに比較して、制御ゲートと基板との間に、第2のゲートである**浮遊**（フローティング）**ゲート**をもつのが特徴です。この**浮遊ゲート**の電荷状態（電荷のあり、なし）が、メモリの"1"、"0"を作りだします。この電荷は絶縁膜で隔離され、漏れ出さないために電源を切っても状態が保持されるのです。

NOR型フラッシュメモリ構造での制御ゲートは、通常のMOSトランジスタでのゲートと同じですが、機能的には、メモリの書き込み、消去、読み出しのために制御電圧をかけるために用います。

浮遊（フローティング）ゲートは、どこの電位点などにも接続されていない、電気的に浮遊しているゲートで、フラッシュメモリで用いられる、電荷蓄積用の特殊なゲートです。

また、浮遊ゲートの下層には、書き込み時に機能し、十数ボルトの電圧で電流を通してしまう、数nmの極薄絶縁膜でできた**トンネル酸化膜**があります。なお、このとき流れる電流を**トンネル電流**と呼びます。

フラッシュメモリ（NOR型）の基本構造

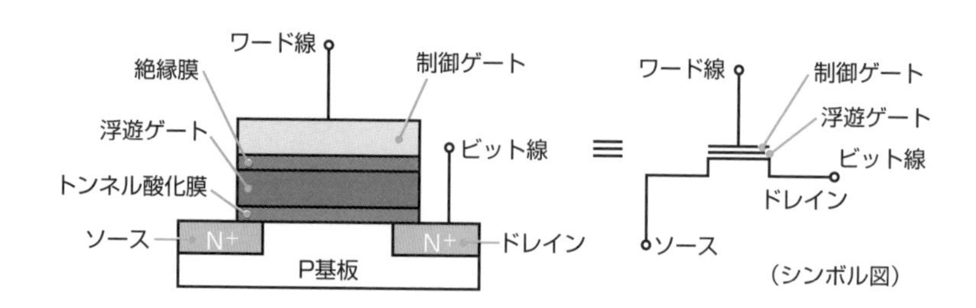

フラッシュメモリ（NOR型）の動作原理

フラッシュメモリ（NOR型）の、データ書き込み、データ消去、データ読み出しの各工程における動作原理を図版にて簡単に説明します。

NAND型フラッシュメモリの多値化技術

NAND型フラッシュメモリは、セル構造や回路構成、プロセス技術などの新技術開発により大容量化が続いていますが、情報の保持形態に、**SLC***（1ビット/セル）から、**MLC***（多ビット/セル）への多値技術により、一層の大容量化（ビット

フラッシュメモリ(NOR型)の動作原理

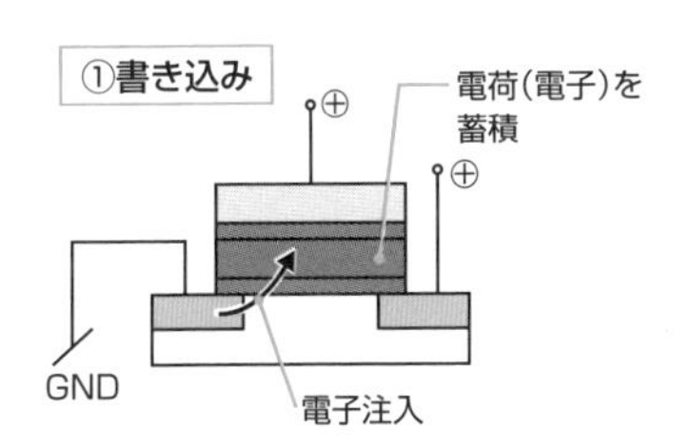

ドレイン、制御ゲートに正電圧をかけて、トンネル酸化膜を通して、基板側から電子を注入し、浮遊ゲートへ電荷を蓄積(電荷あり)した状態。

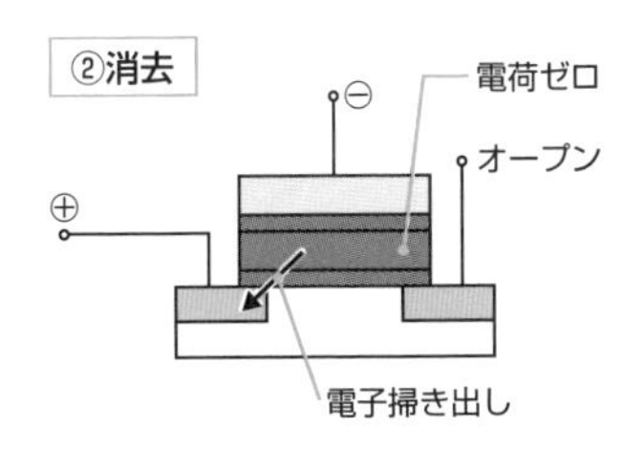

制御ゲートに負電圧、ソースに正電圧をかけて、逆に浮遊ゲートから、基板側へ電子を掃き出し、浮遊ゲートの電荷をゼロ(電荷なし)とした状態。

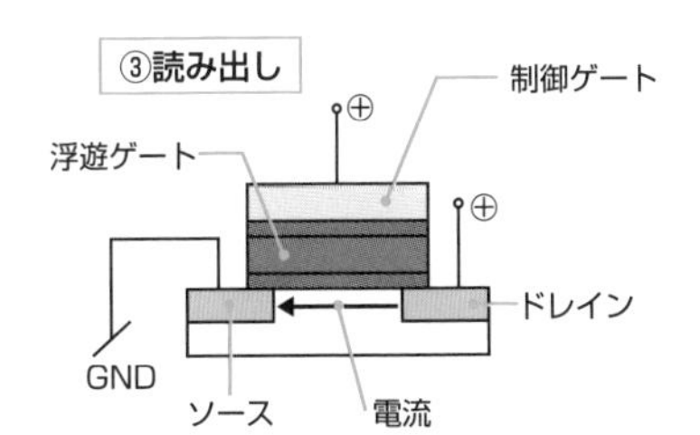

ドレイン、制御ゲートに正電圧をかけて、そのときのMOSトランジスタの電流の有無(スイッチのオン、オフ)を、データの書き込み“0”、データの消去“1”と認識します。

浮遊ゲートの状態が
電荷蓄積➡電流が流れる➡“0”
電荷ゼロ➡電流が流れない➡“1”

* **SLC**　Single-Level Cell。
* **MLC**　Multi-Level Cell。

数／チップ）が進展しています。

SLC（1ビット／セル）技術では、2値“0”“1”のデータ記憶を行っていたのに対して、MLC2　ビット／　セル技術では4値“00”“01”“10”“11”のデータ記憶を実現し、SLCに比較して、一気に2倍のデータ記憶を可能としました。

このMLC技術は、データを保持するゲート電極（浮遊ゲート）の電圧の高低を利用しています。例えば、SLCの1ビット（2値）品であれば、電圧は“あり”“無し”で良かったわけですが、MLCの2ビット（4値）品では、電圧の高さを4段階に制御する必要があります。MLCでは、多ビットになればなるほど、書き込み電圧の制御、メモリアクセス速度の低下、書き込み回数や保持時間の減少などの問題が生じてきます。

現在、販売されているフラッシュメモリ1Tビット（1000Gビット）の大容量品には、3DNAND型の多層化技術に加えて、このMLC技術が採用されています。

MLC（2ビット／セル）データ記憶の4状態

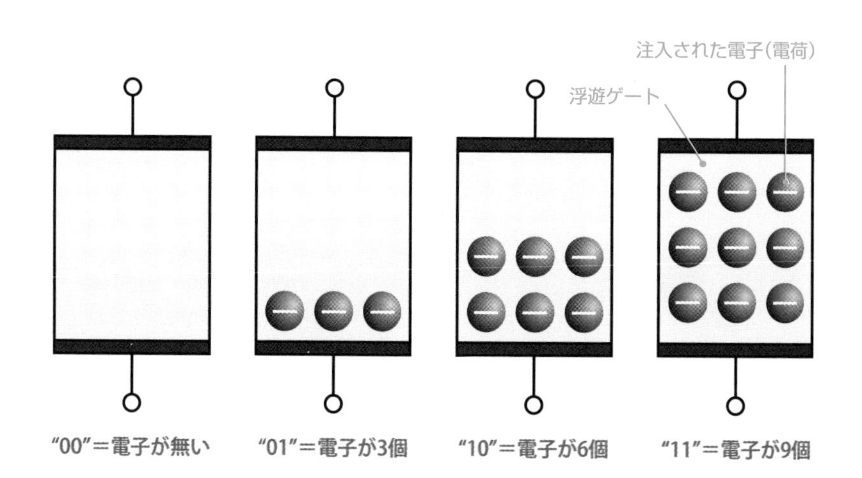

フラッシュメモリの３次元化（3DNANDフラッシュメモリ）

フラッシュメモリ（NAND型）は、年々高密度大容量化を実現してきましたが、これ以上の微細化は、露光・成膜・エッチング技術の問題だけでなく無く、フラッシュメモリセルの本質的な問題により困難になってきました。主な理由は、

①微細化が進み、セル（浮遊ゲート）の電子密度を十分に維持できない。

②プロセスルール縮小化で隣接するメモリセル間干渉が増大し、データ読み書きの長期信頼性を確保することが難しい。

そこで、従来の平面上にフラッシュメモリ素子を並べたNAND構造（プレーナ型）ではなく、シリコン平面から垂直方向（立体型）にフラッシュメモリ素子を積み上げた３次元構造を考案し、単位面積当たりのメモリ容量を圧倒的に増加させることを可能にしました。それが、2007年に東芝が発表したBiCS（Bit Cost Scalable）と呼ばれる積層立体型構造の3DNANDフラッシュメモリです。

平面型から３次元構造化した3DNANDフラッシュメモリ

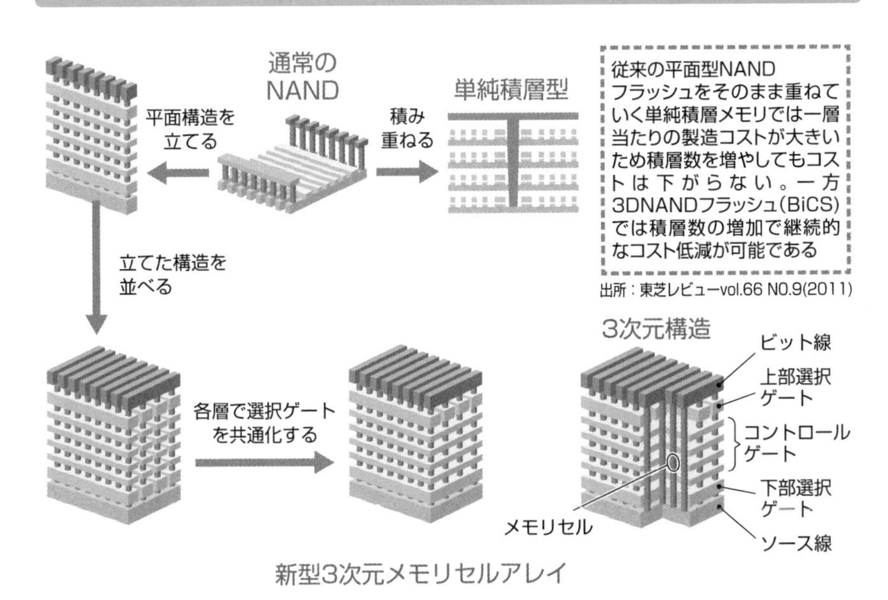

新型3次元メモリセルアレイ

出所：東芝プレスリリース（2007.06.12-1）を参考に作図

3DNANDフラッシュメモリセルの構造

シリコン平面上でなく、垂直方向にフラッシュメモリセルを積み上げた構造で単位面積当たりのメモリ容量を圧倒的に増加させました。さらに性能的にもいくつもの利点を生みだし、パソコンのSSDやデータセンターなどのサーバーに搭載され、劇的にマーケットを拡大しています。3DNAND化による性能的な利点は、

①高速化

メモリセルのサイズを拡げることができ、一度の書込みデータ量の増加が可能となり、実質的な書き込みスピードを高速化できた。

②信頼性向上

メモリセル間のサイズを拡げることができ、隣接メモリセル間の電気的干渉（ビット変化）が軽減でき信頼性が向上した。

③低消費電力化

書き込みスピード高速化で、一度に書き込めるデータ量は増加するので、同一書込みデータ量であれば、低消費電力化ができた。

フラッシュメモリは進歩が著しく、現在の128　層（1Tビット）から、2030年頃には512層（8Tビット）を達成するという予想もあります。

3DNANDフラッシュのメモリセル構造

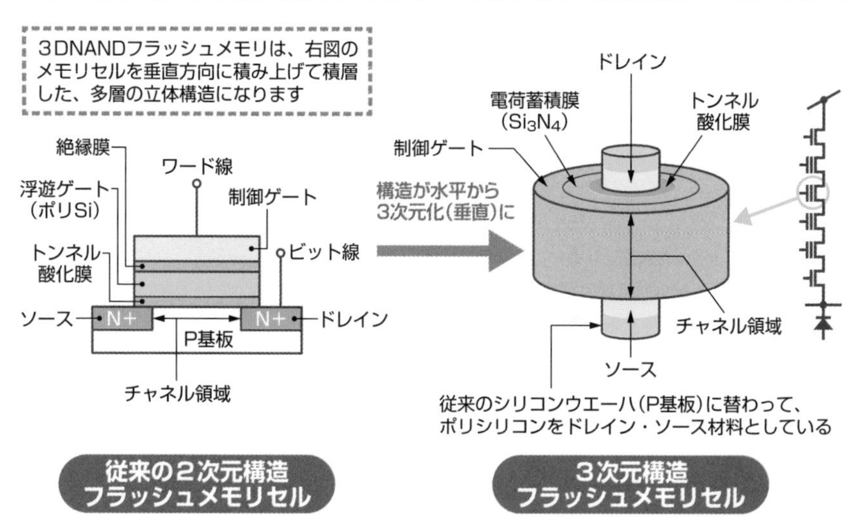

参考：Samsung Electronics

3-8

DRAM、フラッシュの次世代を担うユニバーサルメモリ

DRAMとフラッシュメモリが全盛の現在のメモリ市場ですが、来たるべき高々度情報社会のために、複数種のメモリを1つの不揮発メモリ技術だけでカバーできる、より高性能な次世代ユニバーサルメモリの開発が期待されています。

ユニバーサルメモリとは？

SRAMやDRAMは書き換えの動作が高速で、その回数が無制限ですが、電源を切ると情報が消えてしまう揮発性であるため、使用するデータを保持するためのワークメモリとして使用されています。一方、フラッシュメモリは不揮発性に加えて、セル面積が小さく大容量化可能などの特長がありますが、書き換えに時間がかかり、回数制限もあるために、プログラムコードやデータ記憶をするためのストレージメモリとして使用されています。

そこで、**ユニバーサルメモリ**には以下のような項目が要求されています。

・SRAM並みの高速アクセス（書き込み/読み出し）

・DRAM並みの高集積化（大容量化）

・フラッシュメモリと同様の不揮発性

・小型の電池駆動に耐えうる低消費電力

これが実現すれば、パソコンのメインメモリ、キャッシュメモリ、そして携帯機器、ゲーム機器等々のすべての電子機器に対応した、ユニバーサルメモリとしての活躍が期待でき、さらなる小型高機能化が期待できるようになります。しかしながら、現時点で使用している複数種のメモリを、1つの不揮発メモリー技術だけですべてカバーするというユニバーサルメモリ構想の実現は、まだまだ難しい状況です。

なぜなら、各種電子機器に要求されるメモリ用途は、仕様がそれぞれ大きく異なってくるからです。そこで本章では、次世代メモリにとして期待されている新規メモリについて説明していきます。

次世代の有力候補はFeRAM、MRAM、PRAM、ReRAM

DRAMやフラッシュに次ぐ、次世代新規メモリの有力候補として、強誘電体膜をデータ保持用のコンデンサに用いた強誘電体メモリ**FeRAM**＊（FRAMともいいます)、磁気抵抗効果を用いた磁気抵抗メモリ**MRAM**＊、成膜材料の相変化状態を用いた相転移メモリ**PRAM**＊、電圧印加による電気抵抗変化を利用した抵抗変化メモリ**ReRAM**＊などがあります。

新旧メモリの性能比較

	現在の主要メモリ			新規メモリ			
	DRAM	SRAM	フラッシュ	FeRAM	MRAM	PRAM	ReRAM
データ保持	揮発性	揮発性	10年	10年	10年	10年	10年
読み出し速度	高速	非常に高速	低速	高速	高速	高速	高速
書き込み速度	高速	非常に高速	低速	高速	高速	中速〜高速	高速
リフレッシュ	必要(msごと)	不要	不要	不要	不要	不要	不要
セルサイズ	小	大	さらに小	小〜中	小〜中	小	小
書き換え可能回数	10^{16}	10^{15}	10^{5}	10^{15}	10^{15}	10^{12}	10^{12}

それぞれのメモリデータ性能値は、性能的には最良値を用いている
MRAMデータには、STT-MRAM値も包含している
FeRAMデータには、強誘電体材料として二酸化ハフニウム薄膜使用データ値も包含している

強誘電体メモリ（FeRAM）

FeRAMセルの記憶作用は、電場を与えなくても自発的に分極（＋、－の方向性）をもっている強誘電体膜を、データ保持用のコンデンサ（キャパシタ）とし、そのヒステリシス特性を利用したメモリです。

ヒステリシス特性とは、印加していた電圧を取り去った後まで、電圧をかけていたときの分極が残る強誘電体の性質のことで、その分極の方向性をメモリデータの“0”“1”に対応させています。なお、分極とは、誘電体の両端にある程度の電界をかけると、物質内の電荷が＋と－電極に整列した状態をいいます。

FeRAMの強誘電体メモリセルは、データが不揮発性、高速低電圧での読み出

＊**FeRAM**　Ferroelectric Random Access Memory。
＊**MRAM**　Magnetoresistive Random Access Memory。
＊**PRAM**　Phase Change Random Access Memory。
＊**ReRAM**　Resistive Random Access Memory

し／書き込動作、データ書き換え回数10^{12}～10^{15}回など揮発性メモリのDRAMやSRAMに匹敵する能力があります。

誘電体材料としては、チタン酸ジルコン酸鉛（PZT）やストロンチウム・ビスマス・タンタレート（SBT）を用いますが、強誘電体の分極電荷が時間とともに減少し感度が弱くなるため微細化が困難で、コンピュータに搭載できるような大容量メモリには向いていません（4M～8Mビット程度までが限界）。そこで、大容量メモリを必要としない、低消費電力で高いセキュリティが要求される交通系ICカード、クレジットカード、OA機器等に実用化されているのです。

ところが2011年になって、二酸化ハフニウム（HfO_2）薄膜の強誘電性の発見によって、微細化構造のメモリセルの提案がなされ、FeRAMの大容量化の可能性が出てきました。この発見によってFeRAMは、次世代の新規メモリとして一躍脚光を浴びています。

二酸化ハフニウム薄膜を強誘電体材料とするFeRAMでは、PZTを用いた1トランジスタと1キャパシタ構成から、強誘電体層をゲート絶縁膜の一部に用いる1トランジスタ型のFeFETの構成ができます。これは、NANDフラッシュに似た構造であり、フラッシュメモリなみの微細化・高密度化が期待されています。

FeRAM（FRAM）構造とセル構成

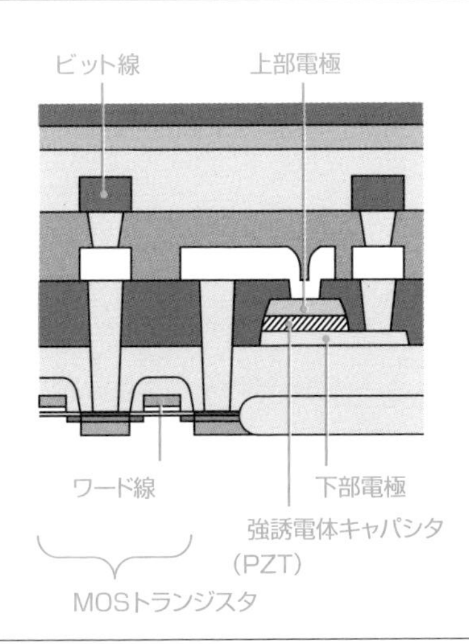

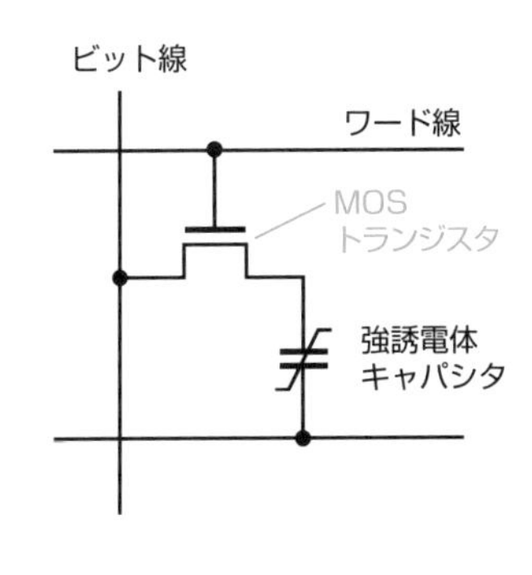

磁気抵抗メモリMRAM

MRAMは、TMR*素子の抵抗値が、極薄絶縁膜をはさむ2つの強磁性金属層の相対的な磁化の方向（分極）によって、低抵抗値と高抵抗値の2つの状態を示す、磁気抵抗効果を動作原理としています。

MRAMの読み出しは、まずワード線に電圧を印加して選択したいMOSトランジスタをONとし、この状態でビット線に電流を流して磁気抵抗素子の電圧を検出して、電圧が小さい（磁気抵抗小：磁化の向きが平行）ときには“0”、大きいとき（磁気抵抗大：磁化の向きが反平行）には“1”と認識します。書き込みは、ビット線とワード線の合算した電流値を用いて、選択したい磁気抵抗素子のみに磁化が反転するような電流を流します（磁化は電流の進行方向に右回りに発生する）。

MRAMメモリセルと基本原理

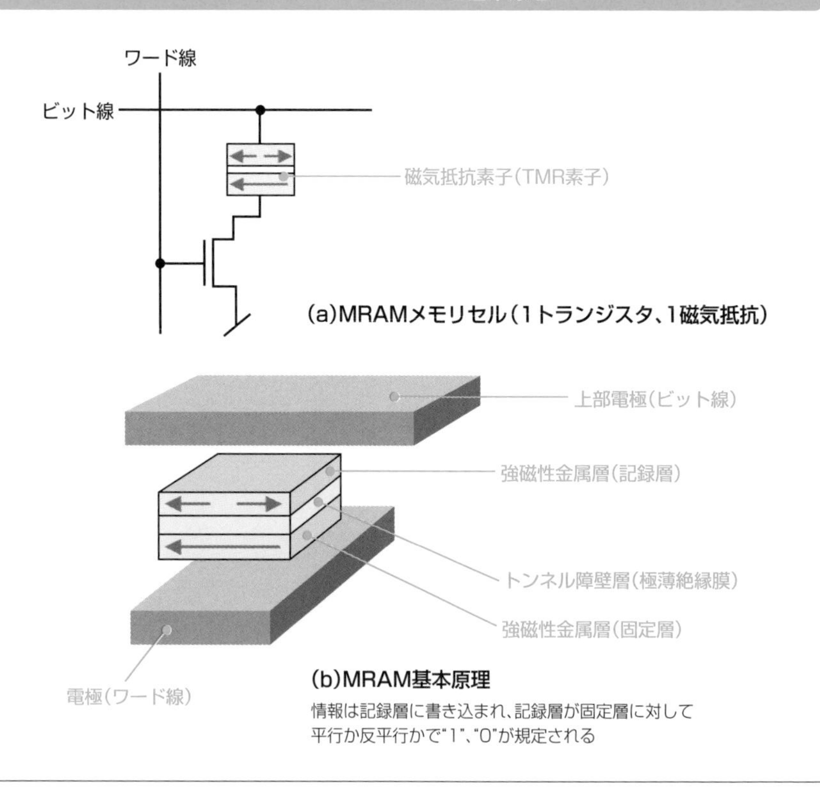

(a)MRAMメモリセル（1トランジスタ、1磁気抵抗）

(b)MRAM基本原理

情報は記録層に書き込まれ、記録層が固定層に対して平行か反平行かで“1”、“0”が規定される

---

* **TMR**　Tunneling Magneto-Resistance。

MRAMは4Mビット～256Mビットの製品がすでに量産化さていますが、素子寸法が微細化されるほど強い磁界が必要になるため、DRAM並みの微細化には不向きです。そこで大容量化MRAMが可能な微細セル構造の、スピン注入磁化反転型MRAM(STT-MRAM＊)やスピン軌道トルクMRAM(SOT-MRAM＊)が開発されています。

相転移メモリPRAM

PRAMは記録素子として、他メモリのように電気的なものではなく、成膜材料の一部をアモルファス（非晶質）状態にするか結晶（多結晶）状態にするかの、化学反応を利用した相変化状態を用います。

PRAM素子は、上部電極と下部電極の間に、カルコゲナイドと呼ばれるGST＊材料からなる相変化材料が挟み込まれており、600℃程度で溶解させるとアモルファス/高抵抗、200℃程度で徐冷すると結晶/低抵抗になります。そこで、PRAMメモリセル構造では、微小なヒータを各ビットごとに設け、これに電流を流してジュール熱を発生させます。この熱変化による抵抗変化をメモリデータの“0”と“1”としています。

PRAMの基本構造と動作原理

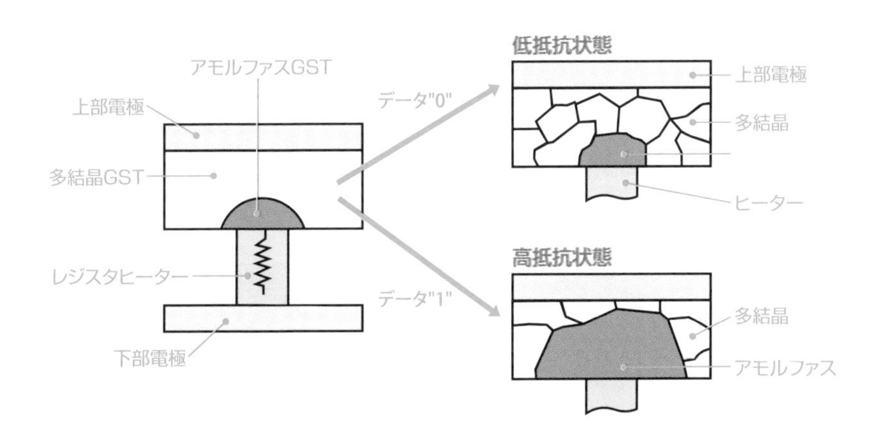

＊**スピン**　電子の回転および回転によって生じる磁気モーメント。
＊**STT-MRAM**　Spin Transfer Torque -MRAM
＊**SOT-MRAM**　Spin Orbit Torque -MRAM
＊**GST**　GeSbTe（ゲルマニウム・アンチモン・テルル）

PRAMはすでに、IntelとMicron Technologyの共同開発した「3D XPointメモリ」として実用化されています。

抵抗変化メモリReRAM

抵抗変化メモリReRAMは、上下電極間に記憶素子として抵抗変化層を挟んでいます。抵抗変化層の構造一例では、上部電極側に絶縁層、下部電極側に合金層の2層〜3層からなる金属酸化物で構成されています。

データ書き込みは、上下電極間に電圧パルスを印加して、絶縁層に伝導パスが生成された状態（抵抗小）を“1”、絶縁層の伝導パスが消失した状態（抵抗大）を“0”とします。データの読み出しは、書き込みよりも低い電圧パルスを記憶素子に印加して、電流の違いから抵抗値を読み取ります。

記憶素子の抵抗値変化は、抵抗変化層が抵抗大の状態に負電圧パルスを印加して、絶縁層に合金層の金属イオンを移動させて伝導パスを形成します。したがって、上下電極間は抵抗小“1”になります。この状態で逆の正電圧パルスを印加すると、今度は金属イオンが絶縁層中から合金層の方向に移動し、絶縁層内部の伝導パスが消失し抵抗大“0”となります。

抵抗変化メモリReRAM基本構造と動作原理

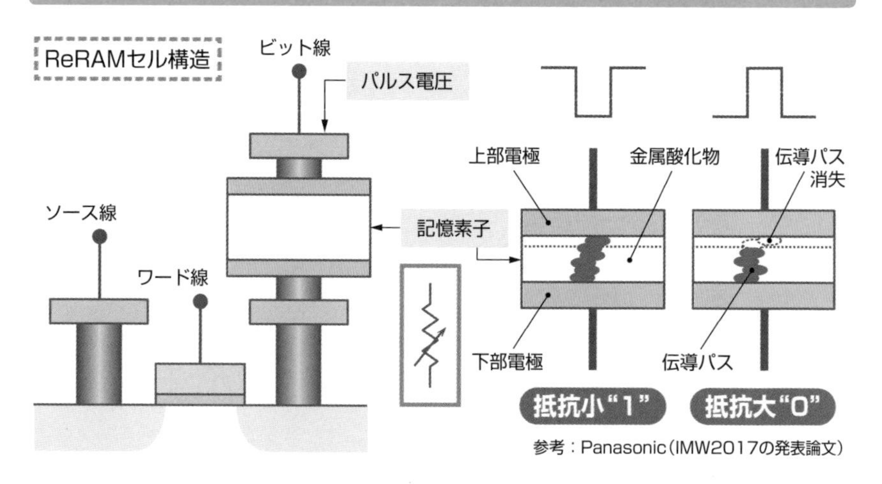

参考：Panasonic（IMW2017の発表論文）

第4章

デジタル回路の原理

なぜ計算できるのか理解しよう

LSIでは主にデジタル回路により演算が行われます。この演算によって、DVD、デジタルTVや携帯電話などのユーザー機能が満たされるのです。

そこで本章ではデジタル回路に必要な2進数の基本、2進数と10進数の変換、2進数による基本ゲート、そして応用の加算回路、減算回路の原理について説明します。

4-1

アナログとデジタルは何が違うのか？

自然界の事象は、音の大きさ、明るさ、長さ、温度、時間など、すべてが連続的に変化しているアナログ量です。デジタルは、これらのアナログ量を、コンピュータでの計算処理に向くように “0”、“1” に数値化して表現したものです。

すべての事象を２進数で表す

一般には、デジタルといえば、デジタル時計のように従来の時計表示を数字化して表現することや、数字表示をもった機器のことです。

アナログとデジタルを比較する例として時計をあげましょう。アナログは、現在のコンピュータ社会になって、デジタルに対照して出てきた表現です（もともと自然界は、すべて**アナログ量**なのです）。アナログ時計は、時刻を時針（角度）で表示した時計、デジタル時計は数字で表示した時計です。時刻は時間の流れの一瞬であり、そこにとどまっているものではありません。時間はアナログ量です。デジタル時計とアナログ時計の違いは、表示がデジタルか、あるいはそうでない（これをアナログとした）かの違いです。これが一般的な、デジタルとアナログです。

一般的なアナログとデジタル

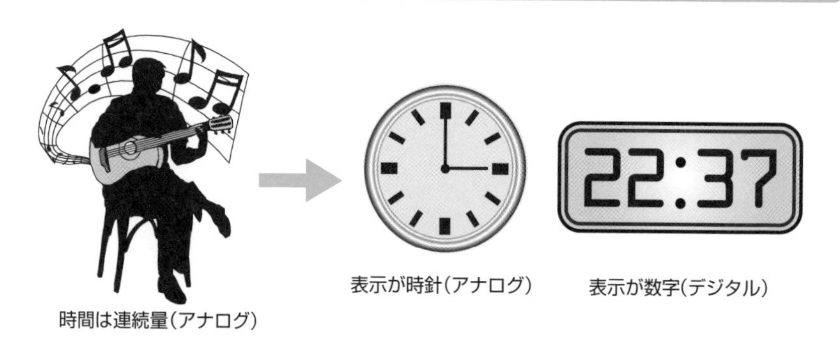

情報社会が進んでから、電子機器のデジタル化が進みました。というのは、コンピュータの計算処理は“0”か“1”かの**デジタル信号**で処理をするのが得意で、アナログ量での処理に不向きだからです。

“0”か“1”という信号があるかないかだけの不連続な信号は、**2進数**という非常に便利な方式でアナログ量を置き換えることが可能です。たとえばCDの中の記録は、音楽（アナログ量）をデジタル化して記憶されています。この**デジタル符号**を、私たちは元のアナログ量に戻して聞いているのです。

実際の流れを簡単に見てみましょう。

マイクでの歌声（アナログ量）は、ADコンバータ（アナログ・デジタル変換器）を経て、CDなどのメディアにデジタル符号で録音されます。マイクで拾った音声信号は連続的な波形で示されるものですが、CDでの記録はすべてデジタルなので“0”か“1”で記憶されています。そしてこのCD音楽の再生は、デジタル符号をもう一度DAコンバータ（デジタル・アナログ変換器）によってアナログ量として戻し、スピーカーやイヤホンで聴きます。

昔のレコード（あえていうならアナログレコード）は、あの円盤の溝には、アナログ波形が小さく刻まれていて、それをレコード針でなぞり、検出・増幅して聴いていたのです。

デジタル情報処理の有利なところは、LSI処理が可能なことはもちろんですが、アナログ処理に比較してあいまいさがなく、また記録が0か1なので、情報の劣化や変化がないことです。

CDの信号処理の流れ

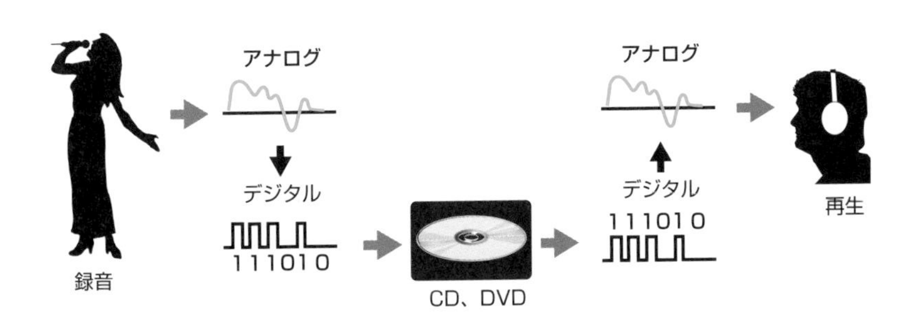

アナログからデジタルへの変換

アナログ波形をデジタル波形（デジタル符号）に変換する場合の例が下図です。

これは非常に簡単な例です。実際には、このデジタル符号として複数ビットを割り当て、"0" か "1" を使用して、アナログ量（音声でいえば大きさ、高さ、低さなど）をすべて表現します。したがって、LSIでは、これらのアナログ量を私たちが通常用いている10進数から2進数に変換して処理するのです。

ビットとバイト

ビットと**バイト**は、コンピュータ情報量の基本単位として用いられています。

1ビットは "0" と "1" の2つの状態を表現できます。ビットはBinary　Digitを語源としています。

また8ビットをひとつにまとめた情報単位をバイトと呼びます。1ビットが "0" と "1" の2通りの状態しか表せないのに対して、1バイトは256通りの状態を表現できます（1バイト=2^8=256）。

アナログ→デジタル変換の仕組み

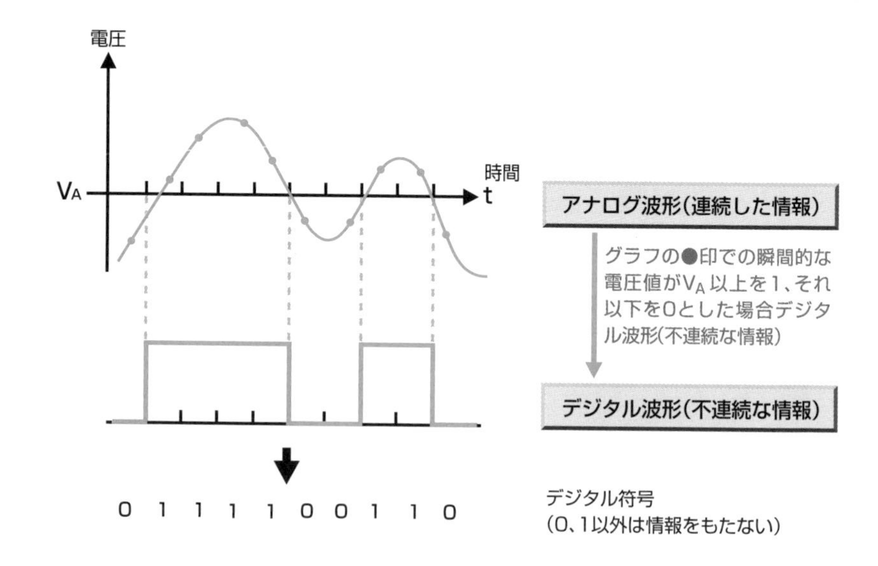

4-2

デジタル処理の基本、2進数ってなんだ？

コンピュータ内部ではデジタル信号の0と1を用いた2進数で情報処理を実行します。普段使用している10進数が10ごとに桁上げがあるのに対して、2進数は、2ごとに桁が上がっていきます。

実際のLSI電子回路では、デジタル信号1と0は、電圧が3Vなら1、0Vなら0というように扱います。

10進数の構造と2進数の構造

2進数を説明する前に、まず普段使っている**10進数**の構造を少し理解しましょう。

たとえば10進数"123"は、一の位は3、十の位は2、百の位は1です。お金の硬貨や紙幣を思い浮かべればわかりやすいかと思いますが、123円は100円玉1枚、10円玉2枚、1円玉3枚になります。すなわち以下のように構成されています。

"10進数123" ＝ $1 \times 100 + 2 \times 10 + 3 \times 1$

＝ $1 \times 10^2 + 2 \times 10^1 + 3 \times 10^0$

百の桁　十の桁　1の桁

各位は、10の0乗から10の2乗になっています。このときの10を**基数**といいます。そして位ごとに10倍の**重み**があることになります。10進数は、すべて10^0、10^1、10^2……が何個あるかで表現することができます。

この"10進数123"を、**2進数**で表してみましょう。2進数は基数が2、重みが2ですので、n桁の2進数は、$2^0+2^1+2^2+\cdots\cdots+2^{n-1}$で表されることがわかると思います。

仮想のお金に例えると、1(2^0)円玉、2(2^1)円玉、4(2^2)円玉、8(2^3)円玉……が何枚あるかということになります。

“10進数123”の構成

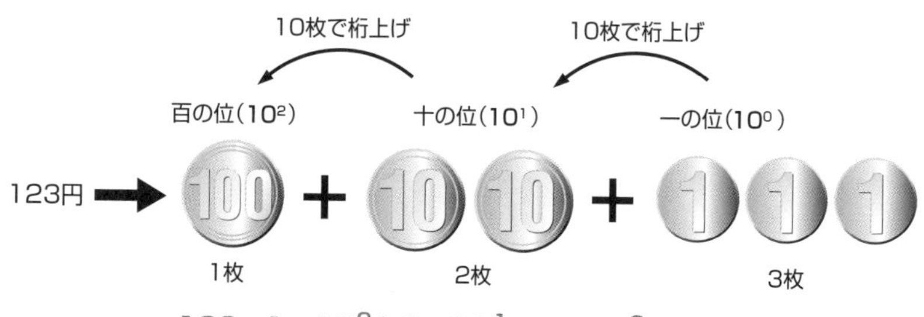

$$123 = 1 \times 10^2 + 2 \times 10^1 + 3 \times 10^0$$
$$= 100 + 20 + 3$$

10進数から2進数への変換は、10進数を順次、基数2で割っていき、その余り（0か1）が2進数の各位の係数になります。このとき、最後の割算の位は2で割る回数が最も多いので、最後の余りが最上位桁になります。

“10進数123”は、2進数では以下のようになります。

$$1 \times 2^6 + 1 \times 2^5 + 1 \times 2^4 + 1 \times 2^3 + 0 \times 2^2 + 1 \times 2^1 + 1 \times 2^0$$

↑	↑	↑	↑	↑	↑	↑
2^6桁	2^5桁	2^4桁	2^3桁	2^2桁	2^1桁	2^0桁

これは2進数で表現して“1111011”ということです。

“10進数123”の2進数への変換手順

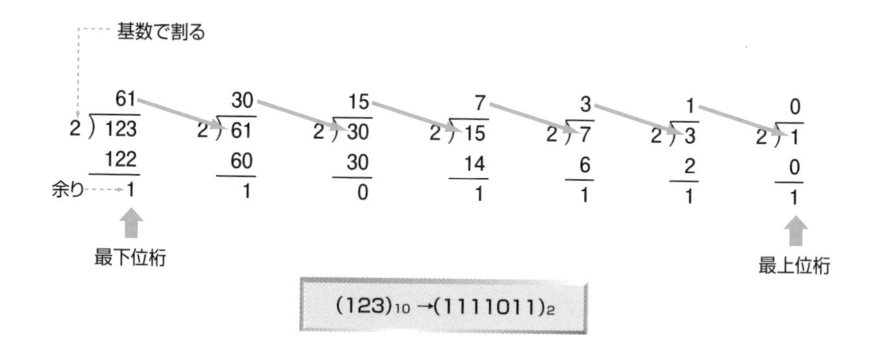

"2進数1111011"の構成

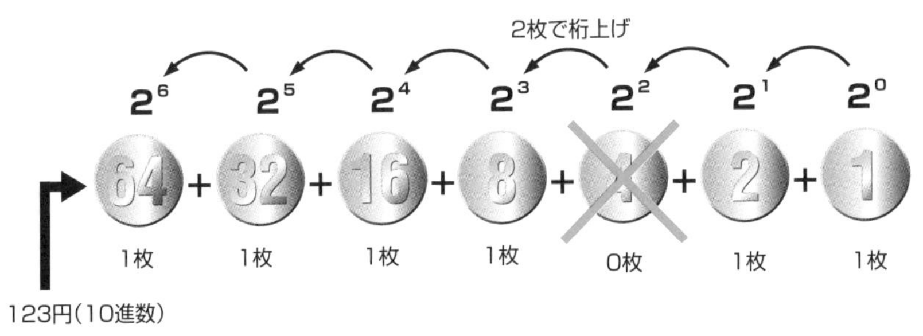

10進数123＝2進数1111011

仮想のお金に例えると、1円玉1枚、2円玉1枚、4円玉0枚、8円玉1枚、16円玉1枚、32円玉1枚、64円玉1枚になります。

10進数と2進数を区別するために、一般には以下のように書きます。

"10進数123"　→　(123)$_{10}$または123$_{10}$
"2進数1111011"　→　(1111011)$_2$または1111011$_2$

電子回路の電圧とデジタル信号（デジタル符号）

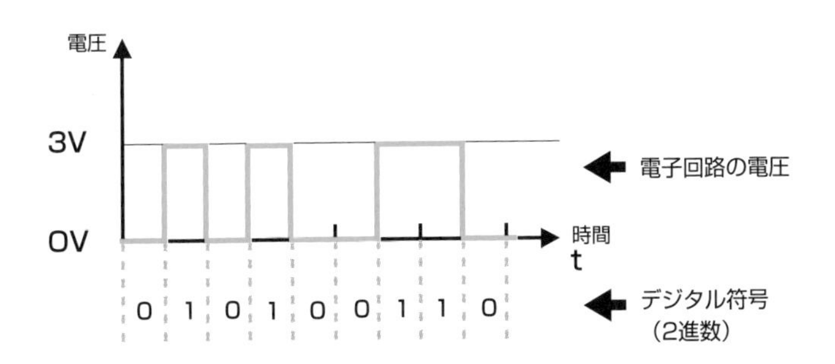

4-3

LSI論理回路の基本、ブール代数とは？

ブール代数は、0と1の2値のみを扱う代数学です。LSIデジタル回路も、0と1のみしか取り扱いできません。そこで、LSIデジタル論理回路は、ブール代数によって設計すれば好都合なわけです。ブール代数概念には、論理積（AND）、論理和（OR）、否定（NOT）の基本演算と、いくつかの定理があります。

あらゆる回路を実現する代数学

ブール代数は、ジョージ・ブール*が考えた論理数学です。

ブール代数は、0と1の2値のみを扱う代数学なので、まさにLSIでのデジタル回路設計にうってつけです。ブール代数は基本演算といくつかの法則から成り立っています。基本演算には、論理積（AND）、論理和（OR）、否定（NOT）があり、これらを組み合わせた論理式であらゆる回路を表現できます。

●論理積（AND）

下図のように、電球と直列にスイッチA、Bが接続されているものとします。

ANDはスイッチが直列に配線された電球

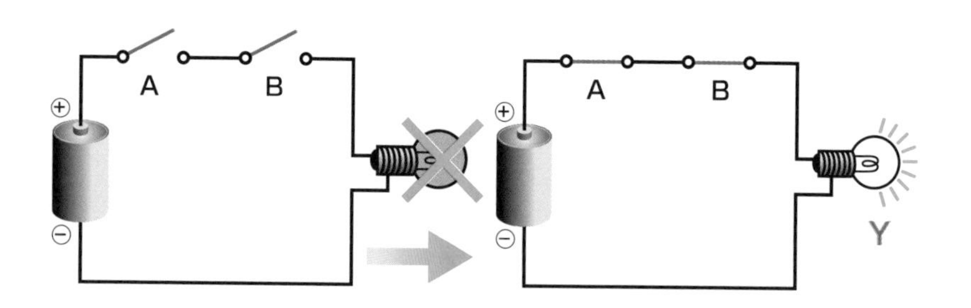

AとBのスイッチが両方ONになって電球が点灯

＊ジョージ・ブール　イギリスの数学者（1815～1864年）。

論理積（AND）の真理値表

Y（電球）＝A（スイッチ）ANDB（スイッチ）＝A·B＝B·A

真理値表

入力		出力
A	B	Y
0	0	0
1	0	0
0	1	0
1	1	1

この回路では、スイッチAとスイッチBが両方同時にON（＝1）になったときにのみ電球が点灯（＝1）します。どちらか一方、あるいは両方がOFF（＝0）では、電球は点灯しません（＝0）。

この動作を論理回路で表現すると、入力（A）が1で、かつ入力（B）が1のときに、出力（Y）は1になるということです。

このような関係を**論理積（AND）**と呼び、Y＝AANDB＝A・Bという論理式で表します。ここでスイッチA、Bの位置関係は入れ替えても同じなので、Y＝A・B＝B・Aでもあります。

また、これらの入出力関係をまとめた対応表を、**真理値表**と呼んでいます。

●論理和（OR）

次ページ上図のように電球と並列にスイッチA、Bが接続されているものとします。

この回路では、スイッチAかスイッチBのどちらかがON（＝1）になったときに、電球が点灯（＝1）します。また両方がON（＝1）でも、電球は点灯します（＝1）。

この動作を論理回路で表現すると、入力（A）あるいは入力（B）が1のときに、出力（Y）は1になるということです。

この関係を**論理和（OR）**と呼び、Y＝AORB＝A＋Bという論理式で表します。ここでスイッチA、Bの位置関係は入れ替えても同じなので、Y＝A＋B＝B＋Aでもあります。

論理和(OR)の定義

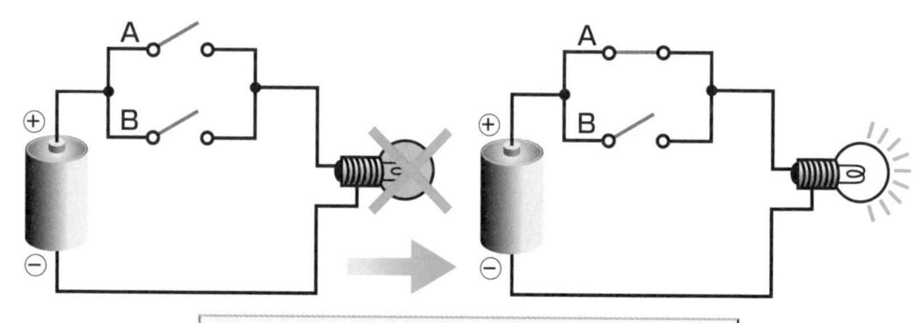

AかBのスイッチの一方がONになれば電球が点灯

Y（電球）＝ A（スイッチ）OR B（スイッチ）＝ A+B ＝ B+A

真理値表

入力		出力
A	B	Y
0	0	0
0	1	1
1	0	1
1	1	1

否定(NOT)の定義

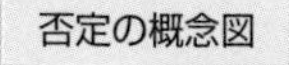

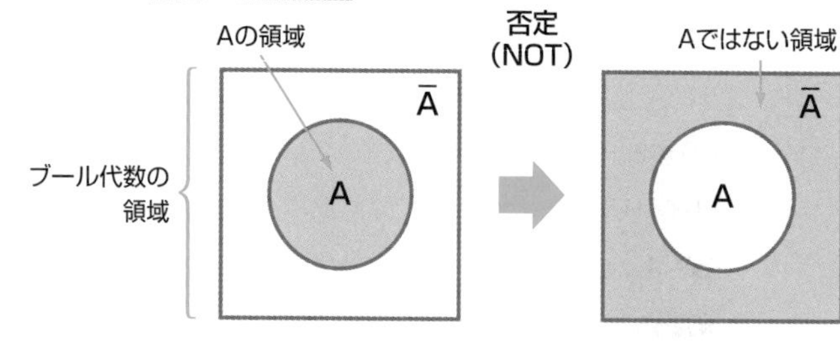

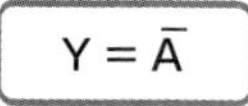

Aは0か1なので、0の否定は1、1の否定は0である

真理値表

入力	出力
A	Y
1	0
0	1

●否定（NOT）

入力に対しての出力が否定されて出力される論理関係が、**否定（NOT）**です。2値は0と1しかないので、入力が0なら出力は1となり、入力が1なら出力は0となる反転（否定）になります。したがってNOT論理回路は、**インバータ（反転）**とも呼ばれます。

この関係は、Y=A（エーバー）という論理式で表します。

ブール代数の定理

論理積（AND）、論理和（OR）、否定（NOT）の基本演算を説明してきましたが、ここでブール代数の主な定理などについてまとめておきます。

【定理】

❶ $A+0=A \quad A\cdot 1=A$

❷ $A+1=1 \quad A\cdot 0=0$

❸ $A+A=A \quad A\cdot A=A$

❹ $A+\overline{A}=1 \quad A\cdot\overline{A}=0$

❺ $A=A$

❻ $A+B=B+A \quad A\cdot B=B\cdot A$

❼ $A+B+C=A+(B+C)=(A+B)+C$

❽ $A\cdot B\cdot C=A\cdot(B\cdot C)=(A\cdot B)\cdot C$

❾ $A+B\cdot C=(A+B)\cdot(A+C) \quad A\cdot(B+C)=A\cdot B+A\cdot C$

❿ $\overline{A+B}=\overline{A}\cdot\overline{B} \quad \overline{A\cdot B}=\overline{A}+\overline{B}$

⓫ $A\cdot(A+B)=A \quad A+A\cdot B=A$

⓬ $A+\overline{A}\cdot B=A+B$

第4章 デジタル回路の原理

4-4

LSIで用いる基本論理ゲートとは？

ブール代数での基本定義を用いた、LＳＩで実際に動作する回路を論理ゲート*と呼んでいます。AND、OR、NOT（INV）を基本として、NAND、NORなどの応用回路があります。

インバータ（INV）

否定（NOT）回路は、LSI設計では**インバータ**（反転）と呼んでいます。デジタル信号では、2値は0と1しかないので、入力が0なら出力は1となり、入力が1なら出力は0となる反転だからです。

このインバータを応用した代表的論理ゲートが、「3-5　もっともよく使われているCMOSって何だ？」で説明したCMOSインバータです。入力が反転してくる動作などは、同章を参考にしてください。

また、インバータを2個直列に接続したものがバッファです。

バッファのうち、駆動能力が大きいのをドライバーと呼んでいますが、論理シンボルは同じです。右上図では、やや大きく書いて区別しています。

バッファはインバータが2個直列なので論理式は、$Y=\bar{\bar{A}}=A$となります。

CMOSインバータの基本特性（反転特性）

CMOSインバータの基本特性（反転特性）

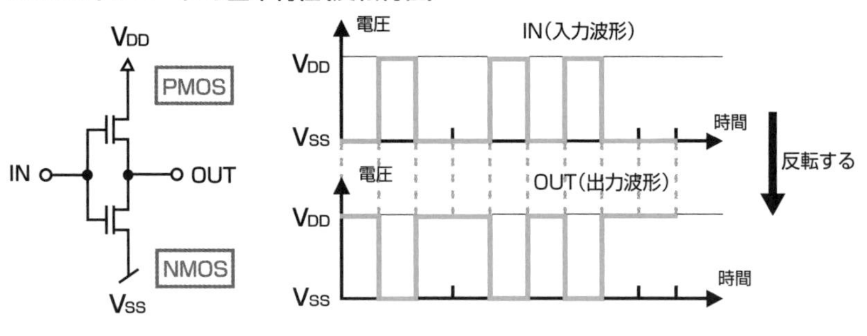

*論理ゲート　トランジスタ構造でのゲートは素子ゲートと呼んで区別している。しかし、どちらも単にゲートと呼ぶこともある。

インバータとその応用論理ゲート

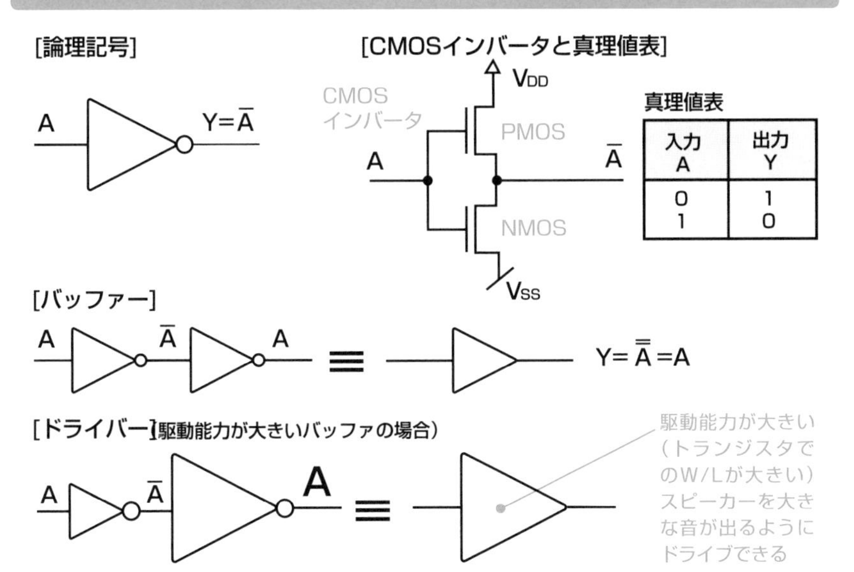

NANDゲート

ANDゲートの真理値表

入力		出力
A	B	Y
0	0	0
0	1	0
1	0	0
1	1	1

出力の反転

NANDゲートの真理値表

入力		出力
A	B	Y
0	0	1
0	1	1
1	0	1
1	1	0

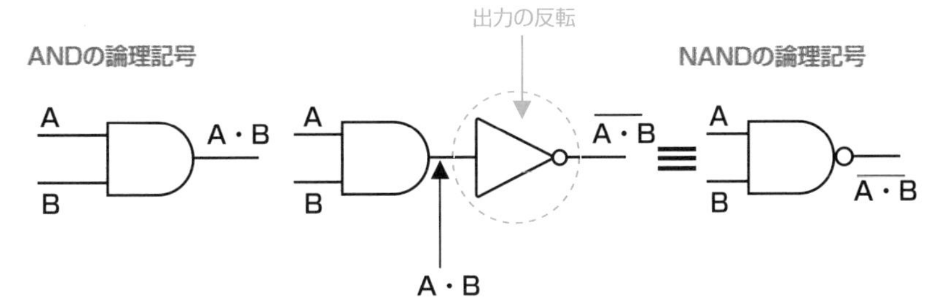

NANDゲート

NANDゲートは、NOT－ANDゲートの意味をもちます。すなわちANDの否定機能をもつ論理ゲートです。したがって、入力A、Bの入力に対しての出力Yの論理式は、

$Y=A \cdot B$

となります。これは、ANDゲートにインバータを直列に接続したものと同じです。真理値表で比較して確認してください。

なぜ、ANDでなくNANDゲートを説明しているのかといいますと、実際のLSI論理回路では、NANDゲートのほうが簡単につくれるからです。

NANDゲートをCMOS回路で実現した場合が次ページの上図です。

ここで、CMOS回路でのPMOSトランジスタとNMOSトランジスタのスイッチ動作は、同じ入力に対して“ON”と“OFF”がいつでも相補的に逆になることを思い出してください（3-4「LSIの基本素子MOSトランジスタとは？」参照）。例として、A=1、B=0の場合を考えてみましょう（次ページ中図）。このとき入力AのNMOSは“ON”、PMOSは“OFF”、入力BのNMOSは“OFF”、PMOSは“ON”になり、出力Yには、電池電圧3Vがあらわれます。したがって、デジタル回路でいうY=1になります。

今度は、A=1、B=1の場合を考えてみましょう（次ページ下図）。このとき入力AのNMOSは“ON”、PMOSは“OFF”、入力BのNMOSは“ON”、PMOSは“OFF”になり、出力Yには、電池電圧0Vがあらわれます。したがって、デジタル回路でいうY=0になります。

CMOS回路でのNANDゲート

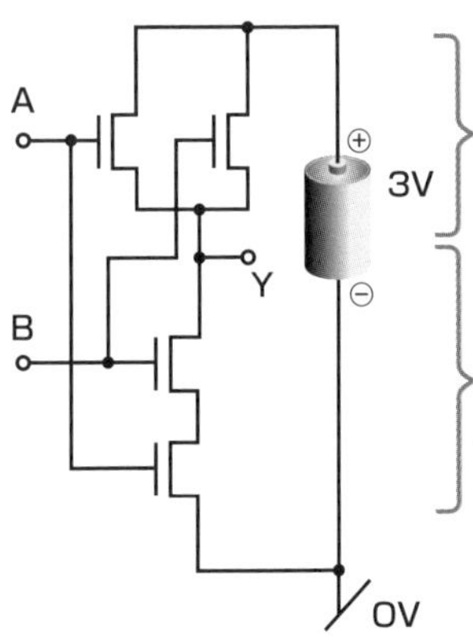

PMOSトランジスタ

NMOSトランジスタ

[CMOS回路でのNANDゲート]

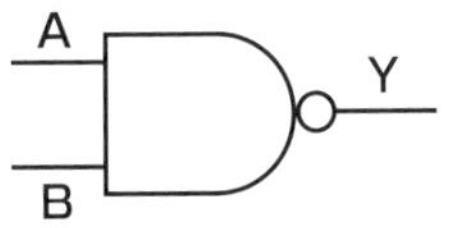

A
B
Y
3V
0V

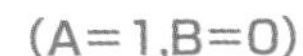

A=1→NMOS=ON　PMOS=OFF
B=0→NMOS=OFF　PMOS=ON
になり、Yには電池の3Vが伝達されてY=1となる

●MOSトランジスタでのスイッチOFF状態はオープンでなく、実際は非常に高抵抗(1,000MΩ以上)であることを思い出してください。

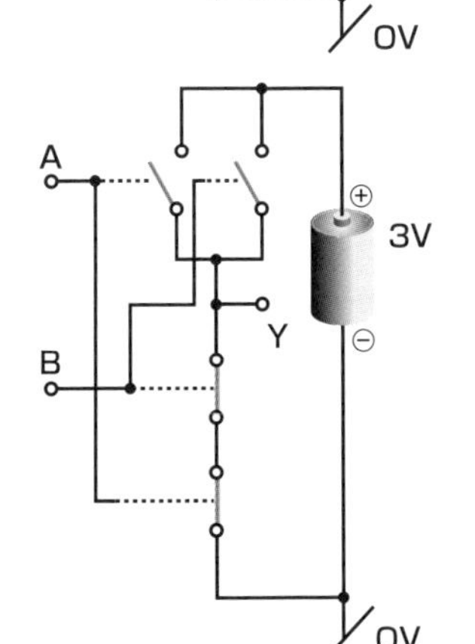

[MOSトランジスタをスイッチで置き換えたとき]

(A=1,B=1)

A=1→NMOS=ON　PMOS=OFF
B=1→NMOS=ON　PMOS=OFF
になり、Yには電池の0Vが伝達されてY=0となる

NORゲート

NORゲートは、NOT－ORゲートの意味をもちます。すなわちORの否定機能をもつ論理ゲートです。したがって、入力A、Bの入力に対しての出力Yの論理式は、

$Y=\overline{A+B}$

となります。これは、ORゲートにインバータを直列に接続したものと同じです。真理値表で比較して確認してください。

NORゲートをCMOS回路で実現した場合が次ページの図です。

例として、A=0、B=1の場合を考えてみましょう。このとき入力AのNMOSは“OFF”、PMOSはON”、入力BのNMOSは“ON”、PMOSは“OFF”になり、出力Yには、電池電圧0Vがあらわれます。したがって、デジタル回路でいうY=0になります。

今度は、A=0、B=0の場合を考えてみましょう。このとき入力AのNMOSは“OFF”、PMOSは“ON”、入力BのNMOSは“OFF”、PMOSは“ON”になり、出力Yには、電池電圧3Vがあらわれます。したがって、デジタル回路でいうY=1になります。

NORゲートの真理値表

ORゲートの真理値表

入力		出力
A	B	Y
0	0	0
0	1	1
1	0	1
1	1	1

NORゲートの真理値表

入力		出力
A	B	Y
0	0	1
0	1	0
1	0	0
1	1	0

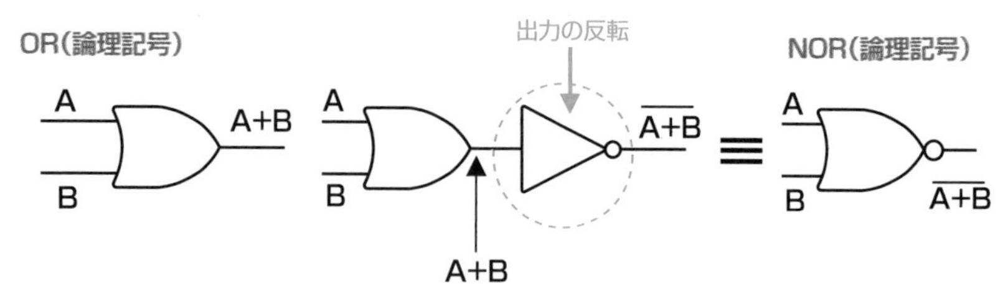

CMOS回路でのNORゲート

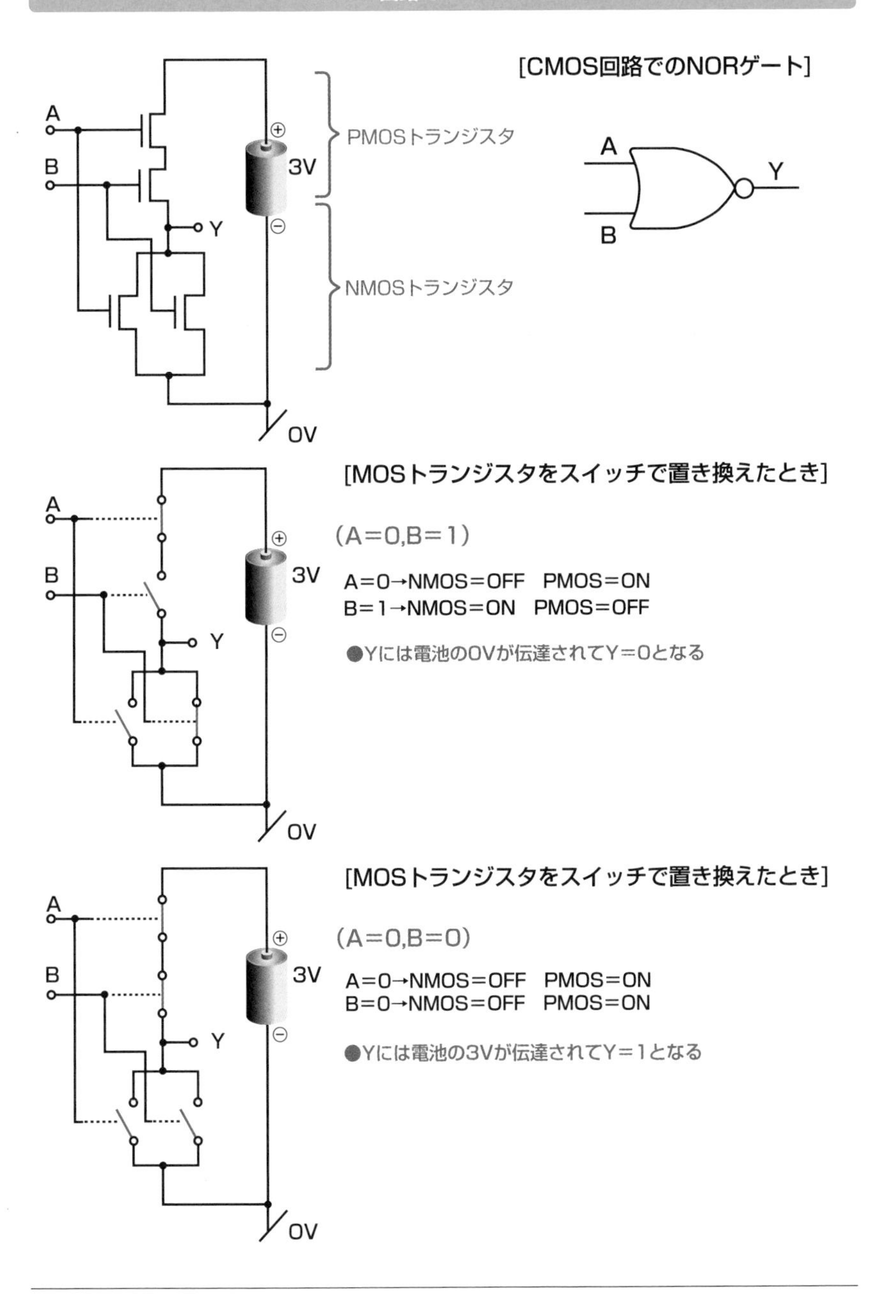

4-5

論理ゲートで10進→2進数変換をする

基本ゲートを用いて10進数を2進数に変換することを考えてみましょう。2進数をわかりやすく10進数に対応させたのが、2進化10進数(BCDコード)です。そこでここでは、10進→BCD変換論理ゲートをつくってみましょう。

BCDコードとは

普段私達が使い慣れているのは10進数ですが、LSIで構成するコンピュータ世界では2進数を用います。そこで10進数と2進数とをわかりやすく対応させたのが**BCD**＊**コード**なのです。

BCDは10進数の各桁をそれぞれ4ビットの2進数で表したものです。2進数で10を表すには4ビットが必要です($2^3=8$なので10を表現できません。そこで$2^4=16$、すなわち10を表すには4ビットが必要です)。そこでBCDコードは、4ビットがひとかたまりになっています。BCDコードの例を、次ページ上図に示します。

たとえば、$(123)_{10} \equiv (1111011)_2$をBCDコードで表すと、0001　0010　0011となります。

10進→BCD変換の論理ゲートをつくる

LSI論理回路のなりたちを少しばかり理解するために、基本ゲートを用いて10進数をBCDコードに変換する論理ゲートをつくってみましょう。

なお、実際のデジタル回路内部では、基本の2進コード(バイナリ)に加えて、8進コード(オクタル)、10進コード(デシマル)、16進コード(ヘキサデシマル)などを用いています。したがって、ここで説明する10進→BCD変換のほかにも、それぞれに対応する符号変換回路があります。

＊**BCDコード**　Binary Coded Decimal。

10進数とBCDコード

10進数	BCDコード	10進数	BCDコード
0	0000	20	0010 0000
1	0001	21	0010 0001
2	0010	22	0010 0010
3	0011	⋮	⋮
4	0100	99	1001 1001
5	0101	100	0001 0000 0000
6	0110	101	0001 0000 0001
7	0111	⋮	⋮
8	1000	1900	0001 1001 0000 0000
9	1001	⋮	⋮
10	0001 0000	2002	0010 0000 0000 0010
11	0001 0001		
12	0001 0010		

10進数→BCDコード　論理ゲートのブロック図

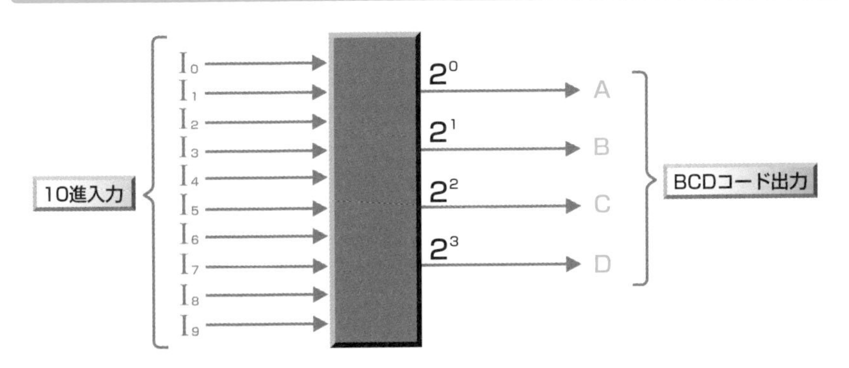

【1】10進数→BCDコードを表すブロック図の作成

10進数の1桁は0～9ですので、論理式での入力数は10になります。そこで、それぞれの入力をI_0～I_9とします。10進数の0～9に対応させて、BCDコードは4ビットの0000、0001、0010、……、1001になります。またその4ビット出力コードを "DCBA" とします。この関係を**ブロック図**にすると、上の図のようになります。

【2】10進→BCDコードの真理値表

0のときはI_0が"1"に、1のときはI_1が"1"に……というように入力されたとき、それに対応したBCDコードが0000、0001、……と作成されます。これをまとめた10進入力とBCDコード出力を対応させた**真理値表**が以下のものです。

【3】論理式

ここで、BCDコード出力のD、C、B、Aの各端子に着目して、それぞれの端子出力が"1"になるI_nの条件をまとめると、以下のようになります。

端子Dが"1"になるのは　→　I_8、I_9が"1"のとき
端子Cが"1"になるのは　→　I_4、I_5、I_6、I_7が"1"のとき
端子Bが"1"になるのは　→　I_2、I_3、I_6、I_7が"1"のとき
端子Aが"1"になるのは　→　I_1、I_3、I_5、I_7、I_9が"1"のとき
これを論理式で表すと、以下のようになります。

10進数→BCD変換論理ゲートの真理値表

10進入力										BCDコード出力			
I_0	I_1	I_2	I_3	I_4	I_5	I_6	I_7	I_8	I_9	D	C	B	A
1	0	0	0	0	0	0	0	0	0	0	0	0	0
0	1	0	0	0	0	0	0	0	0	0	0	0	1
0	0	1	0	0	0	0	0	0	0	0	0	1	0
0	0	0	1	0	0	0	0	0	0	0	0	1	1
0	0	0	0	1	0	0	0	0	0	0	1	0	0
0	0	0	0	0	1	0	0	0	0	0	1	0	1
0	0	0	0	0	0	1	0	0	0	0	1	1	0
0	0	0	0	0	0	0	1	0	0	0	1	1	1
0	0	0	0	0	0	0	0	1	0	1	0	0	0
0	0	0	0	0	0	0	0	0	1	1	0	0	1

$D = I_8 + I_9$

$C = I_4 + I_5 + I_6 + I_7$

$B = I_2 + I_3 + I_6 + I_7$

$A = I_1 + I_3 + I_5 + I_7 + I_9$

[4] LSIでの論理ゲート化

上記のD、C、B、Aをそのまま回路化し、論理記号で表したのが下の図です。この例では、10進→BCDコード変換の**論理ゲート**には、実はI_0は不要でした。

このようにコード化する論理ゲートは、一般には**エンコーダー**（符号化回路）と呼ばれています。

また、この逆の機能を、デコーダー（復号化回路）と呼んでいます。

基本的には、ほとんどのデジタル回路は、上記の手法で設計することが可能です。

10進数→BCDコード変換の論理回路

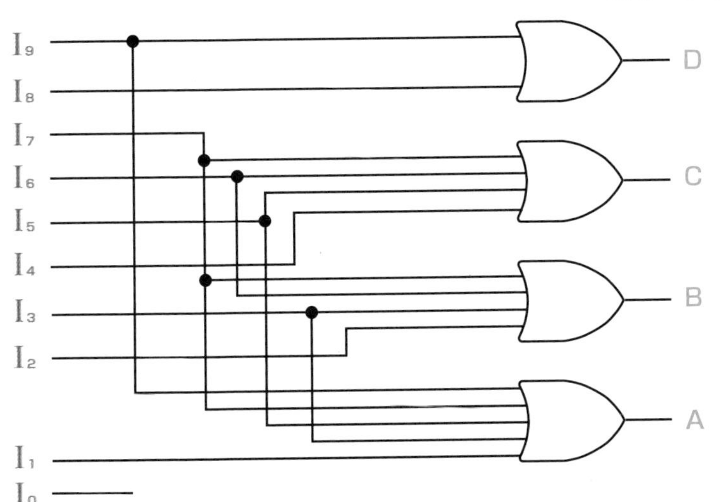

4-6

デジタル回路での足し算（加算器）の方法は？

デジタル回路（2進数）での足し算機能をもった回路を加算器と呼びます。加算器には下位からの桁上げを考えない半加算器と、下位からの桁上げを加算して考える全加算器とがあります。

半加算器（ハーフアダー）

下図のように、2進数での1ビットどうしの加算は4通りです。1+1では、上位桁への桁上げがあります。桁上げのことを**キャリー**と呼びます。10進数14+34=48の例を、2進数で行った例も示しました。

2進数・1ビットどうしの加算と桁上げ

2進数1ビットどうしの加算

```
   A          0      0      1      1
 + B  ⇒    + 0    + 1    + 0    + 1
   S          0      1      1     10
                                  桁上げ（キャリー）
```

10進数14+34=48を2進数で行った場合の加算

```
           14                 1110
10進加算 + 34    2進加算 + 100010
           48               110000
                             桁上げ
```

2進数での1ビットどうしの、下位からのキャリーを考慮しないのが、**半加算器***です。半加算器はA、B2つの入力に対して、AとBの和（S:Sum）とキャリー（C：Carry）を出力します。

A=B=0、A=B=1のときにS=0

A=0、B=1かA=1、B=0のときにS=1

A=B=1のときにのみC=1

＊**半加算器**　HA：Half Adder。ハーフアダー。

この論理のA、Bについて言い換えると、A、Bが不一致のときにS=1、A、Bが一致のときにS=0で、このような論理を**XORゲート**＊と呼んでいます。この状態を、真理値表、論理式、論理記号（ブロック図）で示したのが下の図です。

●論理式の作成方法

❶半加算器の真理値表でS=1の行に注目すると、

S=1は、2行目と3行目

2行目はA=0、B=1→$\bar{A} \cdot B$

3行目はA=1、B=0→$A \cdot \bar{B}$

このどちらでもS=1になるのだから、論理和ORになる→$S=\bar{A} \cdot B+A \cdot \bar{B}$

❷半加算器の真理値表でC=1の行に注目すると、

C=1は4行目

4行目はA=1、B=1→$A \cdot B$

Cはこの1行であるから、そのまま→$C=A \cdot B$

半加算器の真理値表、論理式、ブロック図

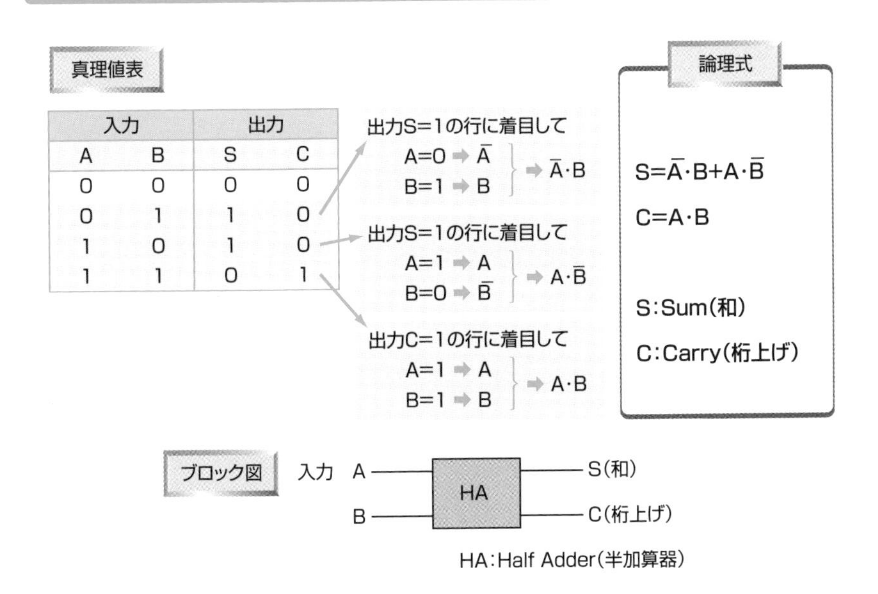

入力		出力	
A	B	S	C
0	0	0	0
0	1	1	0
1	0	1	0
1	1	0	1

＊**XORゲート** Exclusive OR Gate：排他的論理和ゲート。

半加算器の論理回路例

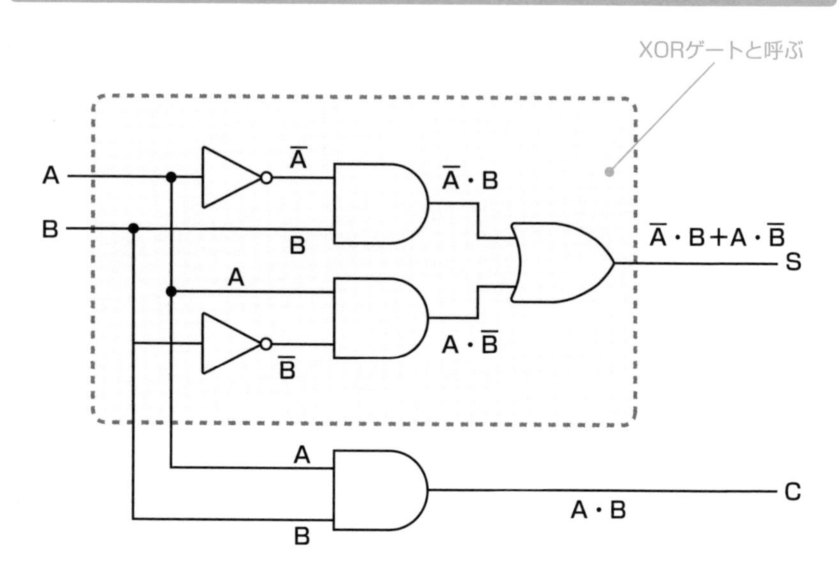

全加算器（フルアダー）

半加算器は1桁の2進加算器なので、桁上げ（キャリー）がある複数桁を扱う現実の計算では、**全加算器***を用います。全加算器は入力A、Bともに下位桁からのキャリー（C）を入力とし、和（S）と上位桁への（C_+）を出力します。

- 3入力A、B、Cのうち奇数個が“1”のときS=1
- その他の場合はS=0
- 上位桁上げのキャリーC_+は、入力A、B、Cのうち2個以上が1のときのみ、C_+=1

キャリーを考えての3入力2進数の加算

A	0	0	0	0	1	1	1	1
B	0	0	1	1	0	0	1	1
+ C	+ 0	+ 1	+ 0	+ 1	+ 0	+ 1	+ 0	+ 1
S	0	1	1	10	1	10	10	11
				桁上げ		桁上げ	桁上げ	桁上げ

* **全加算器**　FA：Full Adder。フルアダー。

この状態を真理値表と論理式で示すと、下のようになります。この真理値表に基づき、かつ半加算器を用いての全加算器の論理記号（ブロック図）と論理回路構成例も示します。

全加算器の真理値表と論理式

真理値表

入力			出力	
A	B	C	S	C+
0	0	0	0	0
0	0	1	1	0
0	1	0	1	0
0	1	1	0	1
1	0	0	1	0
1	0	1	0	1
1	1	0	0	1
1	1	1	1	1

論理式*

$S = \overline{A}\cdot\overline{B}\cdot C+\overline{A}\cdot B\cdot\overline{C}+A\cdot\overline{B}\cdot\overline{C}+A\cdot B\cdot C$

$C_{+} = B\cdot C+A\cdot C+A\cdot B+A\cdot B\cdot C$

$\quad = B\cdot C+A\cdot C+A\cdot B(1+C)$

$\quad = A\cdot B+B\cdot C+C\cdot A$

S　：Sum

C　：Carry（下位からの桁上げ入力）

C+：Carry（上位の桁上げ出力）

全加算器の論理回路例

[ブロック図]

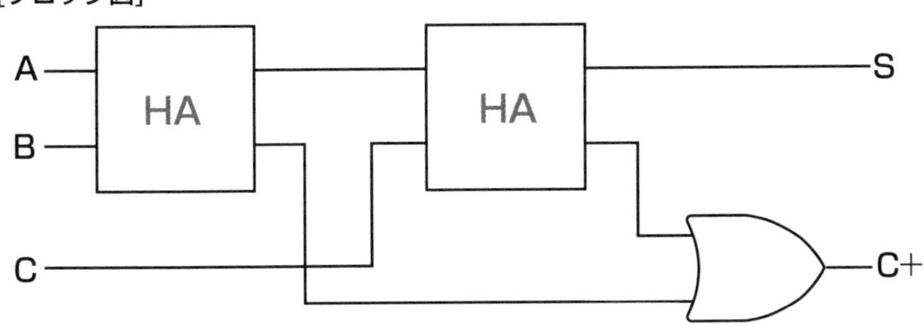

[半加算器HAを用いた場合の全加算器の論理回路例]

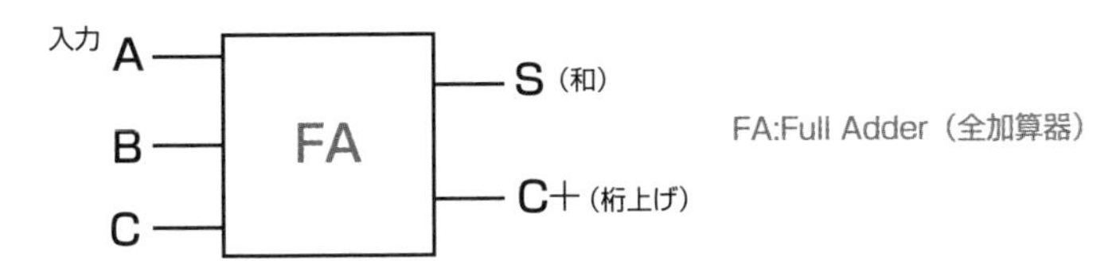

FA:Full Adder（全加算器）

＊式の展開については本文110ページの「4-3　LSI論理回路の基本、ブール代数とは？」を参照。

4-7

デジタル回路での引き算（減算器）の方法は？

デジタル回路（2進数）での引き算機能をもった回路を減算器と呼びます。減算器には下位桁からの借りを考えない半減算器と、下位桁からの借りを含めて考える全減算器とがあります。

正数、負数

2進数での1ビットどうしの減算は下図のように4通りです。

「0－1」の場合は、0から1は引けません。そこで上位から1を桁借りたしたことにします。これが**ボロー**（B：Borro w）で、B=1となります。

2進数の－1の表現は（11）₂とします。これは10進数で表した3と同じです。そこで実際の2進数表現は、正数と負数はこの最上位ビットの符号、0なら正数、1なら負数というように、符号桁を付けて用います。

たとえば数値データを4ビットで構成した場合、$(0101)_2$に対しての正数は$(00101)_2$、負数は$(10101)_2$のように数値データの最上位に符号桁を付けて表します。

2進数1ビットどうしの減算

X		0	0	1	1
－ Y	→	－ 0	－ 1	－ 0	－ 1
D		0	11	1	0

桁借り（ボロー）

半減算器（ハーフサブトラクター）

2進数での1ビットどうしの、下位からのボローを考慮しないのが、**半減算器***です。半減算器は2入力X、Yに対して、XとYの差（D:Difference）とボロー（B:Borrow）を出力します。

X=0、Y=0→D=0、B=0
X=0、Y=1→D=1、B=1…　−1に相当します（B=1はマイナス符号）
X=1、Y=0→D=1、B=0
X=1、Y=1→D=0、B=0

この論理のX、Yについて言い換えると、X、Yが不一致のときにD=1、X、Yが一致のときにD=0で、これは前章で説明したXORゲート（排他的論理ゲート）の論理と同じです。
この状態を、真理値表、論理式で示すと以下のようになります。

半減算器の真理値表と論理式

真理値表

入力		出力	
X	Y	D	B
0	0	0	0
0	1	1	1
1	0	1	0
1	1	0	0

→−1相当（X=0、Y=1の行）

論理式

$D = \overline{X} \cdot Y + X \cdot \overline{Y}$

$B = \overline{X} \cdot Y$

D：Difference（差）
B：Borrow（桁借り）

この真理値表に基づいて、そのまま構成した、論理記号（ブロック図）と論理回路例は次ページのようになります。

*半減算器　HS：Half Subtracter。ハーフサブトラクター。

半減算器のブロック図と論理回路例

[ブロック図]

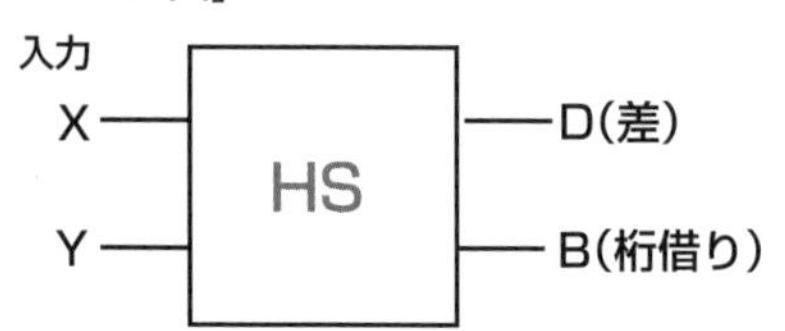

[半減算器の論理回路例]

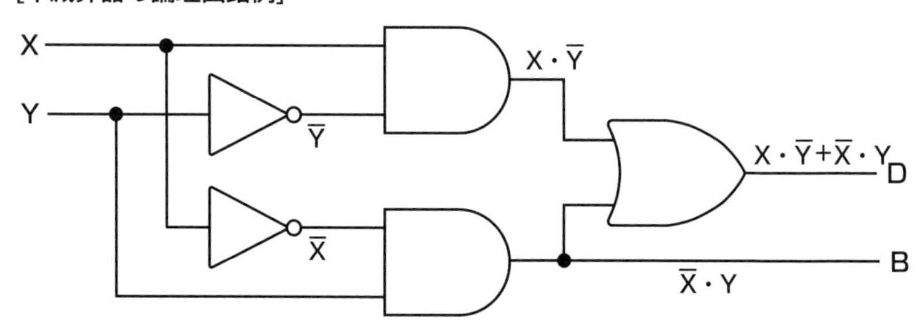

全減算器（フルサブトラクター）

全減算器＊は、入力X、Yとともに下位桁からの借りBを入力とし、差Dと上位桁からの借りBを出力します。

この状態を、真理値表、論理式で示したのが、次ページ上の図です。

この真理値表に基づいた、かつ半減算器を用いての全減算器の論理記号（ブロック図）、論理回路構成例が次ページ下図です。

●乗除算器について

被乗数×乗数の乗算（掛け算）は、基本的には被乗数を乗数ぶんの回数だけ加算を繰り返せばできます。また除算（割り算）も、同様に被除数を除数ぶんの回数だけ減算を繰り返せば可能です。

しかし、この計算方式は膨大な工数を必要として効率的でないため、実際には使われていません。本書では詳細な説明を省きましたが、実際の乗算では桁ごとに計算を行い、桁を移動して和をとる方法を用いています。除算も同様な方法を用いて計算しています。

＊**全減算器**　FS：Full Subtracter。フルサブトラクター。

全減算器の真理値表と論理式

真理値表

入力			出力		
X	Y	B₋	D	B	
0	0	0	0	0	
0	0	1	1	1	→−1相当
0	1	0	1	1	→−1相当
0	1	1	0	1	→−2相当
1	0	0	1	0	
1	0	1	0	0	
1	1	0	0	0	
1	1	1	1	1	→−1相当

論理式*

$$D = \overline{X}\cdot\overline{Y}\cdot B_{-} + \overline{X}\cdot Y\cdot\overline{B}_{-} + X\cdot\overline{Y}\cdot\overline{B}_{-} + X\cdot Y\cdot B_{-}$$

$$\begin{aligned} B &= \overline{X}\cdot\overline{Y}\cdot B_{-} + \overline{X}\cdot Y\cdot\overline{B}_{-} + \overline{X}\cdot Y\cdot B_{-} + X\cdot Y\cdot B_{-} \\ &= \overline{X}\cdot\overline{Y}\cdot B_{-} + \overline{X}\cdot Y(B_{-} + \overline{B}_{-}) + X\cdot Y\cdot B_{-} \\ &= \overline{X}\cdot\overline{Y}\cdot B_{-} + \overline{X}\cdot Y + X\cdot Y\cdot B_{-} \end{aligned}$$

全減算器のブロック図と論理回路例

[全減算器の論理回路例]

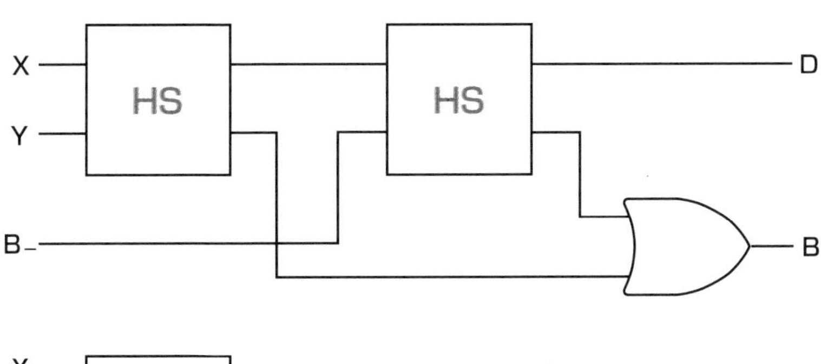

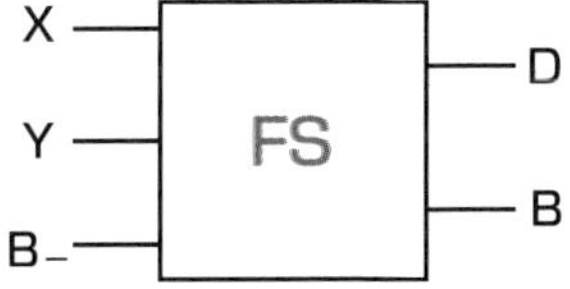

＊式の展開については本文110ページの「4-3　LSI論理回路の基本、ブール代数とは？」を参照。

4-8

その他の重要なデジタル基本回路

いままで説明したものの他に、重要なデジタル基本回路として、記憶回路であるフリップフロップとそれを応用した計数回路のカウンタがあります。

組み合わせ回路

ここまで、デジタル回路の基本論理ゲートとしてのAND、OR、NOTとそれらの回路を組み合わせたXORや加算・減算回路の構成について説明しました。これらは入力信号があれば、ただちに出力状態が決まる**組み合わせ回路**といいます（実際には電子回路の遅延時間ぶんだけ遅れます）。組み合わせ回路は、基本的にはフィードバック・ループ（出力を入力に帰還させる系）をもちません。デジタル基本回路では、この他に回路内部に記憶論理ゲートをもっていて、入力信号と回路内部の記憶論理ゲート状態によって出力状態が決まる**順序回路**と呼ばれる構成があります。

実際のデジタル回路は、組み合わせ回路と順序回路の両方を用いて構成されています。

フリップフロップ

順序回路での記憶論理ゲートをもった基本構成素子が**フリップフロップ**です。

フリップフロップは、クロック入力信号（立ち上がり、立ち下がり）に合わせて、データを取り込んで記憶したり、データの値に対応する動作を行う記憶回路です。内部状態として、“1”と“0”の2つの安定状態を保持しています。

❶RSフリップフロップ

フリップフロップ中で最も基本的な回路が、RSフリップフロップです。次の図はNANDゲートを用いた構成例です。出力が入力に戻されており、フィードバック・ループをもっています。入力S=0、R=1で出力Q=1（セット状態）、入力S=1、R=0で出力Q=0（リセット状態）になり、入力S=R=1で出力Qは前の状態を保持（記憶）しています。なお、RSフリップフロップは、S=R=0の入力状態は使用禁止です。

RSフリップフロップ（NANDゲートによる回路構成例）

論理回路

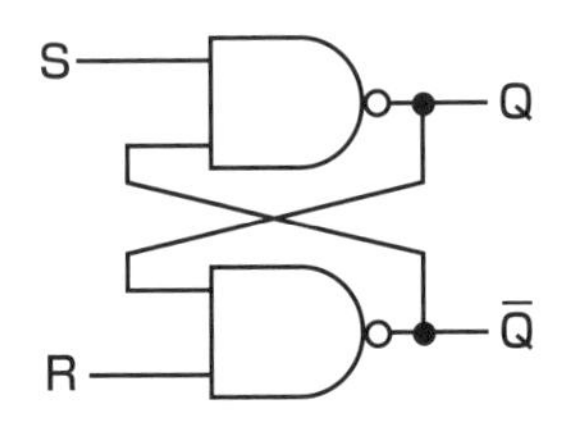

真理値表

入力		出力		
S	R	Q	$\overline{Q}$	
0	0	1	1	→ この入力状態は禁止
0	1	1	0	→ セット状態(Q=1)
1	0	0	1	→ リセット状態(Q=0)
1	1	記	憶	→ Q、$\overline{Q}$の前の状態を記憶（ホールド）

論理回路

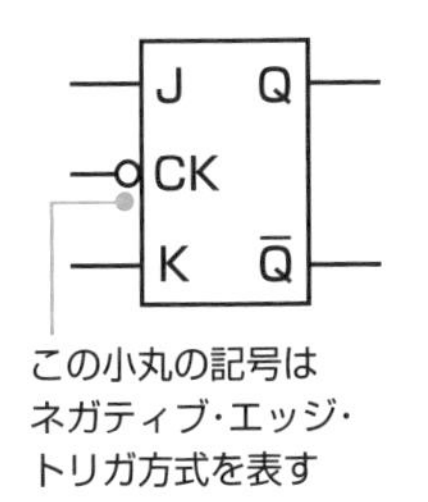

この小丸の記号はネガティブ・エッジ・トリガ方式を表す

真理値表

入力			出力		
J	K	CK	Q	$\overline{Q}$	
0	0		記	憶	→ ホールド
0	1	⎍↓	0	1	→ リセット
1	1		1	0	→ セット
1	1		反	転	→ トグル

下向き矢印が立ち下りでトリガがかかる意味を表す

❷JKフリップフロップ

JKフリップは、JとKの入力状態と、クロック信号*CKの入力（立ち下がり）によって、出力状態が決まる論理回路です。この回路例のように、クロック信号の立ち下がりで、出力状態が決定される場合を、ネガティブ・エッジ・トリガ*方式といいます。逆に立ち上がりで、出力状態が決定される場合を、ポジティブ・エッジ・トリガ方式といいます。

❸Tフリップフロップ

Tフリップフロップは、入力クロック信号Tによって反転動作（出力状態Qが"1"なら"0"、また"0"なら"1"になる）をする論理回路です。TはToggle（反転）の意味です。TフリップフロップはJKフリップフロップでJ=K=1の状態に固定するとできます。

---

*クロック信号　一定幅をもったパルス電気信号のこと。コンピュータなどでの動作処理速度を決めているクロック周波数（クロック信号）と同じ。

*トリガ　状態変化を引き起こすきっかけとなる信号。

Tフリップフロップ

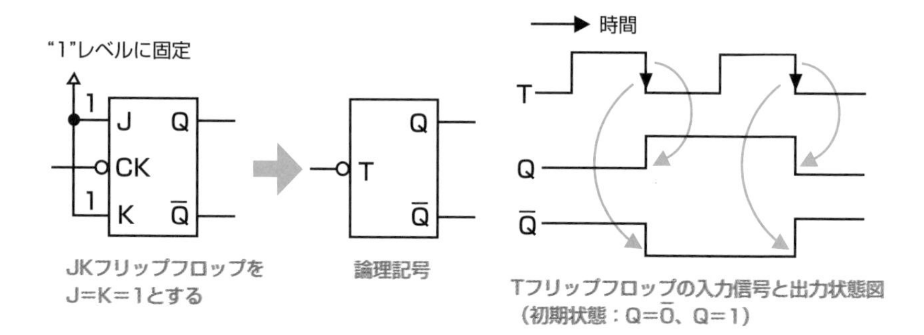

JKフリップフロップを
J=K=1とする

論理記号

Tフリップフロップの入力信号と出力状態図
（初期状態：Q=0̄、Q=1）

カウンタ

カウンタはクロック信号などのパルス数を計数する回路です。

フリップフロップを基本とした計数回路で、n個のフリップ・フロップを使ったバイナリ・カウンタ（2進数を計測するカウンタ）で、2nまで計数できます。

次の図は、Tフリップフロップを使用した、バイナリ・カウンタの例です。

カウンタ（Tフリップフロップによる例）

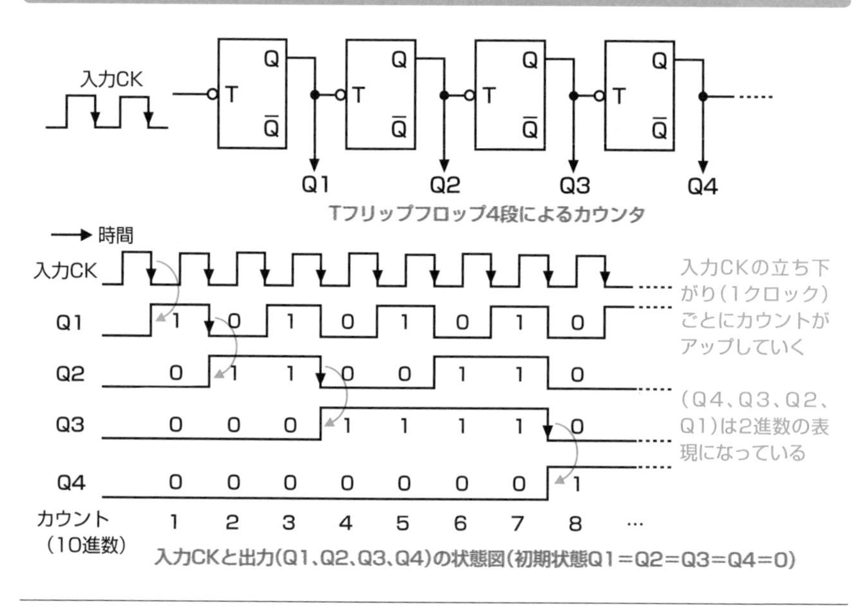

Tフリップフロップ4段によるカウンタ

入力CKと出力(Q1、Q2、Q3、Q4)の状態図(初期状態Q1=Q2=Q3=Q4=0)

第5章

LSIの開発と設計

設計工程とはどのようなものか

電子機器の性能・機能を決めているLSIの設計・開発には、ユーザー要求仕様に基づいてのLSI開発・企画段階から、それを設計終了して製造工場に渡すまでの過程があります。

本章では、機能設計、論理設計、レイアウト設計、回路設計、フォトマスクまでの流れや、LSIテスト、そして最新設計技術について説明します。

5-1

LSI開発の企画から製品化まで

LSI開発は、電子機器市場の要求にあったLSIの性能・仕様を満足させることからはじまります。まず、どのようなシステムが必要なのかを検討し、その要求に合わせて、機能設計（どのような機能をもたせるか）、論理回路設計（どのような論理回路を用いるか）、レイアウト設計（論理回路をマスクパターン上でどう配置・配線するのか）と、順次作業を進めます。

LSI製品化までの流れ

❶機能設計

LSIの開発にあたっては、LSI採用によるメリット、LSI化での技術的制限などを十分考慮した上で、総合的な観点から搭載する機能を考えていく必要があります。

こうして**機能設計**が終了したら、それぞれの機能をLSIで実現できるレベルに分割、構成して全体的なシステムレベルを考察していきます。

LSI開発のそれぞれの工程では、その内容を記述するための記述レベル*表現があります。機能設計工程では、システム上位の概念的表現が動作レベル、LSIイメージに近い機能ブロック（セル、モジュール）表現が機能レベルの記述を用います。したがって、機能設計工程を動作機能設計工程ということもあります。

各設計工程での記述レベル

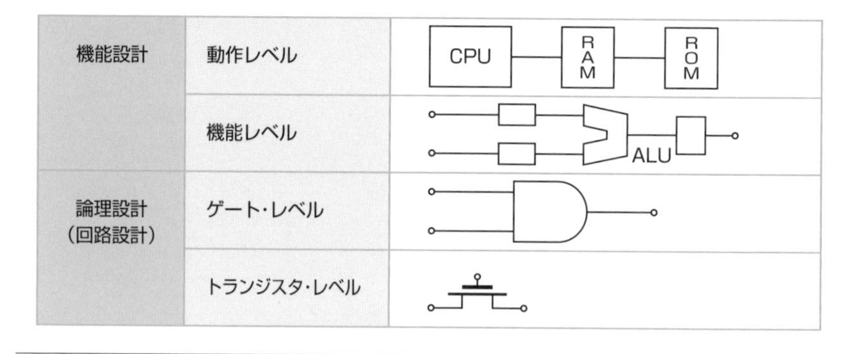

工程	記述レベル
機能設計	動作レベル
	機能レベル
論理設計（回路設計）	ゲート・レベル
	トランジスタ・レベル

＊**記述レベル**　機能設計、論理設計などの各設計工程では、その構成内容を明確化するために最適な記述方法をとる。この各設計工程に対応した記述表現方式の段階を記述レベルと呼ぶ。

❷論理設計

機能ブロック（モジュール、セル）について半導体技術を考慮して、より具体的にLSI化を意識し、ゲート数、入出力数、速度などの制限のもと、再利用できるIP（機能ブロック、回路ブロック）や分割したブロックを見極めて、より詳細な**論理回路設計**に入っていきます。機能ブロックの中身を論理ゲート表現したのが、記述レベルでのゲート・レベルです。

❸レイアウト設計

論理設計にしたがってフォトマスク原画となるマスクパターンを設計する工程です。トランジスタ、抵抗などの形状、寸法を決めながらゲートやセルを配置し、これらの素子、セル（ブロック）間の配線を行います。このとき、素子寸法や電気特性を考慮して配置配線の最適化を行います。また、コストの点から、できる限りチップ面積を小さくする努力が必要です。そこで現在は、効率良く短期で設計するためにコンピュータ支援による自動配置配線は必須です。

❹評価解析・テスト

製造工程を経たLSIの試作品は、実デバイスとして実際の**評価解析**、**機能テスト**などを行い、最終的な電気的特性認定をします。こうしてOKが出たなら、はじめて量産ラインに移行します。

❺デバイス設計／回路設計

LSI製造でのプロセスデータ*（不純物濃度、拡散深さなど）を基に、トランジスタ寸法などの詳細な素子設計をするのが**デバイス設計**です。具体的にはMOSトランジスタの電圧・電流特性や、最高動作周波数などを予測していきます。

このデバイス設計データを個々のトランジスタに当てはめて、電気特性を満足させる回路構成（半導体プロセスルールに依存したトランジスタなどの素子構成・接続関係）をより詳細に決定していくのが**回路設計**です。

この設計工程での表現が、トランジスタ・レベルです。

---

* **プロセスデータ**　LSI製造時における不純物濃度、不純物拡散深さなどのデータをプロセスデータ（製造条件指示データ）と呼ぶ。このプロセスデータに基づき、LSIは製造される。詳細は本文167ページの「第6章　LSI製造の前工程」を参照。

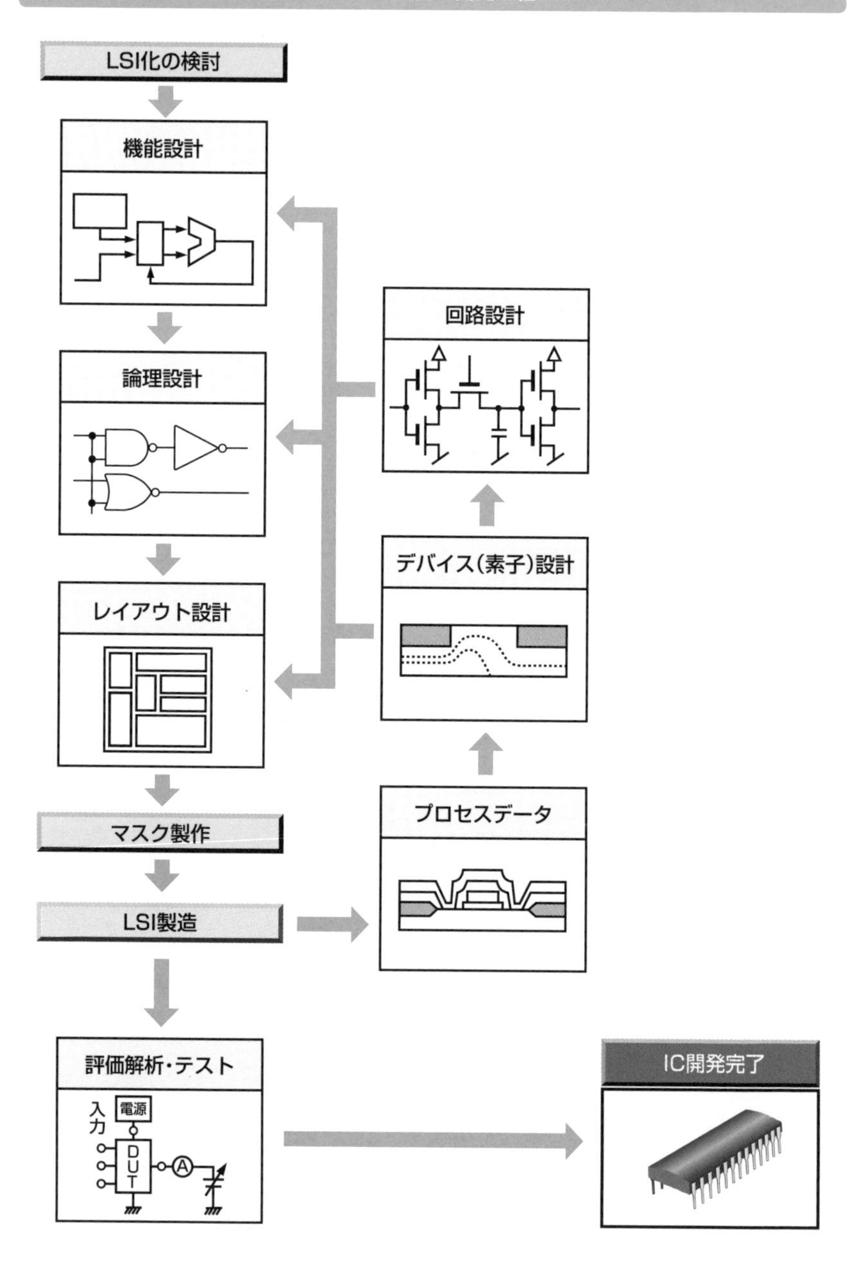
代表的なLSI設計・開発工程フロー
LSI化の検討
機能設計
論理設計
レイアウト設計
マスク製作
LSI製造
評価解析・テスト
入力
電源
DUT
A
回路設計
デバイス(素子)設計
プロセスデータ
IC開発完了

5-2

機能設計
どういうものをつくりたいか機能を決める

開発要求に応えるLSIはどのような機能を搭載すれば実現できるかを、設計手法、設計資産（すでに保有しているIPブロックなど）、製造プロセスなども含めて検討し、それぞれの機能がLSIで実現できるレベルに分割、構成して全体的なシステムを決めます。

家を建築する場合に例えるなら、まずどんな家にするかを決め、建坪や間取り、そして外壁デザインなどを総合的に考える段階です。

CADの利用が前提

数百万〜一千万トランジスタ以上を搭載するLSI設計では、この構想段階が非常に重要です。設計が始まってからの後戻りは許されません。また、IC開発初期のように実際の電子回路をプリント基板上に実現し、それをIC化する方法は回路規模が大きくなりすぎ、現在のLSI設計では実用上通用しません。そこで、この膨大なトランジスタを搭載し、しかも高機能なLSI設計を短期間で開発するには、**CAD**＊が絶対な必須条件になってきます。特に最近では、**ハードウェア記述言語（HDL**＊**）**や、さらに上位のソフトウェア・プログラム作成に用いている**C言語**＊を用いての設計手法を用いるようになり、画期的に開発設計効率を上げることができるようになりました＊。

例えば、ある電子機器向けのシステムLSIを開発することにします。機能設計段階でどのような検討項目が必要なのかを、いくつかあげてみましょう。

❶プロセッサ（CPU）の性能（処理速度、何ビット、バス幅）はどの程度が必要とされるか

❶メモリ構成のDRAM、SRAMはどのくらいの容量が必要か

＊**CAD**　Computer Aided Design：コンピュータ支援設計のこと。

＊**HDL**　Hardware Description Languageの頭文字。システムやLSIなどの設計データを記述するための言語。LSIデジタル回路向けのHDLとして、VHDLとVerilogHDLとがある。これらのHDLの記述レベルとして、設計階層の上位から、動作レベル（ビヘイビアレベル）、RTレベル、ゲートレベルがある。

＊**C言語**　米AT&Tベル研究所が開発したプログラミング言語。現在もっとも普及しているソフトウェア言語のひとつ。

＊**開発設計効率を上げる**　本文156ページの「5-7　最新設計技術動向」を参照。

❷周辺回路の主機能を洗いだして、いくつの機能ブロックに分割できるか
❸分割して使用する機能ブロックは、現在、設計資産（設計データとして会社がもっているライブラリ）として保有しているか。また、その性能に満足しているか
❹電子機器を動作させるためのソフトウェアは何が必要か
❺ソフトウェア（プログラム）とハードウェア（LSI設計）の協調、切り分けをどのようにするのか
❻自社開発のシステムLSI化部分を決め、購入LSIの機種（品番、メーカー）の選定
❼設計・開発環境（コンピュータ支援ツールなど）は何を使って、どう管理するのか

上記のことなどを検討し、家の間取りにあたる最終的な**機能分割**を行ってシステムLSI全体の構成（機能ブロックで全体を表した図）を決定します。そして、家の建築方法、外壁デザイン、コストなどに相当する製造プロセス、設計デザインルールを決め、動作電圧、動作速度、消費電力、チップサイズを仮想決定していきます。

LSIと搭載ソフトウェアの協調設計が重要

従来の設計方法は、LSI（ハードウェア）とソフトウェアの設計は基本的に独立して進めていました。その結果、システム全体の検証は、両方の試作が完了してからでないとできませんでした。

しかし、現在は開発期間短縮が必須です。そこで、開発初期の機能設計工程で、システム機器（システムLSI）を構成するハードウェア（LSI論理回路部）と、ソフトウェア（CPUなどにまつわるプログラム作成部分）の設計を、性能・コスト・開発期間などの観点から最適となるように協調して進めることが、一段と重要になっています。

例としてカーナビゲーション開発での商品仕様から、どの部分を自社開発でのシステムLSIにするかまでの検討を次ページに示しました。自社開発のシステムLSIが決まった時点から、今度は開発LSIについて、内部のブロック検討が同様な方法でブレークダウン・検討され、そしてより具体的なLSIイメージでの機能設計を行います。

なおこの段階の機能設計工程では動作を決めるためのもので、実際のLSIに比較して抽象度が高い表現になっています。

カーナビ開発における商品仕様からLSI開発決定まで

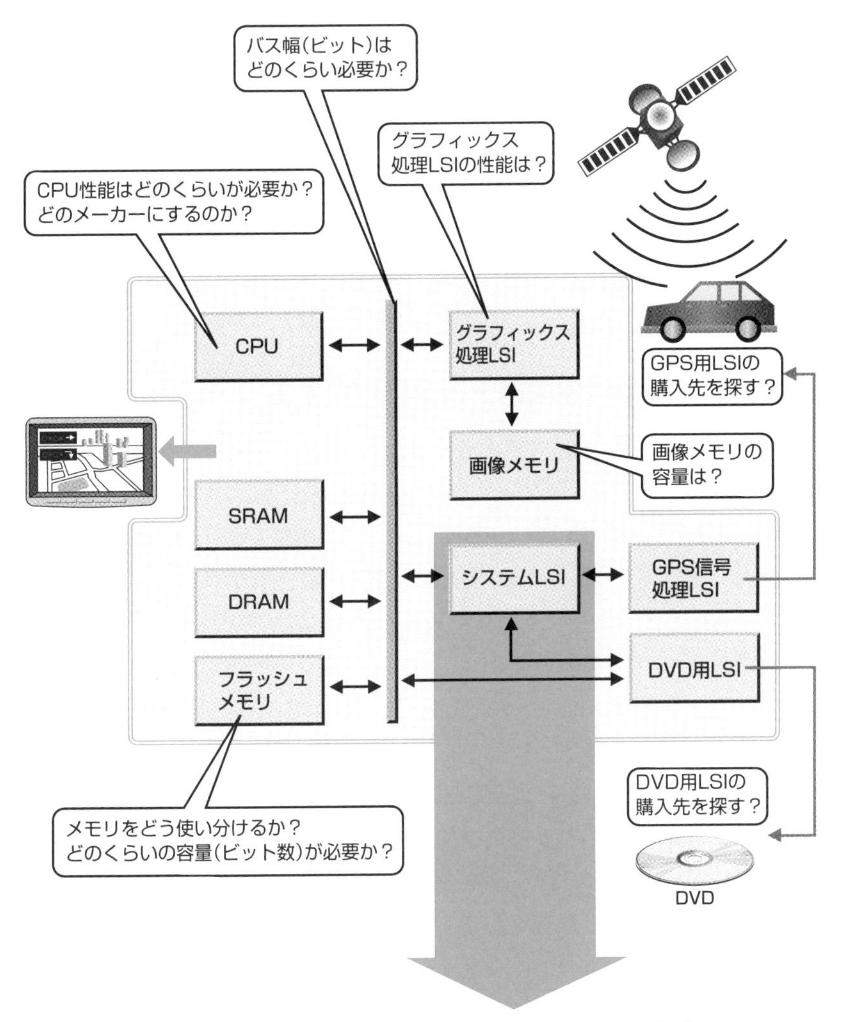

自社でのシステムLSI開発決定

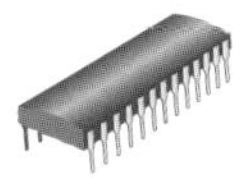

①システム仕様決定
②ソフトウェア、ハードウェアの切り分け
③システムLSI開発へ(機能設計へ)

もし、すべてをワンチップ(SOC)で実行する場合には、
すべてのブロックについての詳細な設計が必要となる

5-3

論理設計
論理ゲートレベルでの機能確認

論理設計では、機能設計で分割された機能図やハードウェア記述言語HDLなどで表現されているブロックおよびそれらの接続関係を、ゲートレベルでの論理回路で作成します。論理回路（ゲートレベル）は機能レベルに比較して、より具体的なLSIイメージになっています。家を建築する場合に例えるなら、それぞれの間取りの部屋について詳細仕様（壁材、色、窓サッシなど）を決める段階です。

機能設計データを論理回路データに変換する

機能ブロック（モジュール、セル）について半導体技術を考慮して、より具体的にLSI化を意識し、ゲート数（トランジスタ数）、入出力数、速度などの制限のもと、機能分割、論理分割を最適化しながら機能設計を実行します。そして分割したブロックについて、より詳細な**ネットリスト**レベルに展開できる論理設計に入っていきます。

ネットリストとは、LSIでのトランジスタやブロックなどのお互いの接続関係を表した総合リストです。この工程では、必要に応じての論理階層*（トランジスタレベル、ゲートレベル、セルレベルなど）によって、各ゲート間の信号接続関係記述や、**テクノロジ・マッピング**（製造条件や設計データライブラリなどとのすり合わせ）を行います。また設計した論理回路は、その機能が正確に動作するか否かのための**論理シミュレーション**や**タイミングシミュレーション**による検証が必要になります。

論理設計もCADによる方法が主流で、機能設計データを論理回路データに変換する操作を**論理合成**（シンセシス）と呼んでいます。

●論理シミュレーシション

設計者が意図したとおりに論理回路が動作するか否かを検証する過程です。各ゲートの論理動作、立ち上がり／立ち下がり時間などとネットリストを入力し、テスト信号を印可して出力された信号値（一般に0、1、不定）を予想される期待値と比較して検証します。

---

* **論理階層**　詳細は本文136ページの図を参照。

論理シミュレーションの実行には、ソフトウェア（論理シミュレーション用プログラム）で行う方法、ハードウェア（FPGAなどで実際の論理回路を具体化して動作させる）による方法、そして両者を組み合わせて行うなどの方法があります。シミュレーションデータ量が膨大になるため、高速化が急務となっています。

●タイミングシミュレーション

配線や各回路（ゲートやセルなど）の遅延時間を考慮しての論理回路シミュレーションです。実際の回路動作に近づけて、論理回路のタイミング関係（例えばA信号がB信号より時間軸で10ns進んでいることが必要など）などを検証します。

●論理合成

機能設計データ（ハードウェア記述言語HDL、論理式、真理値表、状態遷移図などのレベル）から、論理回路（論理図、ネットリストレベル）を自動生成するソフトウェアです。入力レベルで詳細に区別して、さらに動作合成と論理合成*とに分類できます。

システムを記述するハードウェア記述言語（VerilogHDLの例）

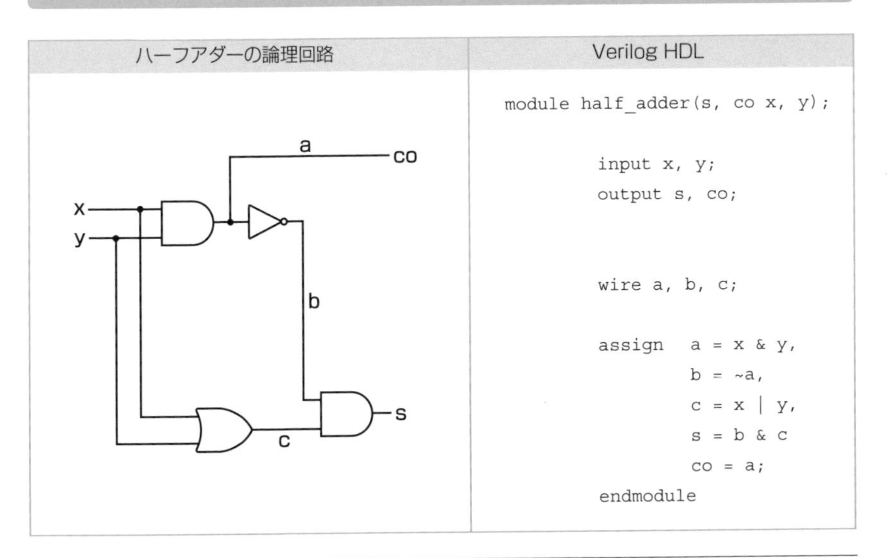

＊**動作合成と論理合成**　詳細は本文156ページの「5-7　最新設計技術動向」を参照。

論理設計工程

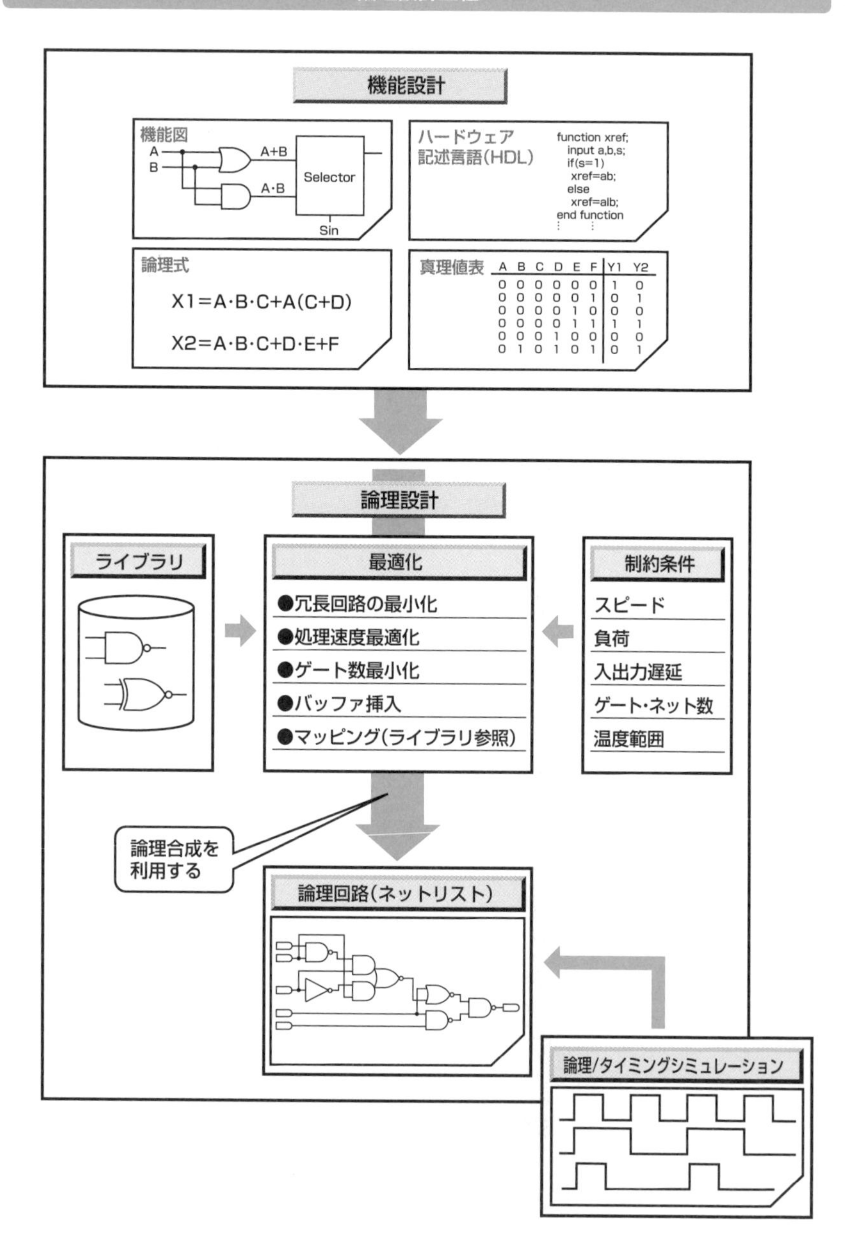

機能設計
機能図
A
B
A+B
A・B
Selector
Sin
ハードウェア
記述言語(HDL)
function xref;
input a,b,s;
if(s=1)
xref=ab;
else
xref=alb;
end function
論理式
X1=A・B・C+A(C+D)
X2=A・B・C+D・E+F
真理値表
A B C D E F Y1 Y2
0 0 0 0 0 0 1 0
0 0 0 0 0 1 0 1
0 0 0 0 1 0 0 0
0 0 0 0 1 1 1 1
0 0 0 1 0 0 0 0
0 1 0 1 0 1 0 1
論理設計
ライブラリ
最適化
●冗長回路の最小化
●処理速度最適化
●ゲート数最小化
●バッファ挿入
●マッピング(ライブラリ参照)
制約条件
スピード
負荷
入出力遅延
ゲート・ネット数
温度範囲
論理合成を
利用する
論理回路(ネットリスト)
論理/タイミングシミュレーション

5-4

レイアウト／マスク設計 電気性能を保証してのチップ最小化

レイアウト／マスク設計は、論理設計にしたがってフォトマスク原画となるマスクパターンを設計する工程です。トランジスタ、抵抗などの形状、寸法を決めながらゲート、セル、機能ブロックなどを配置し、これらの素子、セル（ブロック）間の配線を行います。家を建築する場合に例えるなら、一つひとつの部屋について、家具、電気器具やドア位置などのレイアウトを、家全体の使い勝手を考えて決める最終段階です。

配置配線問題が重要な課題

この段階では、**デザインルール**＊や電気特性を考慮して配置配線の最適化を行い、電気性能を落とさない範囲で、できる限りチップ面積を小さくする努力が必要になってきます。しかし、人手による設計のみに頼っていては、現在の素子数百万〜一千万以上におよぶレイアウト設計は不可能です。そこで現在はセルベースやゲートアレイなどの**自動配置配線**手法を取り入れたシステムLSI設計手法＊が採用されています。

システムLSIでは、DSP、MPEG、CPU、メモリセルなどの機能ブロックの再利用が盛んに行われていて、新たに設計する部分のほうが少なくなってきています。しかし高集積のシステムLSIでは、各機能ブロック間の配線が長くなり電気信号の配線遅延が増大し、クリチカルパス（遅延時間誤差の余裕が少なく詳細な遅延時間計算が必要な配線パス）の**タイミング調整**（タイミングシミュレーション）が大きな問題になっています。また消費電力、動作速度、電磁雑音などに関しては、信号配線のみならず電源配線についても細心の注意が必要とされる状況になっています。

このためシステムLSIでは、5〜8層の多層配線を用い、配線材料をアルミより、さらに低抵抗な銅配線に変更するなどして対処していますが、配置配線問題はますます重要な課題になってきています。

＊**デザインルール**　製造プロセスで認可されている半導体素子寸法や配線金属の幅や間隔などを規定した設計規則のこと。

＊**システムLSI設計手法**　本文59ページの「2-8　あらゆる機能をワンチップ化、システムLSIへの発展」を参照。

レイアウト設計工程

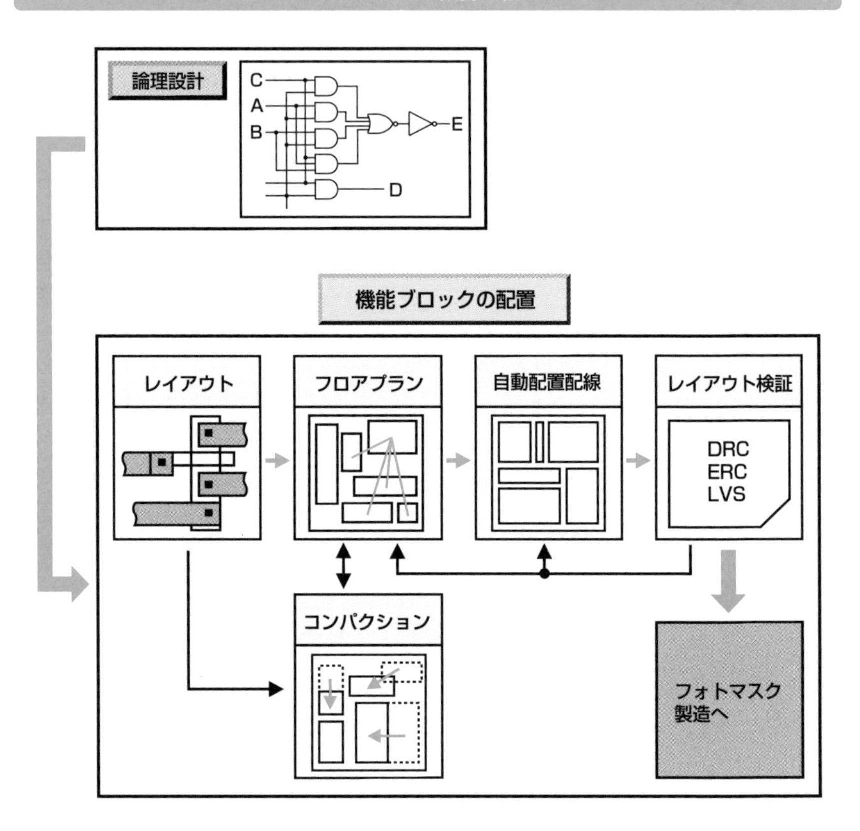

このレイアウト設計の領域は、最初にCADによる設計効率化が進んだところで、設計段階に応じてそれぞれCADツールが用意されています。ここで、レイアウトCAD上に描画された、CMOS（NAND＋インバータ）のマスクパターン例を示します。また、レイアウト設計工程でのＣＡＤツールについて以下に説明します。

●基本レイアウト（ゲート、セル、機能ブロック設計）

新規に設計が必要なゲートやセルや機能ブロックを、トランジスタ、抵抗、コンデンサなどを組み合わせて配線接続し、設計していきます。実際のトランジスタや接続配線の直接的な形状入力が基本ですが、現在ではシンボル入力（図形をシンボルに簡素化した方式）を用いての方式が効率的であり、一般的になっています。

CMOS（NAND＋インバータ）のパターン

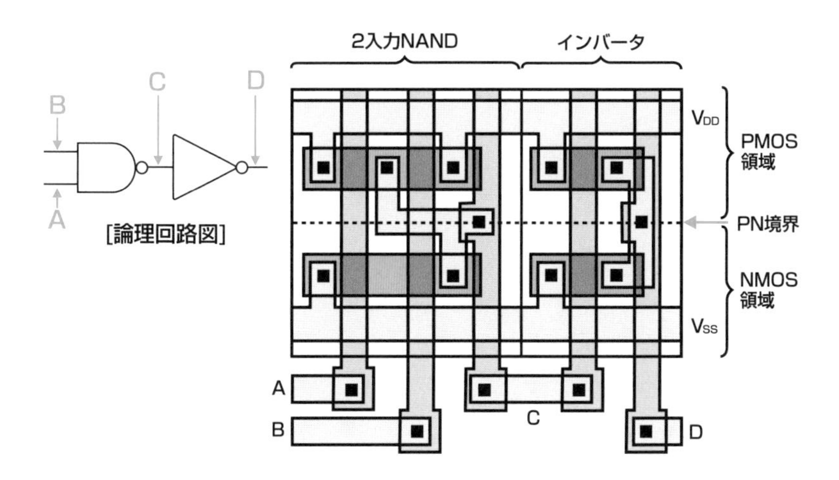

●フロアプラン

機能ブロック（IP、メモリモジュールなど）や入出力端子などを、チップ上のどの場所に配置したら電気性能を満足させながらチップ面積最小化ができるかなどを考慮して、概略レイアウトを行うことを**フロアプラン**と呼びます。現在のシステムLSIでは、配置だけでなく仮配線も実行し、実際の遅延を算出し、タイミングシミュレーションにデータをフィードバックさせる必要があります。なお、フロアプランの面積最小化では、設計ルールにしたがったコンパクション作業が内部的に繰り返し実行されています。

コンパクションとは、チップ面積を最小化（コンパクト化）するための作業のことです。初期段階のセルや機能ブロック配置は、全体的なチップの大きさを気にしないで位置関係だけ見て概略的に配置します。このままではチップが大きくなってしまうので、セルや機能ブロック間などを、設計ルールにしたがって狭めていくのです。現在では、CADツールにより自動的に実行されます。

●自動配置配線

フロアプランに引き続いて、ブロックデータとともにネットリスト、セルライブラリ、テクノロジファイル情報などを入力して、自動的に詳細な配置配線を行いマスクデータを作成します。現在のCMOSプロセスでは、マスク枚数が20～30枚におよび、そのデータ量は膨大です。

●レイアウト検証

自動配置配線後のマスクデータを、フォトマスク用の描画データ（電子ビーム描画装置向け）に変換する前に、設計ルールや電気的性能の一部などについて、レイアウト検証ツールを用いて検証し、品質を高めます。主な検証ソフトウェアは以下のようなものがあります。

❶DRC（Design Rule Checking）

LSIの製造工程に基づいて定められた最小線幅、最小間隔などの幾何的設計ルールをチェックします。また、すべてのレイアウトが終了してからでは膨大なデータになるため、新たに書いた部分や修正個所のみをリアルタイムでDRC実施するオンラインDRCも、最近では盛んに用いられています。

❷LVS（Layout Versus Schematic）

レイアウト終了したマスクデータが論理回路の素子や素子間の接続と一致しているかどうかを検証します。このLVSによって、論理回路と異なって作成してしまったレイアウト（違うセルの使用、配線接続ミス）などの誤りが発見できます。

❸ERC（Electrical Rule Checking）

マスクデータから電源回路の短絡、切断、入力ゲート開放、出力ゲート短絡などのエラーを検出します。

❹LVL（Layout Versus Layout）

レイアウト修正後に、新旧のレイアウトを比較することによって、実施した修正個所の確認と、他への影響（修正が必要ない箇所に影響を与えていないかなど）を確認します。

5-5

回路設計 トランジスタレベルでのより詳細な設計

論理機能の電気特性を満足させる回路構成（半導体プロセスルールに依存したトランジスタなどの素子構成・接続関係）をより詳細に決定していきます。またゲート単位での遅延、タイミング情報なども算出して回路動作を保証します。家を建築する場合に例えるなら、家具の品質、壁の色、カーテンの選択など、細部にこだわるインテリア・デザインといったところです。

広義の意味の回路設計とは

この段階では、論理機能の電気特性（速度、消費電力など）を満足させるように、半導体製造からのプロセスデータと設計ルールにしたがったトランジスタなどの素子構成や接続関係での詳細な回路構成を決めていきます。

設計した論理ゲート（機能ブロック）に対して、所望する動作周波数、消費電力、駆動能力などの条件を満足するようトランジスタの構成、パラメータ（不純物濃度、寸法などの情報）を決めていくわけです。トランジスタ構成を決めるのが狭義の回路設計で、パラメータを決めるのがプロセス設計です。

そして、論理ゲートをさらに掘り下げて、トランジスタ1個の素子について電気特性を決めるのが、デバイス（素子）設計です。例えばMOSトランジスタにおいては、製造プロセスデータ（拡散深さ、不純物濃度など）と、直流、交流、過渡特性などの関連性を求めていきます。

回路、デバイス、プロセスのこれら3つの設計が、**広義の意味での回路設計**です。

回路設計における一連フローの検証では、以下のようなCADツールを使用します。

●回路シミュレーション（回路設計で使用します）

トランジスタ、抵抗、容量などの動作モデルを使用して、直流・交流・過渡解析*を行う検証です。トランジスタの電圧・電流特性、寄生素子*、パラメータ、各種容量、抵抗など入力し、遅延時間の算出や素子定数の最適化を行って回路動作の保証をします。

***過渡解析** 電気信号の時間的変化の解析。例えば入力波形に対しての出力波形の時間的変化など。

***寄生素子** IC構成では半導体基板上に素子を構成するため、一つひとつの素子が独立しているわけではなく、基板間や絶縁膜との間にコンデンサや抵抗などが等価的に寄生している。

回路設計工程

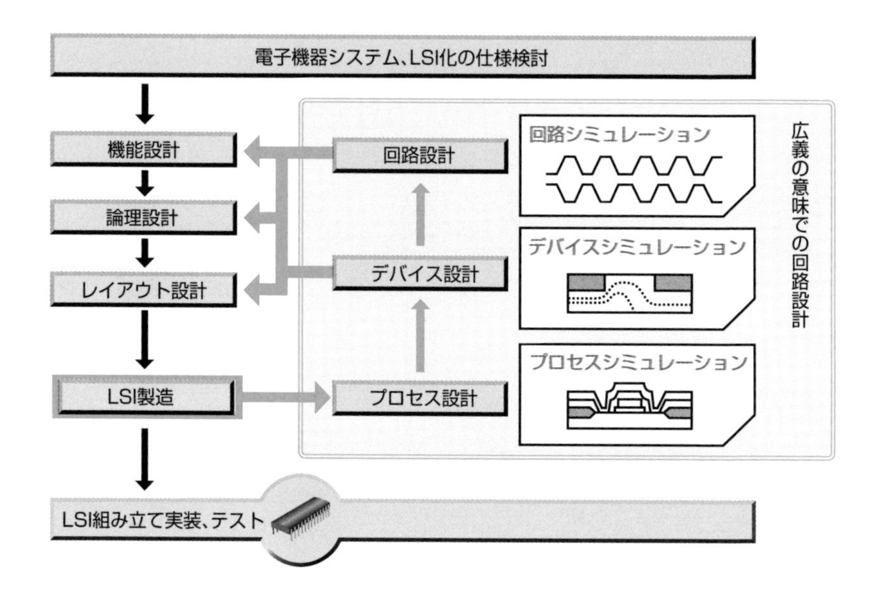

代表的な回路シミュレータ「SPICE*」は、回路素子のネットリスト（論理回路の接続情報）とデバイスパラメータ（素子の寸法や製造条件）を入力して、実際の動作状態の予測を行います。これによって、製造前に実際に所望の性能で動作するかどうかの確認をするわけです。

●デバイスシミュレーション（デバイス設計*で使用します）

LSI製造技術と素子電気特性に関与するところで、プロセスシミュレーションなどで得た製造プロセスでの設定条件を入力して、トランジスタの電圧・電流特性や、容量などの電気特性を算出します。これらの結果が回路シミュレーションの入力データとなります。したがって、デバイスシミュレーションは、回路シミュレーションとプロセスシミュレーションの間に位置しており、本来独立したものではなく、これらが合体して効果を発揮するものです。トランジスタなどのデバイスモデルを作成するには、実デバイス*からのパラメータ抽出が必要です。回路シミュレータSPICE用の入力デバイスパラメータがSPICEパラメータです。

---

*SPICE　Simulation Program with Integrated Circuit Emphasisの頭文字。
*デバイス設計　詳細は本文165ページの「第6章　LSI製造の前工程」を参照。
*実デバイス　ここでの実デバイスとは、TEG（テストトランジスタ群）のこと。

SPICEによるネットリストの出力例

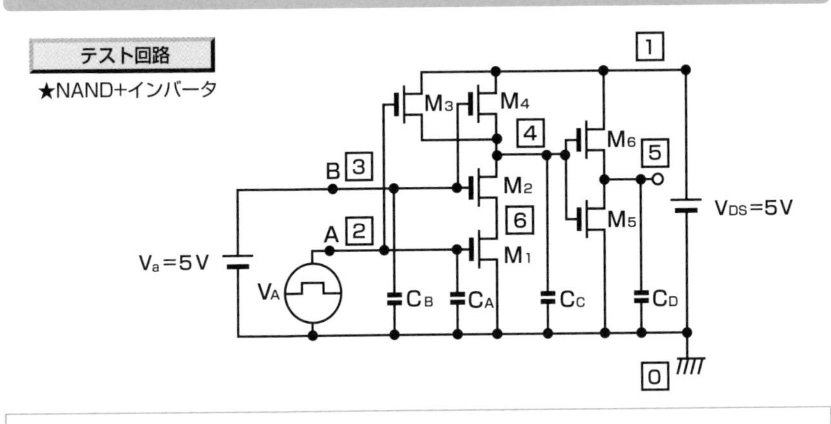


```
＊ ＊ ＊ ＊ ＊ ＊ ＊    NETWORK SPICE_TEST1    ＊ ＊ ＊ ＊ ＊ ＊ ＊ ＊ ＊ ＊
M1  6  2  0  0  NMOS1  L=4U  W=6U  AD-18P  AS=36P  PD=12U  PS=24U
M2  4  3  6  0  NMOS1  L=4U  W=6U  AD=36P  AS=18P  PD=24U  PS=12U
M3  4  2  1  1  PMOS1  L=4U  W=6U  AD=36P  AS=18P  PD=24U  PS=12U
M4  4  3  1  1  PMOS1  L=4U  W=6U  AD=36P  AS=18P  PD=24U  PS=12U
M5  5  4  0  0  NMOS1  L=4U  W=6U  AD=36P  AS=36P  PD=24U  PS=24U
M6  5  4  1  1  PMOS1  L=4U  W=6U  AD=36P  AS=36P  PD=24U  PS=24U
CA  2  0  0.0066  P
CB  3  0  0.0066  P
CC  4  0  0.0197  P
CD  5  0  0.0127  P
```

●プロセスシミュレーション（プロセス設計*で使用します）

所望のLSIをつくるための、ウエーハプロセス技術に関与するところで、LSI製造工程の流れや製造条件を決定します。実施するプロセス工程での熱工程温度や、不純物拡散濃度などを入力データとして用い、不純物濃度分布の予測やイオン注入条件（打ち込み加速電圧、イオン打ち込み量）などの最適化を行います。これらの結果がデバイスシミュレーションの入力データとなります。また、リソグラフィに関与するレジスト形状や仕上がり断面形状の予測などは、特に形状シミュレーションあるいはエッチングシミュレーションといいます。なお、プロセスシミュレータの最初の開発*は、スタンフォード大学で行われました。

＊**プロセス設計**　詳細は本文165ページの「第6章　LSI製造の前工程」を参照。

＊**プロセスシミュレータの最初の開発**　このシミュレータは「SUPREM」と呼ばれた。

5-6

フォトマスク LSI製造工程で使用するパターン原版

フォトマスクとは、LSI製造での露光工程で使用する転写用原版（石英ガラス上にLSIパターンが描かれている）で、シリコンウエーハに電子回路を転写するために使用します。写真で例えれば、現像済みのネガフィルムがフォトマスク、焼き付けられた写真がシリコンウエーハということです。

LSIパターンの原画

LSI製造でのシリコンウエーハ上に電子回路（トランジスタ、コンデンサ、抵抗と配線など）をつくる工程は、**リソグラフィ**（フォトエッチング）技術を利用して行います。実際には、これら電子回路（電子部品）は、20～30枚（最先端LSI向けでは30～50枚）の工程別に分解されたフォトマスクに描かれた原画*を、何度もリソグラフィ工程を繰り返してウエーハに転写・パターン形成して、シリコンウエーハ内部への半導体構造や絶縁膜、金属配線などを形成していきます。

マスク構造の代表例では、**石英ガラス**上にクロムや酸化クロムの薄膜層がパターン化されています。薄膜層の厚さが厚いと解像度をあげることができませんし、また薄すぎても光の遮光効果が得られません。通常は100nm*程度の厚さです。

フォトマスクの製造方法は、まず平坦かつ低汚染・低膨張の石英ガラス板（マスクブランクス）にクロム（酸化クロム）をスパッタ蒸着*します。このクロム層上にレジスト*を塗布してから、電子ビームマスク描画装置*でパターンを描画し、露光します。現像後、クロムをエッチングするとレジストのない部分はクロムがなくなります。そして最後にレジストを剥離してマスクができあがります。

***原画**	光を遮断する材料（クローム（Cr）など）が、石英ガラス基板上に蒸着パターン化されている。
***nm**	ナノメートル。1nmは1mの10億分の1。
***スパッタ蒸着**	半導体製造における薄膜生成の一方法。本文174ページの「6-4　薄膜はどのように形成するのか？」を参照。
***レジスト**	エッチングをするときのマスキング用として用いる感光性樹脂。本文177ページの「6-5　微細加工をするためのリソグラフィ技術とは？」を参照。
***電子ビームマスク描画装置**	フォトマスクを作成するための描画装置。電子ビーム（最先端LSI向けの装置では電子ビーム波長は0.005～0.006nm）を照射スキャンしてパターン形成をする。

マスクと露光過程

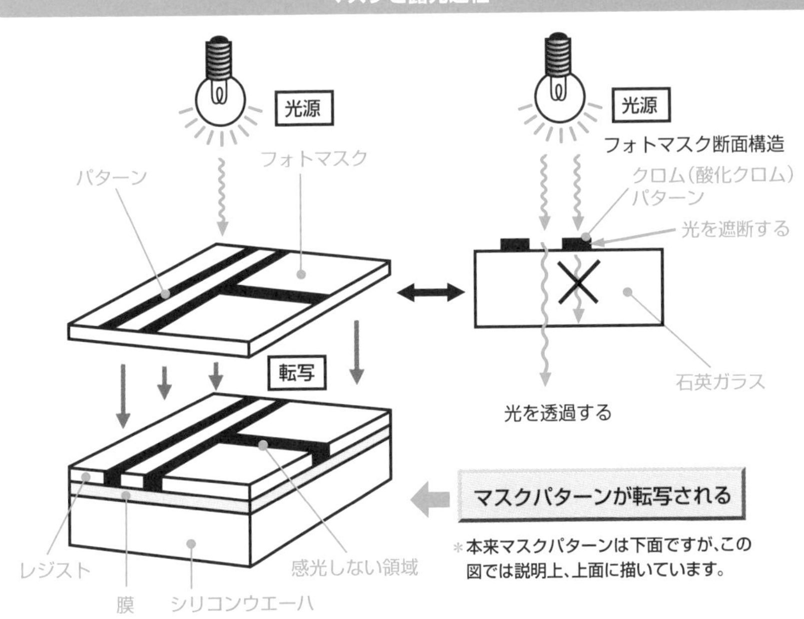

電子ビームマスク描画装置の例

電子ビームマスク描画装置「EBM-9500」 写真提供：ニューフレアテクノロジー

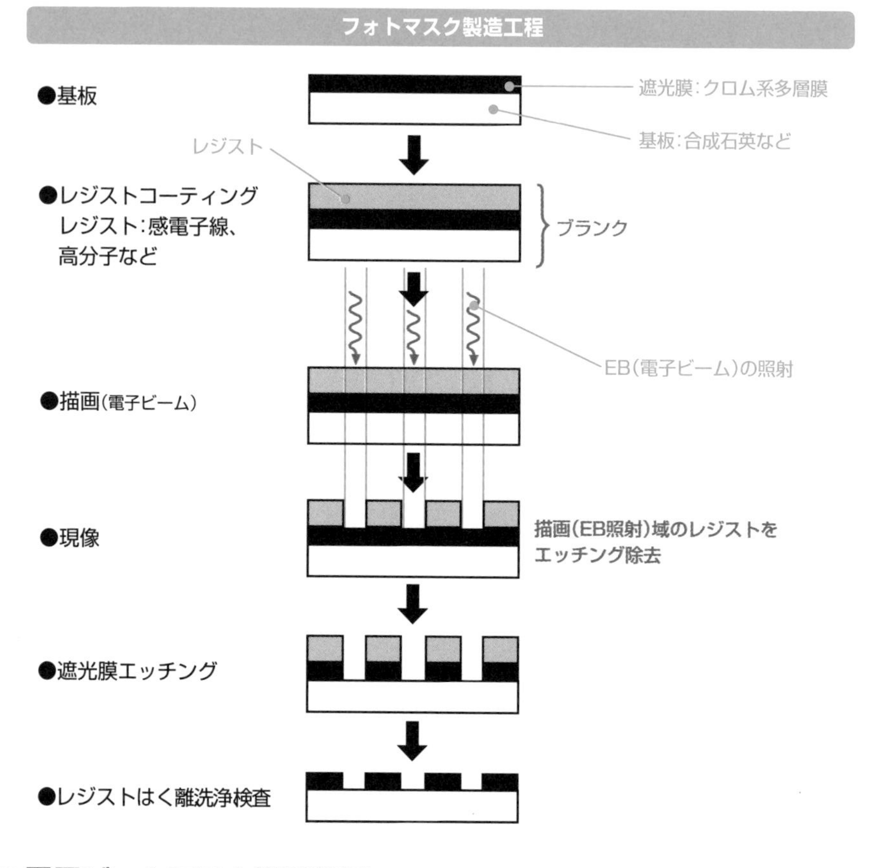

電子ビームマスク描画装置

電子ビーム（Electron　Beam）マスク描画装置は、LSIパターンの原画となるフォトマスク上に回路パターンを形成するものなので、マスク上では、電子線位置を正確に制御したナノオーダー以下の位置精度が必要です。その位置決めの精度と位置決めの速度を例えると、サッカー場に直径20mmの1円玉を0.2mm以内の誤差で、2秒以内に一つの抜けもないように敷き詰めるような正確さと速さに相当すると言えます（出所：ニューフレアテクノロジー）。

なお、現在のフォトマスクの多くは、LSI製造での縮小投影型露光装置*（**ステッパー**という）用に、実際の回路パターンより4倍程度大きく描画したマスク（レチクルマスクと呼ぶ）を用います。

***縮小投影型露光装置**　フォトマスク原画を縮小しながら、ウエーハ上への露光をステップ的に繰り返し行う投影露光装置。本文179ページの「6-6　トランジスタ寸法の限界を決める露光技術とは？」を参照。

位相シフトマスクとは？

位相シフトマスクは、露光解像度をあげる工夫として採用されています。**位相シフトマスク**は、パターンに光の位相を変化させるための位相シフタを設けて、これを通過した光と通過しない光の位相差（光の干渉）を利用して、ウエーハ転写時の解像度を改善します。

位相シフトマスクの種類には、光遮光材料としてクロムの代わりに窒化モリブデンシリサイド（MoSiON）などの半透明膜を用いたハーフトーン型マスクや、遮光はクロムで行いながら石英ガラス基板にエッチング加工を行ったレベンソン型マスクなどがあります。

なお位相シフトマスクに対して、単純に光を透過する／遮断するための従来からあるマスク（通常マスク）はバイナリーマスクと呼ばれていて、一般的には露光波長以上の幅のパターン形成に用います。

なお本格的に稼働が始まったEUV露光装置*に用いるフォトマスクはEUV光（13.5nm）を用いるので、従来の露光装置で用いた透過型マスクが使用できず反射型マスクを用いることになります。

位相シフトマスクの効果

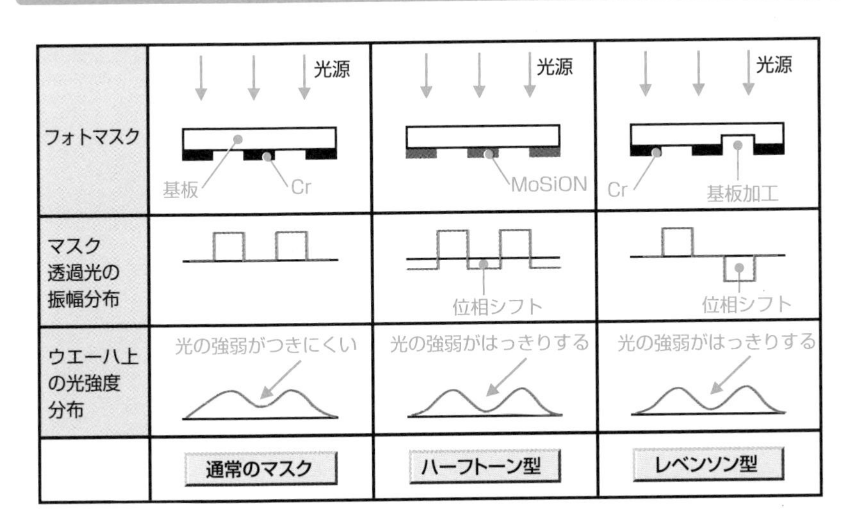

*EUV露光装置　詳細は186ページ「第6章　EUV露光装置」を参照。

5-7

最新設計技術動向 ソフトウエア技術、IP利用による設計

高機能LSI設計では、処理速度向上、低消費電力化、設計期間短縮など困難な問題を解決せねばなりません。そこで、開発段階の上流では、C言語などのソフトウェア記述設計による効率化、下流のレイアウト設計工程では、チップ面積縮小化を念頭におきつつ、タイミングをも考慮した自動配置配線が重要になります。

また、新規LSIの設計手法では、従来からある機能ブロック（マクロセル）などを組み合わせて再利用するIP再利用設計や、LSIの製造技術に起因する歩留り低下問題を設計段階から考慮して行う製造性容易設計（DFM）が進められています。

設計上位からのC言語ベースによる設計手法

従来、飛躍的に増大するゲート数に対しての論理回路設計側から支援してきたのが、ハードウェア記述言語HDLによるモデルを論理回路（ネットリスト）に自動変換する論理合成（シンセシス）ツールです。しかし、一段と集積度が増すLSI設計要求に対しては、さらに設計上流からの一貫した設計ツールが望まれていました。そこで最近になって、従来は設計者の頭の中で行ってきた機能設計工程での自動化が、**C言語ベース設計**というかたちで実現されるようになってきました。

設計上流でのC言語での設計・検証によって、

- 最初の段階からLSI全体を概観できて、繰り返しのないワンパス設計が可能になる。
- 取り扱いゲート数が飛躍的に増加する。
- ソフトウェア（LSIシステムでの搭載プログラム）とハードウェア（本来のLSI設計）が協調で設計できる。

などが可能となりなりました。

しかし、さらに大きな変革は、従来はLSI設計はLSIエンジニアが、そしてソフトウェアはソフトウェアエンジニアがというように分かれていた2つの領域を、ソフトウェアエンジニア単独でLSI設計まで担当できるようになったということなのです。

このことによって一気に設計者人口が増加し、電子機器（LSI）開発力に大きく貢献できるようになりました。このために機器メーカーや半導体メーカーは、LSI設計人口の増加と設計効率化の両面から、LSI設計言語としてC言語を積極的に導入する動きを急激に活発化させています。

C言語設計ベース設計では、仕様設計からHDL設計にいたる上流工程開発プロセスを一貫して行うことにより、従来、試行錯誤で行っていた作業工程や手順の明確化ができるようになりました。具体的には、アーキテクチャと呼ぶシステム構成の基本部分（たとえばバス構成やハードウェア、ソフトウェアの配分等）をC言語により**動作レベル**で記述*します。そしてC言語シミュレータによる検証を実行したあとに、動作合成*を行います。従来は人手に頼っていた作業を自動化するので、この方法によって大幅な開発期間短縮が可能となりました。

タイミングを考慮したレイアウト設計

LSIの大規模化につれて、トランジスタやゲートなどの基本素子自身の遅延よりも、セルや機能ブロックをお互いに接続するための配線遅延*のほうが大きくなってきています。

そこで、論理分割された機能ブロックにしたがって、チップ・レイアウトの全体配置構成を決めるツールである**フロアプランナ**が、重要な役割を果たすようになりました。

従来のフロアプランナは、最初に各論理機能を実現する機能ブロック面積を予測し、チップ内のデッド・スペースを最小にし、また全体の配線長が短くなるように、位置・形状を決めていました。しかし最近の機能では、全体配置構成段階で、配線長を調整できる（静的タイミング解析・検証ツールなどからの配線遅延時間を算出）ことが重要な要素として加わりました。さらに論理合成ツールとの連携も一段と重要になってきています。

* **動作レベルで記述**　システム動作を表現すること。概念的な動作を示したもので、機能図や、その構成をC言語などの高級言語で表現しており、ソフトウェアプログラムに近いもの。
* **動作合成**　C言語などによる動作レベルからレジスタトランスファー・レベル（RTL：Register Transfer Level）を生成すること。
* **配線遅延**　配線が長くなり、また微細化配線によって配線抵抗が増大し、その結果として2点間を結ぶ配線抵抗が増大して電気信号の遅延が生じる。

従来の設計方法とC言語設計ベースの比較

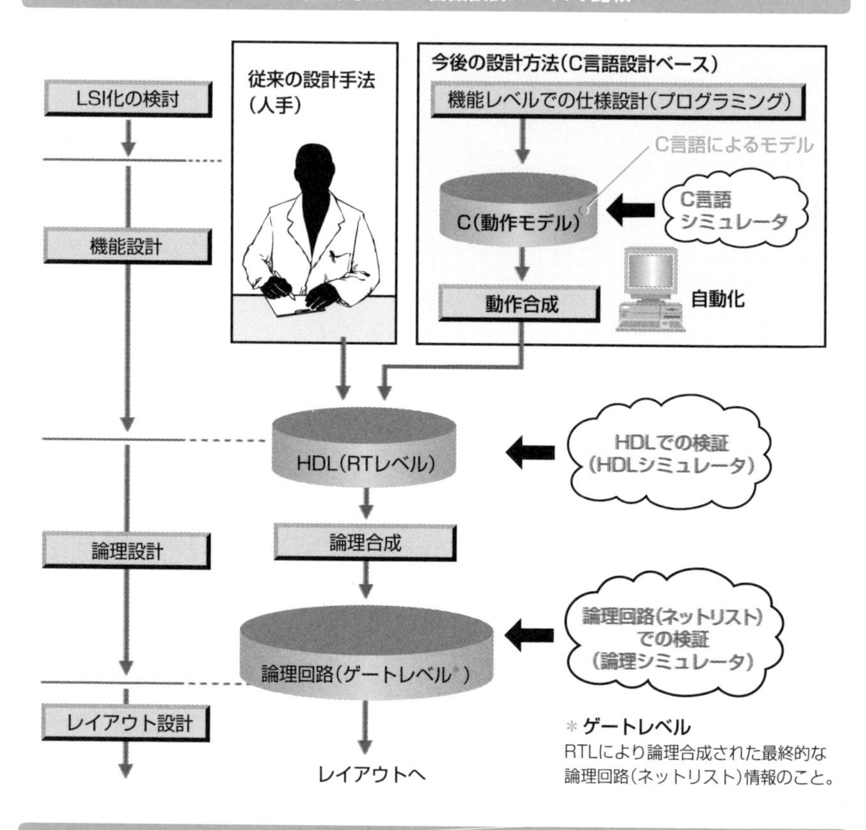

レイアウトの全体配置をタイミング検証を考慮して設計するフロアプランナ

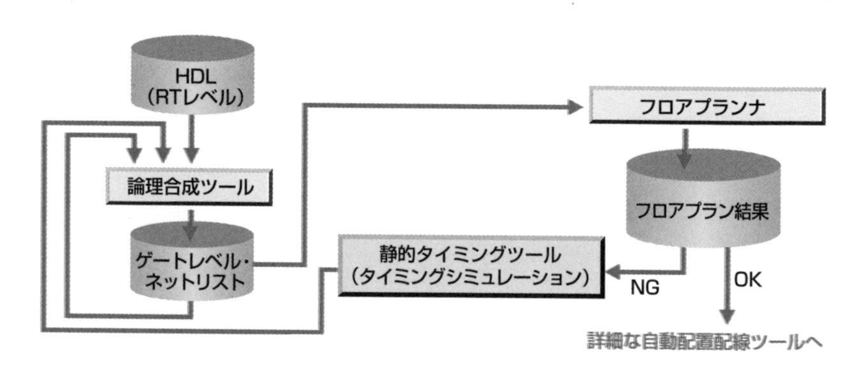

新規LSI設計の決め手になるIP再利用設計

新規LSI設計ではすでに自社で開発済みのIP、あるいは流通段階にある外部から購入したIPを組み合わせて、**IP再利用**の効率的設計環境を整備することが非常に重要です。この実績ある品質保証されたIPを再利用することにより、従来の回路を最初から設計する方法に比較して、非常に短期間で高機能LSIを開発することが可能になります。

IP（Intellectual　Property）とは、本来は、特許や著作権などの知的財産権を意味していますが、半導体業界で言うIPは、すでに設計開発済みの機能ブロックを、LSI設計データとして再利用できるようにまとめて設計資産化したものです。したがって、IPの実態は、従来から呼んでいる機能ブロックと電気的性能については変わりがありません。これをIPと呼ぶようになった理由は、すでに実績がある開発ブロックの優位性を保護し、従来の特許などと同価値の知的財産権とみなすことができるようになったからです。

IPには、マスクレイアウトとして物理形状が固定されたハードIPと、LSI設計用のハードウエア記述言語で書かれたソフトIPがあります。ソフトIPはソフトウェア（プログラム）であるため、仕様の柔軟性に富んでいますが、ハードIPのように、そのままマスクレイアウトとして使用することはできません。

IPを組み合せたシステムLSIの構成例

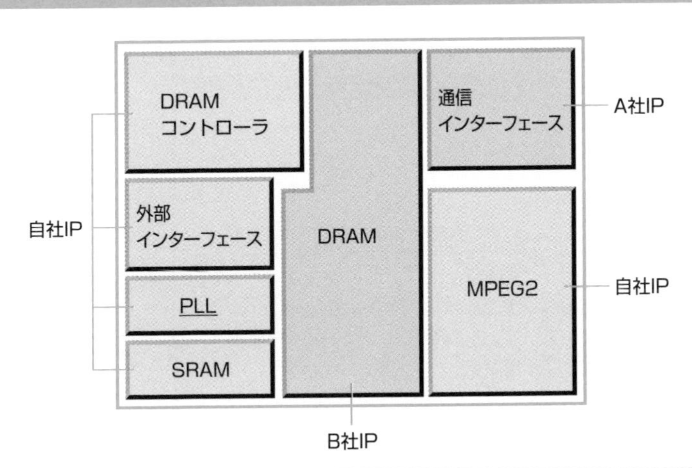

製造技術に起因するバラつきを考慮した製造性容易設計

製造性容易設計（**DFM**：Design for Manufacturability）は、LSIの製造技術に起因する不安定要素（**バラつき**）を、設計段階において、製造が容易になる（歩留アップが期待できる）ように解決を図る技術です。

DFMは、LSI製造プロセス微細化が進むデザインルール90nm世代以降に、塵による不良発生、露光工程での製造不良（設計データどおりに形状が仕上がるか）、CMP*の平坦性（ウエーハを均一に削れるか）などの要因による、製造歩留まりの急激な悪化を避けるための技術として注目を浴びるようになってきました。すなわち、従来は製造時でのバラつきに対処してきたのは、プロセス/デバイス/マスク技術者などでしたが、これからは、LSI設計者も製造性容易化のための考慮が必須になったことを意味しています。

そこでDFM手法では、例えば、塵による素子・配線不良などの対策として、レイアウト上でのクリチカルエリアを最小限にする、また、露光工程やCMP平坦性の不良対策（出来上がり形状の不良に繋がる）としては、露光やCMPの変動に対する耐性の高いレイアウト設計を行うことなどで、その発生を最小限に抑えています。

製造バラつきと製造性容易設計DFM

製造上でのバラつき要因		製造上での形状バラつき	電子回路バラつき		LSIチップへの動作特性影響
ゴミ		**トランジスタ形状**	**→トランジスタ特性**		動作電圧
露光工程		ゲート長	スレッシュホルド電圧		動作温度
CMP平坦性		ゲート幅	ON電流		消費電力
ビア形成	→	酸化膜厚	OFF電流	→	処理速度
素子ストレス		**配線形状**	**→配線特性**		雑音耐性
不純物濃度		配線幅	配線抵抗		チップ温度分布
アニーリング		配線層厚	配線容量		
材料		配線層間隔	配線層間容量		
		ビア形状	ビア抵抗		

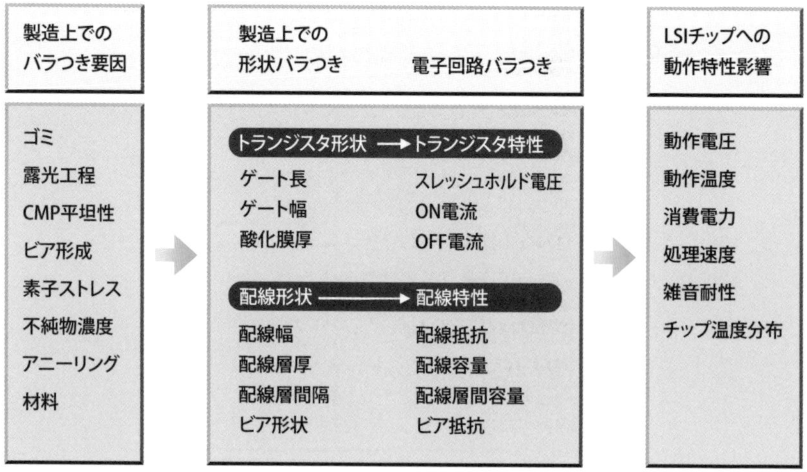

*CMP Chemical Mechanical Polishing。半導体製造における化学的機械研磨。
*ビア VIA。多層配線で、下層と上層との配線を電気的につなぐ接続領域。これに対して、コンタクトホールは、ウエーハ表面のソース、ドレイン、ゲートなどと配線層を電気的につなぐ接続領域。

5-8

LSI電気的特性の不良解析評価・出荷テストの方法は？

LSIテストは、開発時のエンジニアリングサンプル評価、出荷レベルでのLSI量産テスト、そして不良品の故障解析に分類できます。また、SOCのように完成後の解析が複雑すぎて手に負えないLSIに向けて、設計段階からのテスト容易化を考慮した設計が必須になっています。

LSI開発時の評価

LSIプロセス終了後、最初にでき上がってきたエンジニアリングサンプル*により、LSIが設計どおりに動作しているかどうかをテストします。**エンジニアリングサンプル評価**でのテスト項目には、以下のような項目があります。

❶論理シミュレーション結果との比較による機能確認テスト
❷電気性能仕様確認のための半導体素子（トランジスタなど）の直流（DC）特性テスト
❸電気性能仕様確認のための半導体素子（トランジスタなど）の交流（AC）特性テスト
❹LSIのシステム搭載時想定の総合機能確認テスト
❺上記項目の信頼性テスト

出荷時の量産テスト

良品チップを選別するためのウエーハテスト（前工程テストとも呼ぶ）と、パッケージ実装後のテスト（後工程テストとも呼ぶ）があります。ここで、不良品LSIを完全に取り除いてマーケットに出荷します。

この**量産テスト**では、十分な機能確認を前提とした上でのテストコスト引き下げなどが大きな問題となっています。LSIが高集積・高機能化すればするほど、テスト時間が膨大にかかり、テストコストの上昇が避けられないからです。したがって、量産用テスタATE（Automatic Test Equipment）は、高速化、多ピン化がなさ

*エンジニアリングサンプル　ES：Engineering Sample。LSI開発における初期の評価用サンプル・チップのこと。電気的特性などは、完全には保障されていない。

れる一方で、多数個LSIの同時測定など、コスト削減の工夫がなされています。 実際上のATE運用は、完全に調整確認されたテストプログラムを使用して、機能テスト、DCテスト、ACテストを行い、GO（良品）／NG（不良品）の判定を行います。

テストシステムの例

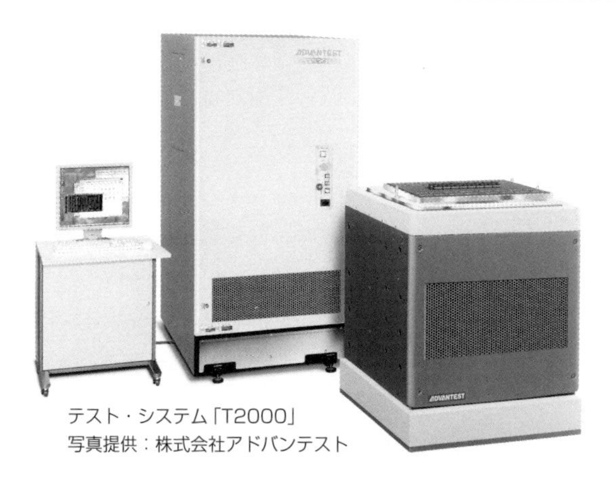

テスト・システム「T2000」
写真提供：株式会社アドバンテスト

LSI開発時のESを中心とした評価

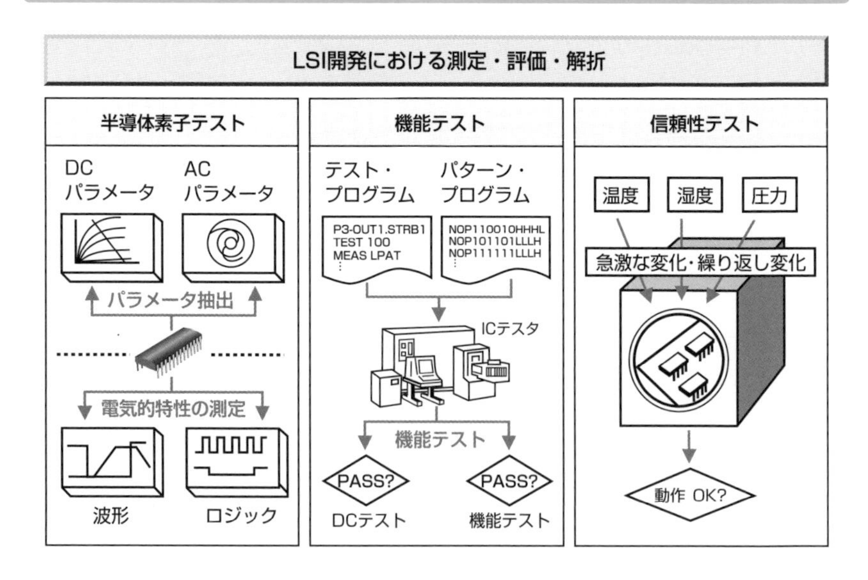

不良品の故障解析

LSI開発時評価での不良の解析、また量産テスト時での良品率低下の原因を探るためには、故障原因追求として以下の項目を明確にすることが必要です。

❶論理回路設計上のバグ（不良欠陥）
❷製造プロセス上の不良（製造工程不良、フォトマスク不良）
❸LSIをテストするために作成したテストプログラムのバグ
❹テスト装置環境上の問題

以上の解析結果から故障箇所特定を行い、それに基づいたフォトマスクの修正、テストプログラム修正、製造プロセス条件などの変更などを指示、実施します。

このときには、ATEテスタのみならず、ウエーハレベルでの測定・観察・分析のために、電子顕微鏡や各種分析装置、電子ビームテスタ、マスクリペアのための収束イオンビーム修正装置*などが使用されます。

不良品の故障解析

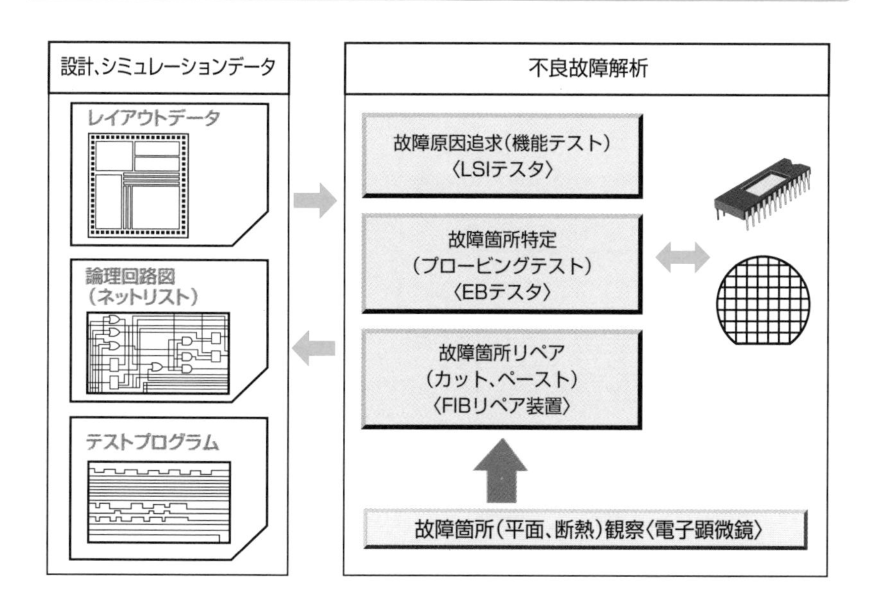

＊**収束イオンビーム修正装置**　収束イオンビーム（FIB：Focused Ion Beam）を利用して、フォトマスク・パターンやウエーハ上の金属配線を修正するための専用装置。

テスト容易化設計

複雑化、大規模化したLSIを機能テストする場合、その解析やテストプログラム開発に膨大な時間がかかります。そこでLSIテスト負荷を軽減するために、開発初期段階からその対策を考えて設計します。そのための設計手法を**テスト容易化設計（DFT）**＊と呼んでいます。

たとえば、テストプログラムを自動生成してくれるテストパターン自動生成ツール＊に適用しやすい論理回路を用いることなどです。テスト容易化設計では、設計CADツールとの密接なリンクがますます重要になっています。

テスト負荷を軽減するには、論理設計環境とテスト環境のリンクが大切

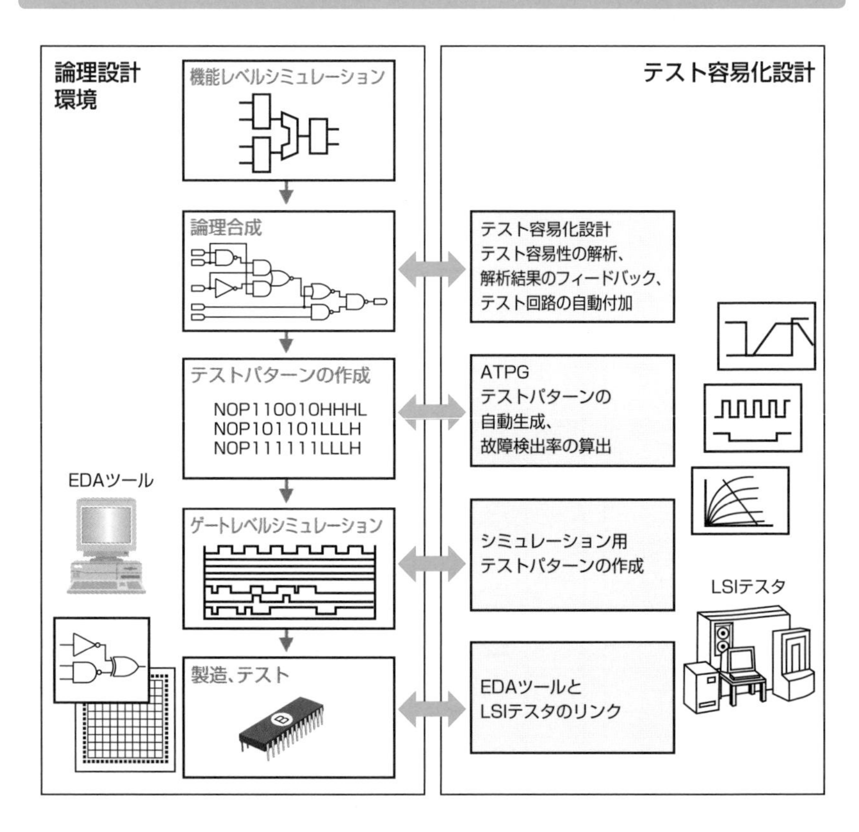

＊**テスト容易化設計**　Design for Testabilityの頭文字をとって、DFTとも呼ばれる。
＊**テストパターン自動生成ツール**　ATPG:Automatic Test Pattern Generation。

LSI製造の前工程

シリコンチップはどうやってつくるのか

LSIはどのように製造されていくのでしょう。基本的には写真製版技術、微細加工技術、不純物拡散技術などを繰り返し行い、シリコンウエーハ上に100万～数億個以上にもおよぶ半導体素子を一括して製造していきます。

無垢のシリコンウエーハが電子部品シリコンチップとなるまでの過程を、それぞれの工程ごとに説明します。

6-1

半導体ができるまでの全工程概観

LSI製造工程は、前工程（ウエーハプロセス）と後工程（組み立て、検査）に分類できます。前工程はシリコンウエーハに、洗浄、成膜（酸化膜、金属膜）、リソグラフィ（露光、エッチング）、不純物拡散などを繰り返して、トランジスタや金属配線を形成します。後工程では、チップの組み立てと実装（パッケージ）をし、最後に出荷テストを行い、検査良品が出荷となります。

前工程

❶シリコンウエーハ投入

LSI特性に合致したシリコンウエーハ（基板の厚み、基板抵抗率、結晶方位など）を購入します。ウエーハ・サイズは、現在直径200mm～300mmが一般的ですが、最近は次世代サイズの直径450mmが検討に入っています。例えば、10mm四方のチップでは200mmウエーハで280個、300mmウエーハで650個のチップ数が取れます。したがって、ウエーハの大口径化は量産効果が大きく、コスト減少戦略に大きな効果があります。

❷洗浄工程

次にウエーハを**洗浄**して汚れを除去します。汚れの種類には、単なるゴミ、金属汚染、有機汚染、油脂、自然酸化膜などがあります。LSI製造（**前工程**）は、非常に清浄な環境が必要とされますが、これはウエーハ上につくり込まれる半導体素子が非常に微細で、ゴミによる配線断線などの原因となるからです。またさらに、絶縁膜、不純物拡散などは、形状のみならず半導体素子自身の化学的安定性が重要とされているからです。洗浄工程は、プロセス（処理）前後に何度もていねいに繰り返します。

❸成膜工程

シリコンウエーハ上にLSIをつくるとき、それを構成するトランジスタ素子構造上での電気的分離（絶縁膜）や配線（金属配線膜）の形成には、それぞれの素材となる酸化シリコンやアルミニウムなどの層（膜）をつくる必要があります。**成膜**の方法には、大きく分けて「スパッタ」、「CVD」、「熱酸化」の3つがあります。

❹リソグラフィ

リソグラフィは、もともと平版印刷技術を語源とします。LSI分野では、シリコンウエーハや成膜された薄膜を加工するために必要な、写真触刻工程（フォトリソグラフィ）のことをいいます。

❺不純物拡散工程

半導体素子の構成に必要なP型やN型の半導体領域形成のため、不純物をウエーハに添加（堆積）、その後シリコン内部に不純物を分布させる工程です。熱拡散法とイオン注入法があります。

後工程

❶組み立て工程（実装工程）

前工程が終了すると、この段階での良品チップを選択するための**検査**工程*があります。

次にウエーハを切断して、①ダイシング（ペレット状*に切り出し）、②マウント（チップをリードフレームに貼りあわせ）、③ボンディング（リードとの電極接続をし）、④**モールド**（封止材料で密封）、⑤仕上げ（マーキング）します。

このウエーハ完成以後の**組み立て**作業（パッケージング）が**後工程**です*。

❷検査（テスト）

実装後のLSIについて、全数の良品テスト*を実施し出荷します。出荷時のテストでは電気的性能だけでなく、信頼性を確認するための信頼性テスト*（環境試験）も重要です。パッケージを環境試験機に入れて、温度・湿度・圧力を加えて、急激な変化や繰り返し変化を行い、パッケージを含めたICの信頼性・寿命（加速試験）の判定をします。信頼性テストは、ランダムに抜き出したLSIに対して行います。

***検査工程**　本文161ページの「5-8　LSI電気的特性の不良解析評価・出荷テストの方法は？」を参照。
***ペレット状**　ペレット状に切断したウエーハを「チップ」もしくは「ダイ」と呼ぶ。
***後工程**　詳細は本文209ページの「第7章　LSI製造の後工程」を参照。
***良品テスト**　本文161ページの「5-8　LSI電気的特性の不良解析評価・出荷テストの方法は？」を参照。
***信頼性テスト**　本文162ページの図「LSI開発時のESを中心とした評価」を参照。

半導体ができるまでの全工程

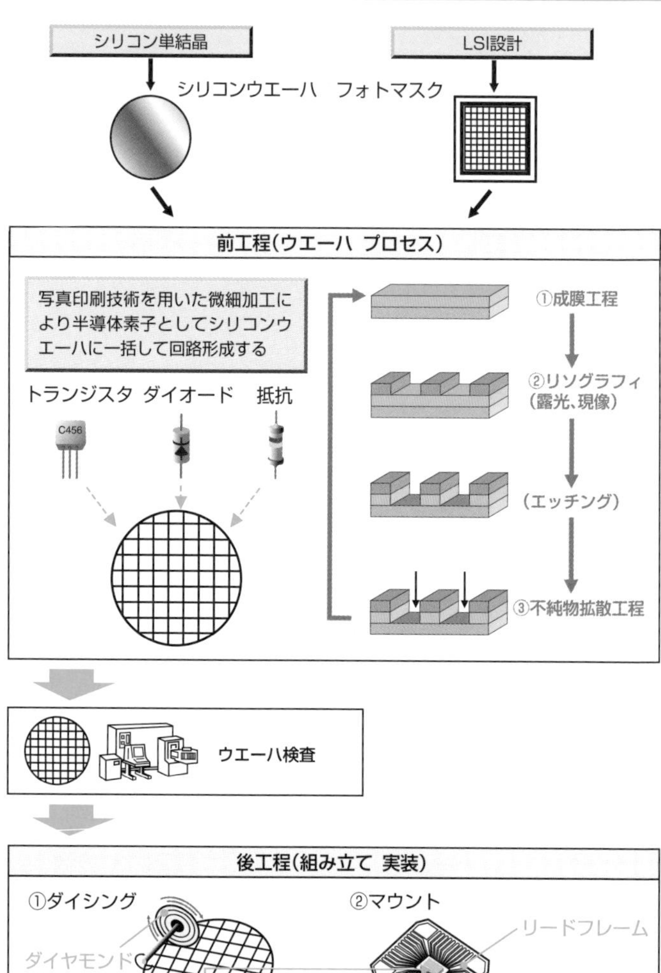

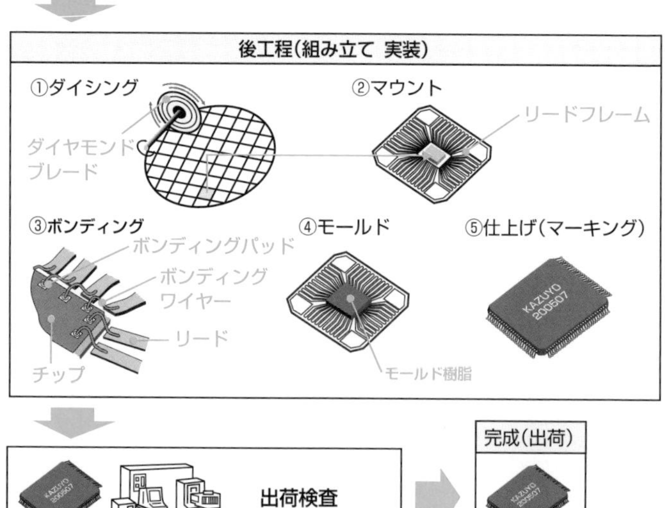

6-2

洗浄技術と洗浄装置

LSI製造での前工程であるウエーハ処理では、非常に清浄な環境を必要とします。したがって、プロセス（処理）前後では、ウエーハを洗って汚れをきれいに取り除く洗浄工程を何度もていねいに繰り返します。汚れには、ゴミ、金属汚染、有機汚染、油脂などがあります。

半導体は超きれい好き！

洗浄が必要な汚染には、以下のような種類があります。これらの汚染は、生産コストを決定する最大の因子である**歩留まり***に、多大な影響を及ぼします。また、金属汚染など目に見えない汚染因子も、半導体素子に大きな電気的影響（たとえばMOSトランジスタの耐圧、リーク電流、スレッシュホルド電圧など）を与え、品質低下と歩留まり低下の原因となります。

❶ゴミ（単なるゴミ）

前工程で、ウエーハを製造装置や搬送箱から取りだしたり運んだりするときに、工場環境（通常はクリーンルーム内）で付着した**ゴミ**。サイズは0.1μm～数μmクラスです。半導体業界では一般に、この小さなごみのことをパーティクルと呼びます。

❷金属汚染

作業する人から出る汗に含まれるナトリウム（Na）分子や、工場内で使っている薬液に含まれる微量な重金属原子などです。

❸有機汚染

作業する人のフケや垢に含まれる炭素や、ウエーハプロセスで使用する薬液に含まれる微量の炭素（C）分子などです。また、洗浄工程で使用する純水のための配管に発生するバクテリアも**有機汚染**のひとつです。したがって、配管などは定期的に洗浄を行います。

❹油脂

作業する人の汗や、製造装置から発生する油分などです。

---

* **歩留まり**　製造時での各工程における良品率のこと。通常、単に歩留まりといえば、完成ウエーハの最終テストにおけるチップ良品率（良品チップ数／有効チップ数）をいう。

⑤自然酸化膜

ウエーハを大気に放置すると、その表面が大気中の酸素と結合して極薄い酸化膜（1～2nm）ができてしまいます。ところが、この酸化膜には大気中の不純物も含まれてしまうため、汚染のひとつになってしまいます。通常ウエーハは、ゴミ汚染対策のためにクリーン度を保つとともに、温湿度制御を考慮した保管庫に保存します。

洗浄装置

汚染をとりのぞく洗浄装置として、最も普及しているのがウエット洗浄です。ウェットステーションと呼ばれる洗浄装置は、薬液の入った槽や純水の入った槽が並んだ装置で、各々の槽にウエーハを順次浸して、汚染物を溶かし、中和し、洗い流したあとに乾燥させます。用途は、パーティクル（半導体での小さな塵）、金属、有機物、酸化膜などの除去に幅広く用いられています。

ウェットステーションなどの洗浄装置はバッチ式（バッチ浸漬式）と呼ばれ、25枚/50枚などのウエーハが一括処理可能です。スループット（時間あたりの処理能力）が大きくコストダウンにつながる、また洗浄シーケンスによって任意の槽が複数ならべることができるなどの利点がありますが、欠点としては、装置の大型化が避けられない、薬液・純水使用量が増大するなどの課題があります。

バッチ式に対して、ウエーハを1枚づつ処理する方法が枚葉式です。枚葉式の装置は、高速回転しているウエーハに、薬液や純水をノズルから直接に吹き付けるスプレイ方式で、枚葉スピン式とも呼ばれています。半導体の微細化やウエーハ口径の増大に伴って生じる、ウエーハ面内での均一性欠如による微細構造ダメージなどの問題を解決できます。また、最近の少量多品種カスタムLSIであるASIC生産に向いています。一方、欠点としては、薬液の循環が複雑で、かつ回収・濃度制御が難しいなどの課題があります。

しかしながら現状では、超微細化での歩留り向上に対応するため、バッチ式から枚葉式（枚葉スピン式）への移行が急速に進んでいます。

なお、洗浄後は、必ず乾燥してから取り出す必要があります。なぜなら、ウエーハを水分が含まれた状態にしておくと、表面での酸化が進んだり、目には見えないウオーターマーク（水滴の残り）の原因となるからです。その意味では、洗浄装置と乾燥装置は一体化されたものです。

クリーンルーム

ICを製造する半導体工場も同様に、非常に清浄な環境が必要です。したがって、半導体工場には、ゴミや汚染から守られたクリーンルームがつくられ、その内部で半導体製造（前工程：ウエーハプロセス）が行われます。

●どのくらいの大きさのゴミが、どれくらいあったらダメか？

半導体工場のクリーンルーム環境は0.1～0.5μmの空中のゴミ、細菌などを対象とし、温度湿度を一定に保った空間が必要です。そこで、クリーンルームの清浄度を示すために、清浄度クラス（1立法フィートの中に、0.1μmの粒子がいくつあるかで表す）を用います。たとえば、クラス1といえば、1立法フィート中に0.1μmの粒子が1個あることを意味します。1フィート=0.3048m、1立法フィート=28.3リットルなので、クラス1（0.1μm）の清浄度をわかりやすく例えると、山手線内に仁丹が1つといわれています。半導体工場クリーンルームの清浄度クラスは、大まかに以下のようなものです。

クラス10～100	不純物拡散、リソグラフィ
クラス10～1000	ウエーハ表面処理など全般的なプロセス
クラス100～10000	後工程（組み立て、検査）

●クリーンルームの構造

クリーンルームの内部全体は、基本的には超高性能HEPA*フィルタを通ったエアーを上部から下部の導電性をもった網目状の床に絶えず流す、「ダウン・フロー方式」により、いつも清浄エアーの環境に保たれるようになっています。部屋のつくり方としては、

- 大部屋方式：製造装置、測定器などすべての設備が一部屋に配置されている。
- クリーントンネル方式：清浄空間をトンネル状に形成したユニット方式。
- ミニエンバイロメント方式：局所的な囲いによって、周囲の清浄度より著しく高い局所的清浄環境を設置する方式。

コストやクリーン度を考慮して、ミニエンバイロメント方式が今後のクリーンルームの主流となりつつあります。

---

*HEPA　High Efficiency Particulate Air。

6-3

成膜技術と膜の種類

LSI製造では、トランジスタ構造での素子分離、ゲート絶縁膜（MOSトランジスタ）、ゲート電極、そしてLSIとしての金属配線、多層構造間の層間絶縁膜など、多用な用途の膜を用います。これらの膜の材料には、酸化膜、ポリシリコン、配線金属膜（アルミニウム、銅）などがあります。

半導体構造に必要な膜にはどんな種類があるのか？

CMOSインバータを構成している基本CMOS構造において使用している、各種の膜について簡単に説明をしていきます。

❶素子分離のための絶縁膜

トランジスタなど半導体素子同士の分離には、MOSトランジスタの薄いゲート酸化膜に対して、フィールド酸化膜と呼ぶ厚い酸化膜（SiO_2）を用います。フィールド酸化膜は従来、**LOCOS***と呼ばれる選択酸化膜（窒化膜のない部分への選択的な酸化作用）が用いられてきました。次ページの図の素子分離もLOCOSです。

しかし微細化が進む現在は、シリコン基板を縦方向にエッチングして埋め込み酸化膜を形成する、**シャロートレンチ分離***が主流となっています。

❷ゲート絶縁膜

MOSトランジスタのMOS（Metal-Oxide-Semiconductor）構造のOxide、すなわち酸化膜にあたります。ゲート電圧をこの酸化膜（ゲート容量）を介してチャネルに印加します。

❸ポリシリコン膜

MOSトランジスタのゲートGの電極材料として、N型もしくはP型の不純物を添加した**ポリシリコン膜**（多結晶シリコン膜）を用います。このポリシリコン膜は、高濃度の不純物が添加され低抵抗となるので、アルミ金属と同様に、配線金属の一部としても使用します。ただし、抵抗値はアルミ金属などに比較してかなり大きくなります。

---

*LOCOS　Local Oxidation of Silicon　本文200ページの「絶縁分離膜（LOCOS構造のSiO_2）を成膜」を参照。

*シャロートレンチ分離　本文201ページの「MEMO」を参照。

❹アルミニウム膜

金属配線として用います。スパッタ法（次ページ参照）により成膜します。最近の微細化LSIでは、一段と配線抵抗を下げる必要があり、アルミニウムに代わってより低抵抗率の銅が用いられるようになってきました。

❺層間絶縁膜

金属配線間を絶縁するための酸化膜です。微細配線や配線多層化が進む現在のLSIでは、膜の平坦化が要求されるため、成膜後に物理的あるいは化学・物理的にCMP（Chemical　Mechanical　Polishing）による平坦化技術が用いられています。

❻保護膜（パッシベーション膜）

完成した半導体素子をゴミや湿度から保護するための膜です。酸化膜や窒化膜（Si_3N_4）が用いられます。

基本CMOS構造（CMOSインバータ）における膜質と用途

(a)断面構造図

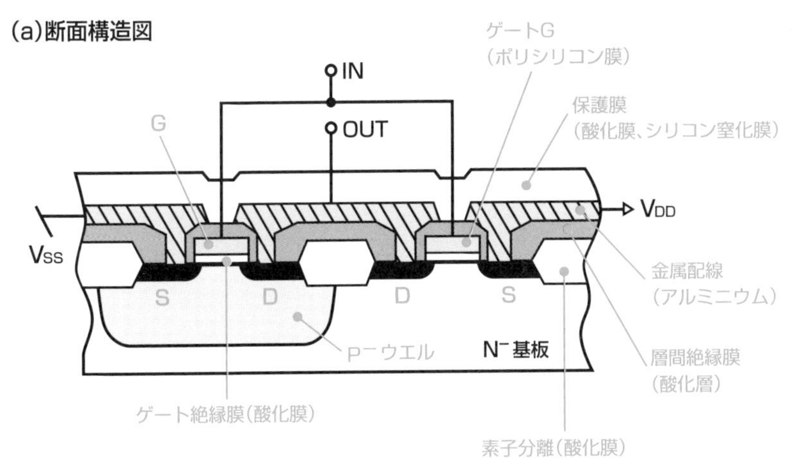

(b)シンボル図

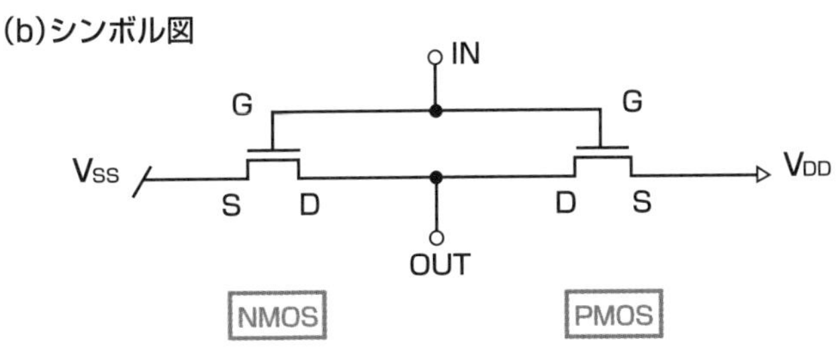

6-4

薄膜はどのように形成するのか？

半導体構造での各種の薄膜を形成する方法には、主なものとして熱酸化法、スパッタ法、CVD法などがあります。

3種類の形成方法

薄膜の形成方法について簡単に説明しましょう。

❶熱酸化法

半導体の表面から内部にかけて酸化を行っていく方法です。シリコン（Si）ウエーハを酸素（O_2）や水蒸気（H_2O）などのガスが入った高温炉に入れて加熱、基板表面のシリコンと酸素を反応させて、薄膜である二酸化シリコン膜（SiO_2）を形成します。

二酸化シリコン膜は、シリコン基板表面から内部に向かって成長していき、非常に絶縁性の良い高品質な膜ができます。半導体材料としてシリコンが用いられるひとつの理由に、この良質な絶縁膜が容易にできることがあげられます。

熱酸化法

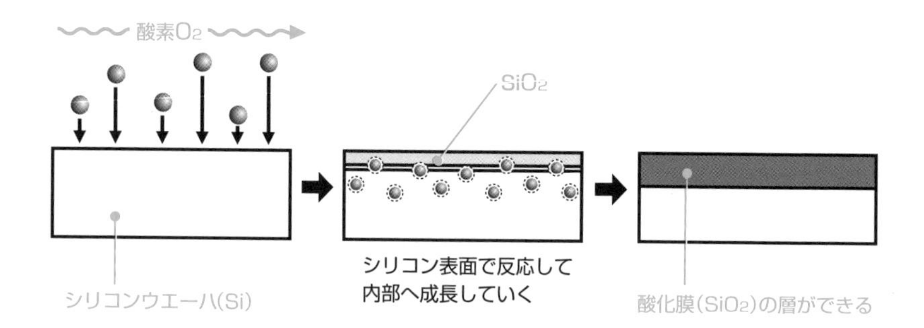

❷スパッタ法

チェンバー（反応器）内を高真空にし不活性ガス（Arなど）を流し、付着させようとする材料からなる円盤状の金属塊（ターゲットと呼ぶ）に、不活性ガスのイオン化した高エネルギーの原子を衝突させ、このとき叩かれて飛び出してくる原子をウエーハ表面に付着させて成膜する方法です。たとえばアルミニウムの金属配線膜を形成するには、アルミニウムのターゲットにイオンビームを衝突させてアルミニウムを飛び出させて、それをウエーハ表面に堆積させます。**スパッタ法**は、下記の**CVD法**に対照させて、PVD法*とも呼ばれます。

❸CVD法

CVDとは化学気相成長（Chemical Vapor Deposition）の略称で、反応器（チェンバーと呼ぶ）内で、ウエーハと付着させようとする原料ガスの化学的反応により、所望の膜をウエーハ表面に堆積していく方法です。

スパッタ法

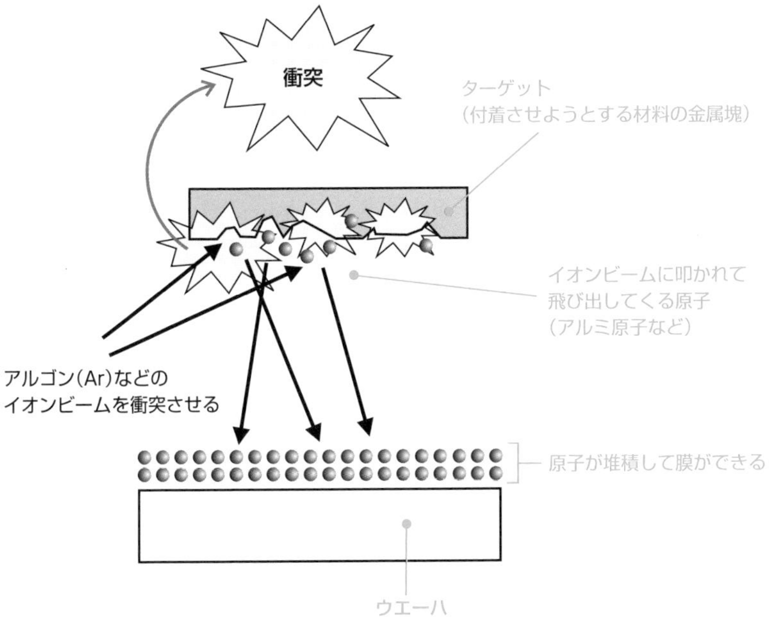

* **PVD法**　Phyical Vapor Deposition：物理気相成長。

CVD法では、酸化膜や窒化シリコン膜（シラン＋アンモニアガスを流して成膜）のほか、電極や配線として用いるポリシリコンやタングステンシリサイド（ゲート電極などの材料）などの成膜にも使用します。

化学触媒反応を促進する方法によって、熱エネルギー利用の熱CVD、プラズマエネルギー利用のプラズマCVD、光利用の光CVDなどの装置があります。

CVD法

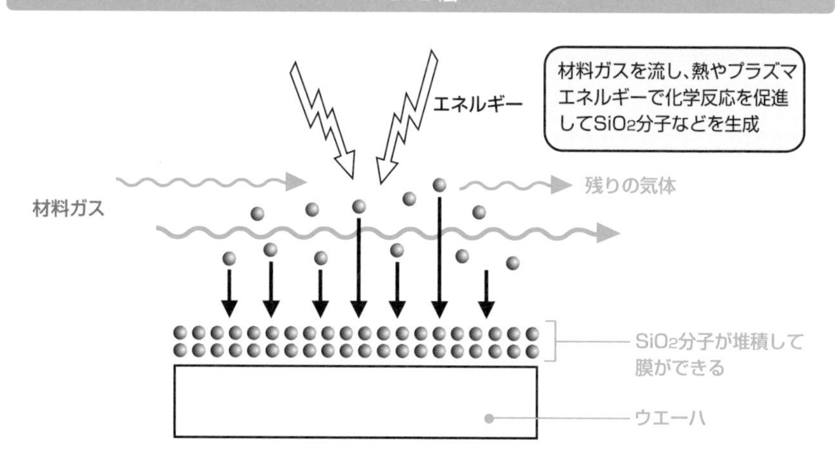

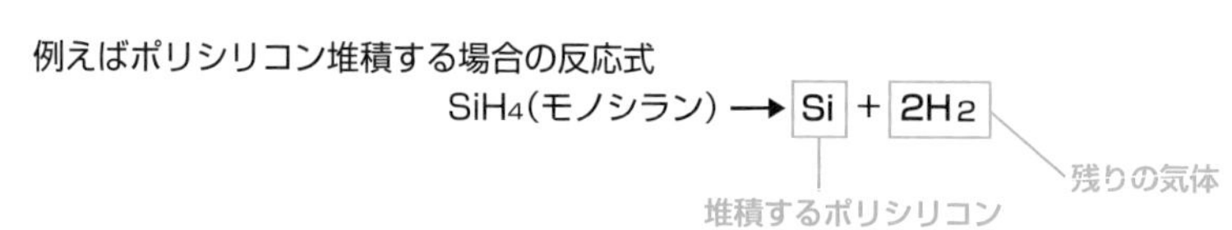

6-5 微細加工をするためのリソグラフィ技術とは？

リソグラフィ技術とは、シリコンウエーハや成膜された薄膜を加工するために必要な、写真触刻工程をいいます。シリコンウエーハや成膜した薄膜を、感光剤塗布、露光、現像、エッチングなどの写真製版応用の加工技術を経て、半導体素子用微細パターン向けに加工する技術です。

リソグラフィ工程の流れ

LSI製造での酸化膜加工・工程を例にとって、写真製版技術を用いたリソグラフィ（またはフォトリソグラフィ）の全体的なフローを示します。

❶感光剤塗布

パターン形成に用いる感光性樹脂を塗布します。この感光剤のことを**レジスト**（またはフォトレジスト）と呼びます。

光（エネルギー）が照射したところが現像液に対して不溶性になるタイプをネガ型、この逆に照射部分が可溶性になるタイプをポジ型といいます。

❷露光

半導体の回路が描かれているフォトマスクを介して、半導体パターンをウエーハに転写して焼き付けます。**露光**技術については次節「6-6　トランジスタ寸法の限界を決める露光技術とは？」で詳細に述べます。

❸現像

レジスト照射（露光）部分を薬液で溶かす工程です。この工程で溶けずに残っているレジストをレジストマスクといいます。

❹エッチング

レジストマスク（残っているフォトレジストのマスク）で、酸化膜を**エッチング**します。

❺レジスト除去

酸化膜エッチング後にフォトレジストを除去します。レジスト下の酸化膜はエッチング工程で腐食されずに残って、最終的な酸化膜パターンとなります。

この酸化膜が直接に、MOSトランジスタのゲート領域になったり、また不純物拡散工程（酸化膜のない領域のシリコンに不純物を拡散する工程）での酸化膜マスクになったりします。

リソグラフィ工程（酸化膜加工の例）

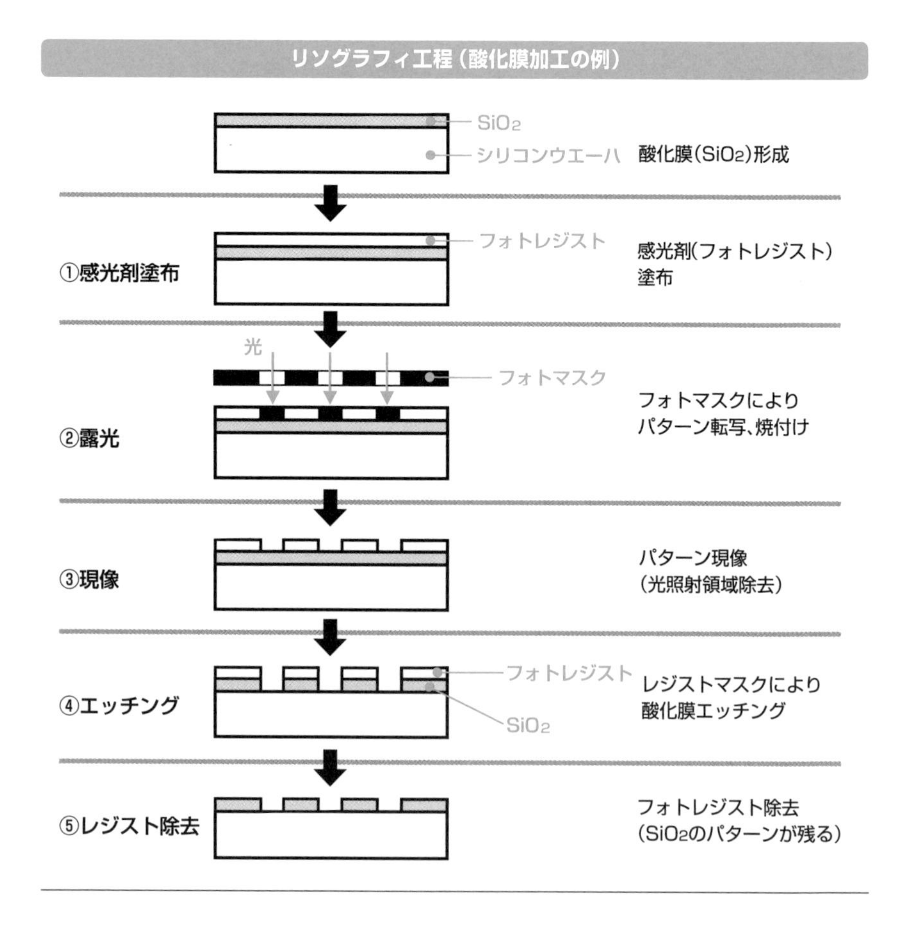

6-6

トランジスタ寸法の限界を決める露光技術とは？

マスクパターンをウエーハへ転写・焼き付けする露光技術によって、トランジスタ寸法の限界が決まってきます。そこで短波長の光源使用はもちろんのこと、ウエーハ全面への一括露光から、数チップずつ分けて繰り返し露光する方式の「ステッパー」が採用されました。さらに微細化が進む65nm世代以降では、液浸露光装置、ダブルパターニング、そしてEUV露光装置の採用が始まっています。

ステッパー（縮小投影型露光装置）

ステッパーとは、LSI製造のための縮小投影型露光装置のことです。従来の露光装置が、ウエーハ全面とフォトマスクが1対1に対応したパターン（フォトマスクには賽の目上にパターンが配置されている）をウエーハ全面に一回の露光で焼き付けるのに対して、ステッパーはウエーハ全面に、フォトマスク原画を縮小投影しながら1区画ずつ繰り返し露光して焼き付けます。この方式をステップ&リピート機構と呼んでいて、ステッパーの語源になっています。

たとえばチップ原寸の4倍のパターンを描画したフォトマスク「レチクル」を使用した場合には、ステッパーによってレチクル上の寸法100nmは、レンズ縮小率1／4倍を用いているので、ウエーハ上には25nmパターンとして焼き付けることができます。そして、レチクルの1区画（例えば4チップ）ずつステージが移動を繰り返し（リピート）露光することになります。

ステッパーが採用されたのは、ウエーハ・パターンより原画としての精度が一段と要求されるフォトマスク・パターンの描画・作成工程に余裕ができることが大きな理由です。また、一括露光方式をとらずに数チップ分ずつ分けてのステップ&リピート方式は、1回の露光エリアが小さいので周辺部まで精密に露光でき、レンズ系を含む露光装置としての性能が上がるからです。

なお現在は、従来からのステッパー(アライナー)を改良し、レチクルとウエーハの動きを連動させたステッパー（スキャナー）が主流になっています。

露光装置の光源は、より短波長に

露光装置の解像度は、使用する光源波長とレンズ開口数*に依存しています。光源波長は、短波長ほど解像度が上がることになります。

現在の最先端LSI量産は、プロセスルールで規定する回路線幅で20nm～7nmに移行し、さらに一段と微細化が進んでいます。露光装置光源としては、従来の可視光線g線（波長436nm）、紫外線i線（波長365nm）から、より短波長のKrF（波長248nm）、ArF（波長193nm）のエキシマレーザーを用いています。

さらに既存の露光装置での解像度をあげるために、疑似的に短波長化したのと同様な効果をもつArF液浸露光装置が用いられています。

ステッパーの仕組み

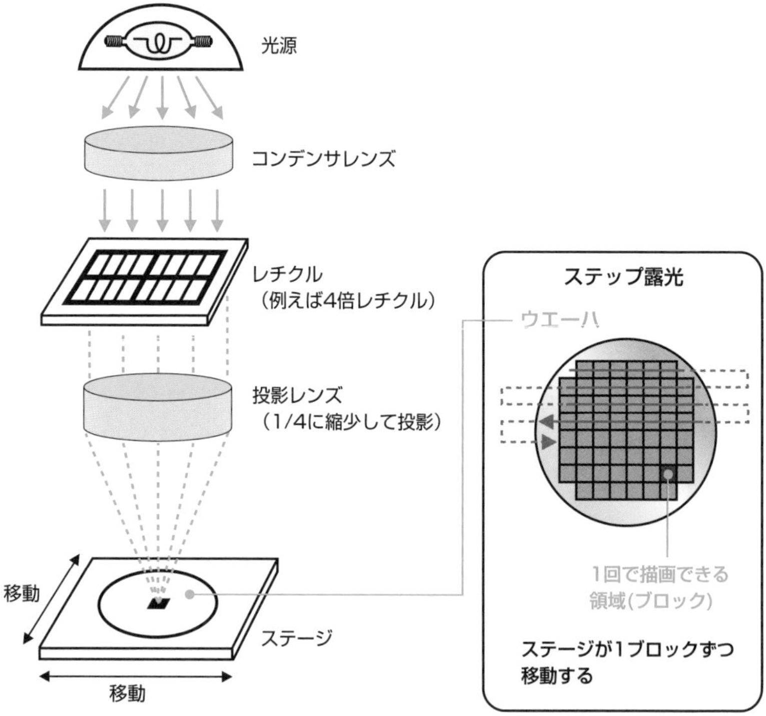

* **レンズ開口数**　レンズ開口数（NA：Numerical Aperture）は、レンズの明るさを示す数値。NAが大きいレンズほど高解像度になる。

露光装置光源の波長

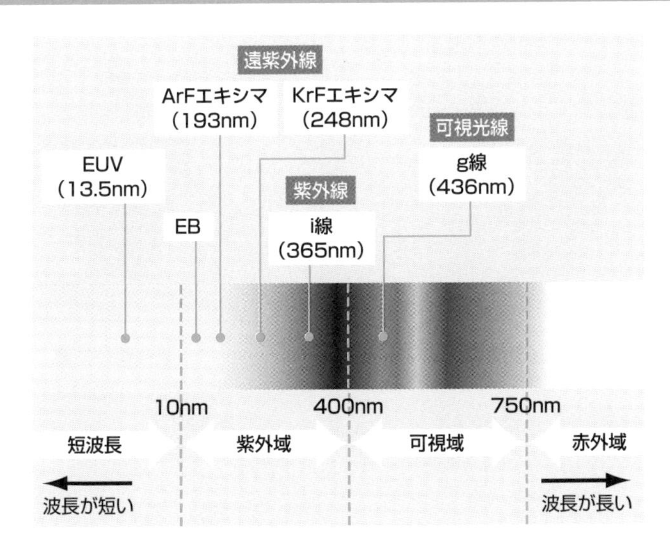

ArF液浸露光装置

従来の露光装置が投影レンズとウエーハの間が空気であったのに対して、**液浸露光装置**は、その間に液体を満たして高解像を実現する露光装置です。レンズからの光が、ウエーハまで通過する媒体を、空気から屈折率の高い水などに代えることで、投影レンズの開口数NAを大きくし解像度を上げています。

現在実用化されている液浸露光装置は、ArFエキシマレーザを光源とし、レンズとウエーハ間の液浸用液体を純水で満たしたArF液浸露光装置です。半導体露光装置のレンズとシリコンウエーハとの間が、空気（n=1.00）よりも屈折率の高い純水（n=1.44）で満たされ、液体自体をレンズのように使用しています。このことによって、ウエーハへの入射角を小さくでき、その結果、焦点深度（パターンが形成できる焦点範囲）が1.4倍程度に拡大して、従来装置の微細化限界を超えた高精度なリソグラフィを達成しているのです。

ArF液浸露光装置の開発は、従来のArF露光装置の微細化限界であったプロセスルール65nm世代の露光技術を延命し、次世代の40nm程度まで延命させることを可能にしたのです。

液浸露光装置の概念

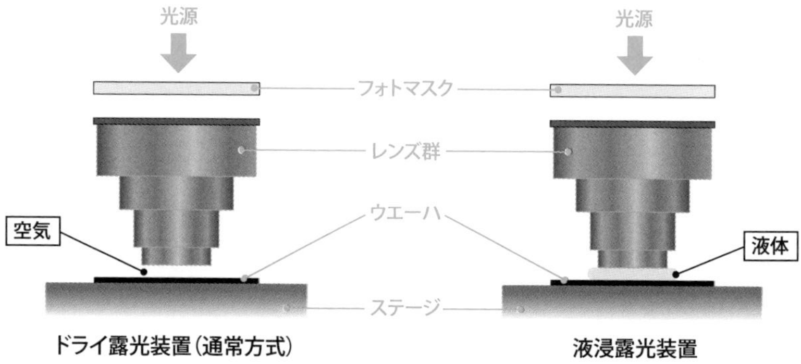

ドライ露光装置（通常方式）　液浸露光装置

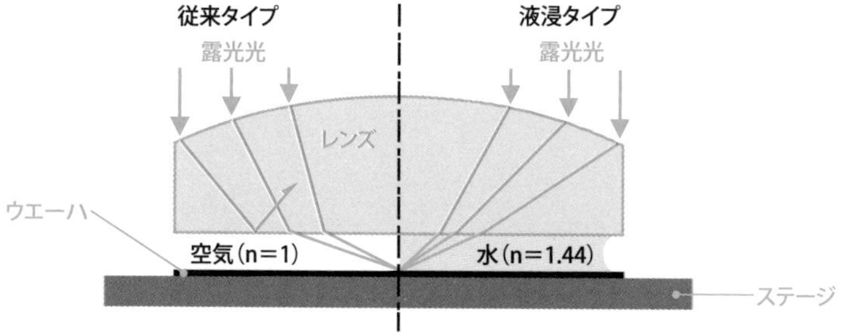

ドライ露光装置と液浸露光装置の露光光の違い

露光技術の延命　超解像技術とは？

超解像技術は、現在使用している露光装置、フォトマスク、露光方式などを工夫して、ArF露光装置のArFエキシマレーザー波長（193nm）より、さらに短波長の解像を実現する技術です。その一つが、ArF液浸露光装置だったのです。

先ずは、プロセスルール38nmまでの延命が、

①ArF液浸露光装置

②ダブルパターニング（二重露光）

③OPC補正マスク

によってなされました。

そして現在、成膜・エッチング技術での

④ダブルパターニング（SADP）

によってプロセスルール5nmまでに解像度をあげることが実現されています。

超解像技術②ダブルパターニング（二重露光）

ダブルパターニングは、現行の露光装置をそのまま使用しながらも、微細化の解像限界を延命できる露光技術、マルチパターニング（多重露光）の一つです。

本方法は、フォトマスクパターンを微細化が緩和するような方向で２枚のフォトマスクに分割して、２回の露光によるパターンを互いに重ね合わせることによって、従来に比較して２倍の微細精度を実現します。

しかし、２回の露光・成膜・エッチングなどが必要になり、スループット低下やコストアップを招きます。さらに、最終的な重ね合わせ精度が２回の露光精度を足し合わせたものとなるので、その精度は２～3nmが必要とされます。

したがって本方法は、ダブルパターニング（二重露光）までが限界で、これをさらに２回、３回と繰り返す本当の意味のマルチパターニング（多重露光）は、ArF液浸露光装置を使用する限り難しいということになります。

ダブルパターニング（二重露光）は、その製造工程からLELE（Litho-Etchinng-Litho-Etchinn）法、あるいはピッチスプリット法とも呼ばれています。

ダブルパターニング分割方式

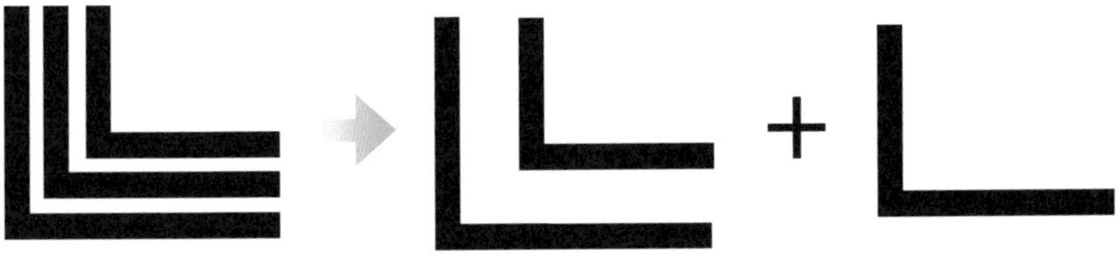

(a) パターンのピッチ分割

(b) パターンのX-Y分割

超解像技術③OPC補正マスク

フォトマスクに描画されているマスク形状の微細化が進むと、近接効果*によって、設計パターンから転写パターンへの形状忠実度が下がってしまいます。

これを防ぐために、設計パターンに対して適切な補正を加えたフォトマスクが下図のような、OPC(Optical Proximity Correction)補正マスクです。設計データをOPC補正を使用せずにレジストに転写すると、転写パターンはコーナー部分や隣り合った箇所で、ショートやオープンが生じてしまいます。そこで、ショートが予測される箇所は間隔が広くなるように、また細ることが予測される箇所はそれを防ぐように、所望箇所に小さな矩形を足したり引いたりしています。このことによって、転写パターンは設計パターンに忠実な形状にすることができます。

OPC補正は、光学原理に基づいたパターン形状誤差の補正量をシミュレーションすることや、製造工程でのプロセス・フィードバックからの実測データをもとに、その補正値を設計マスクパターンに加工します。また、補正後の膨大になるフォトマスクデータ量を圧縮して、電子ビームマスク描画時間をいかに高速・短時間にするかなどのソフトウエア処理も必要になります。

OPC補正マスク

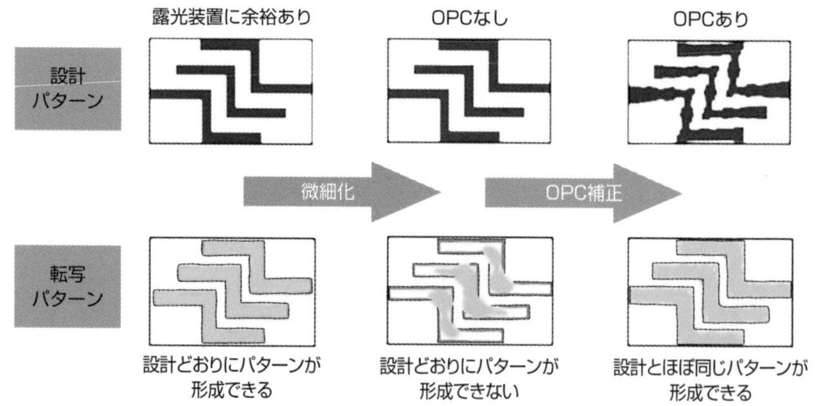

出所:東芝レビューVol.67 No.4(2012)

*近接効果　露光時に複数パターンの近接によってパターン形状が変化してしまう現象。

超解像技術④ダブルパターニング（SADP）

SADP（Self- Aligned Double Patterning）は、すでに露光装置で形成してあるテンプレート（芯材構造）を基に、Self-Aligned＊によってサイドウオール（側壁）を形成し、そのサイドウオールを利用して構造密度を2倍にする（パターンピッチを1/2にする）技術です。このことから、SADPはサイドウオールスペーサ法とも呼ばれています。そのプロセスは以下のようになります。

①初期構造のテンプレートは加工膜上に作成されている。②薄膜の堆積。③異方性エッチングで、テンプレート側壁にサイドウオール膜を形成。④テンプレートを除去し、サイドウオール膜を残す。⑤サイドウオール膜をマスクに、加工膜へのエッチング。⑥サイドウオール膜除去で1/2ピッチになった加工膜が残る。

従来の超解像技術を利用しての解像限界は38nmでしたが、SADPで20nm、SADPを2回繰り返してのSAQP＊で10nm、3回繰り返してのSAOP＊で5nmが可能となりました。

ただし、ダブルパターニング（SADP）は、ダブルパターニング（二重露光）に比較して工程は複雑になり、プロセス負荷は非常に大きくなります。

ダブルパターニング（SADP）

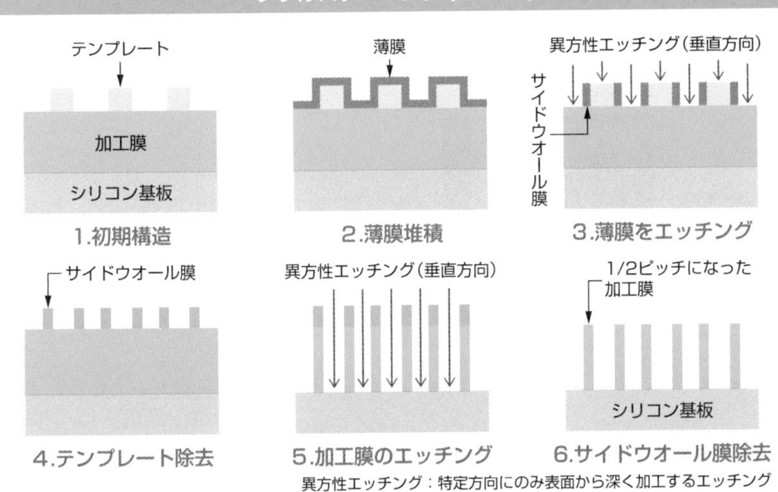

異方性エッチング：特定方向にのみ表面から深く加工するエッチング

＊ **Self-Aligned**　自己整合型位置合わせ（作成済のパターンをマスクとして利用し、マスク位置合わせ無しに次の形状を作成する手法）。

＊ **SAQP**　Self-Aligned Quadruple Patterning。

＊ **SAOP**　Self-Aligned octuplet Patterning。

EUV露光装置

現在、ArF液浸露光（波長193nm）と超解像技術によって、微細加工7nm程度までのLSIは製造されています。しかし、そのプロセスは非常に複雑化し、EUV露光装置（波長13.5nm）の本格稼働が待ち望まれていました。

しかしその実現には、①EUV光は直進性が強くガラスレンズを使用する透過光学系では集光が出来ないため超高精度多層膜ミラーの反射光学系が必要。②EUV装置には、真空槽内での高い真空度と水分の除去が必要（EUV光は酸素分子に吸収される）。③スループットを決める高出力の光源開発。④超低欠陥反射マスク開発。などの解決せねばならない問題が山積されて困難を極めていました。

最近、上記の問題も解決し、7nmプロセスから稼働が始まり5nm、3nmプロセスへの展開が始まっています。従来手法と比較すると、描画忠実度も上がり、工程数は1/3～1/5にまで削減され、コスト計算についても有利になると言われています。

今後の微細化ロードマップにおいて、EUV露光装置(改良型）でのプロセスルールは、一重（シングル露光）で3nm、二重露光で2nm、三重露光で1nmのCMOS実現も見えてきました（ダブルパターニングSADPは使いません）。

ArF液浸露光 vs EUV露光

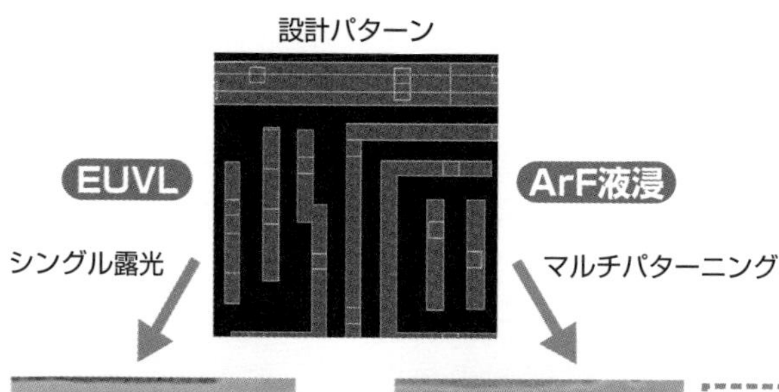

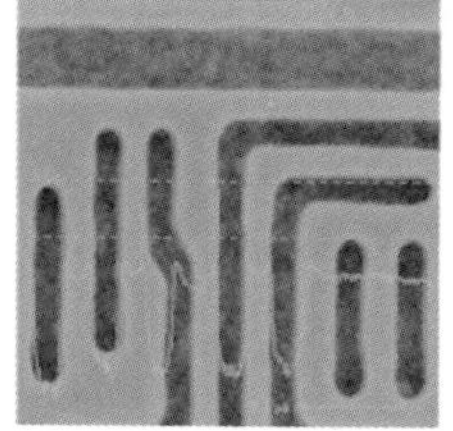
設計パターンに近い

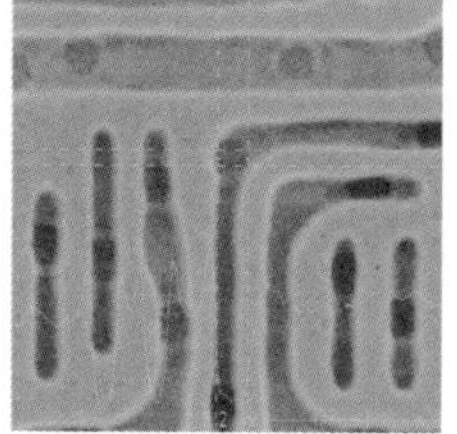
設計パターン崩れる

ArF液浸露光＋マルチパターニングは、EUVL（シングル露光）より、設計パターンに対する忠実度が劣化している

出所：Samsung Electronics「Symposium on VLSI Circuits」(2018.6)

6-7

3次元微細加工のエッチングとは?

エッチングは、薬品やイオンの化学反応（腐食作用）を使って、形成した薄膜を形状加工する工程です。エッチング方法には、コストが安くて生産性が高いウェットエッチングと、コストはやや高いけれども微細加工が可能なドライエッチングの２種類があります。

2種類のエッチング方法

露光工程を経たシリコンウエーハは、パターン現像で不要なレジスト（たとえば光照射領域）を除去します。そして、このフォトレジストをレジストマスクとしてウエーハ上の不要な酸化膜（たとえばSiO_2）を取り除いたあと、不要なフォトレジストを除去して所望の酸化膜形状を得る工程がエッチングです。エッチング方法にはウェット式とドライ式の２つの方法があります。

●ウエットエッチング

ウエットエッチングは、薬液で酸化膜やシリコンの腐食を行っていく方法です。使用する薬液も比較的に廉価で、一度に数十枚の同時処理*が可能など、生産性が高くコストを抑えることができます。

使用エッチング液はエッチングしたい薄膜で変わります。たとえば、酸化膜

エッチングによる形状加工

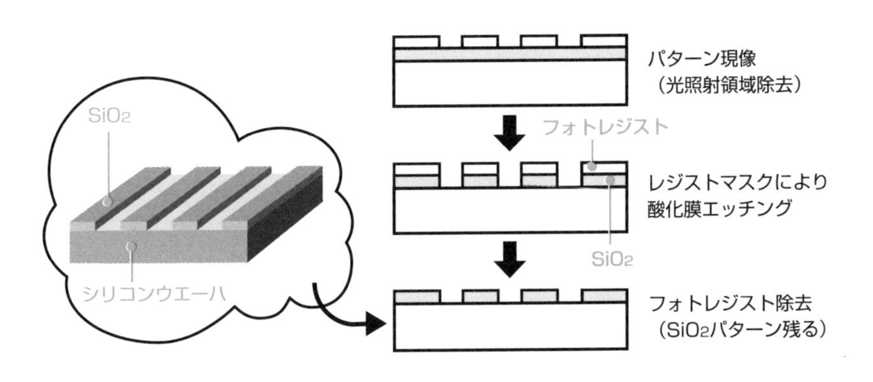

*同時処理　バッチ処理（バッチ式）という。逆に１枚ずつ処理する方法は枚葉式という。

(SiO_2) をエッチングするときはフッ酸 (HF) やフッ化アンモニウム (NH_4F) を、シリコン (Si) をエッチングするときには、フッ酸と硝酸を混合したものなどを使います。また膜 (Si_3N_4) をエッチングするときには熱リン酸を使います。

ウェットエッチングは、腐食が等方性（どの方向にも同じだけ腐食が進行する）なので、マスク下の横方向にもエッチングが進行し、エッチングの厚さ方向は外周から細ってしまいます。したがって微細パターンの加工には向いていません。

ウエットエッチングの概念

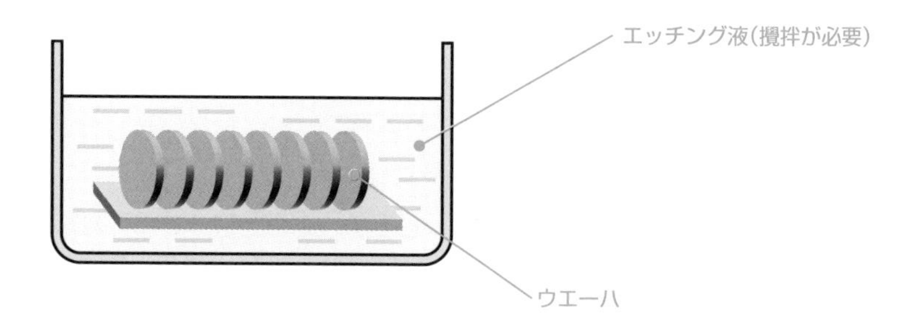

ウエットエッチングは微細化に不向き

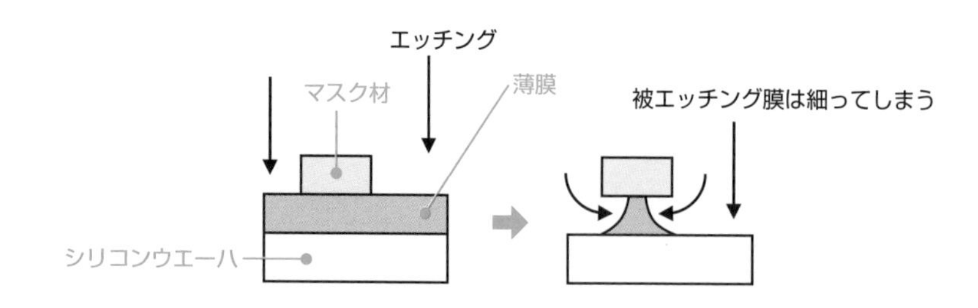

●ドライエッチング

ドライエッチングは、液体の薬品を使わずに腐食を行います。代表例には、イオンをぶつけてレジストにマスクされていない部分を削り取る**反応性イオンエッチング***があります。反応性イオンエッチングは、チャンバー内部に近接して対向電極を置き、一方の電極上にウエーハを設置し、プラズマ発生で生成したイオンを被エッチング材料に吸着させて表面化学反応させ、その生成物を排気除去してエッチングを進行させます。

ドライエッチングは、微細パターンが可能で加工精度の良いエッチングができるため、現在のLSI製造のほとんどがこのドライエッチングになっています。

ドライエッチング（RIE）

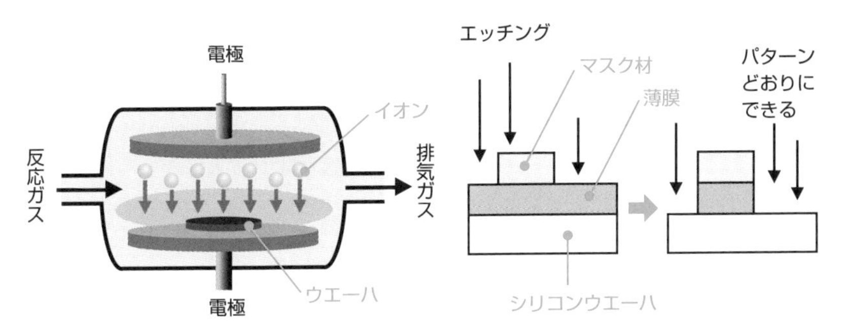

参考：「半導体のできるまで―前工程／後工程」（一般社団法人　日本半導体製造装置協会）

微細化に対応する新鋭エッチング装置

マイクロ波ECRプラズマ装置は、真空装置内の磁場とマイクロ波（2.45GHz）の電子サイクロトロン（ECR：Electron　Cyclotron　Resonance）共鳴現象を利用します。ICP（Inductive　Coupling　Plasma）エッチング装置は、高周波コイルによる誘導結合型プラズマにより、高密度プラズマ状態をつくりだします。

これらの新鋭エッチング装置は、最先端リソグラフィに対応し、形成したレジストパターンにしたがって、忠実に微細加工や均一性などを再現し、また300mmウエーハなどにも対応したスループット要求に応えています。

---

* **反応性イオンエッチング**　RIE：Reactive Ion Etching。

6-8 不純物拡散工程とは？

不純物を半導体中（シリコンウエーハ）に添加する工程と、添加した不純物を半導体中に広く分布させる拡散工程とをあわせて不純物拡散工程といいます。ボロンやリンなどをウエーハ全面、あるいは表面の一部に添加してＰ型やＮ型半導体領域を形成します。

シリコンにＰ型やＮ型半導体領域をつくる

不純物拡散工程は、半導体（シリコンウエーハ）の全面、あるいはマスク（レジストやSiO_2）を通して表面の一部領域にボロン、リンなどの不純物を添加（堆積）し、そのあとに不純物を熱拡散により所望の深さまで再分布させてＰ型やＮ型半導体領域をつくる工程です。ただし、不純物添加・拡散工程が同時に進行する場合もあります。

不純物拡散には、**熱拡散法**と**イオン注入法**がありますが、プロセスの微細化、ウエーハの大口径化にともなって、不純物添加工程はイオン注入法が多く用いられるようになり、熱拡散法は添加不純物が所望の深さを得るための**熱処理**（アニール）工程に限定されつつあります。

●熱拡散法

熱拡散法は、拡散炉内で高温加熱されたウエーハに不純物ガスを堆積させ、同時にウエーハ中に不純物を広くいきわたるように拡散する方式です。石英ボート（ウエーハ立て）にウエーハを載せて、ヒーターによって高温加熱された拡散炉（石英）内に徐々に入れます。炉心内の温度は、おおよそ800～1,000℃の範囲で均一に保たれています。不純物濃度や深さの制御は、不純物の種類やガス流量、そして拡散時間によって行われます。

熱拡散法には封管拡散法と開管拡散法があります。

封管拡散法はシリコンウエーハと不純物ソースを拡散炉内に封じ込めて加熱し、不純物ソース（固形）を気化させウエーハ表面に堆積させます。この方法は、深い拡散層を得るのに適しています。

不純物添加・拡散工程

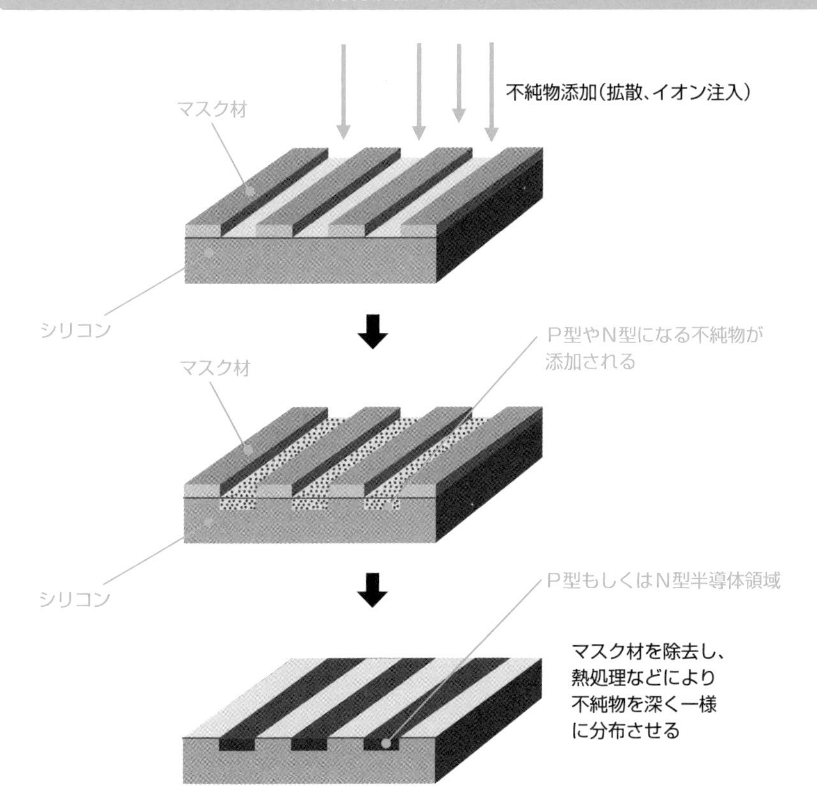

熱拡散法（開管拡散法）の例

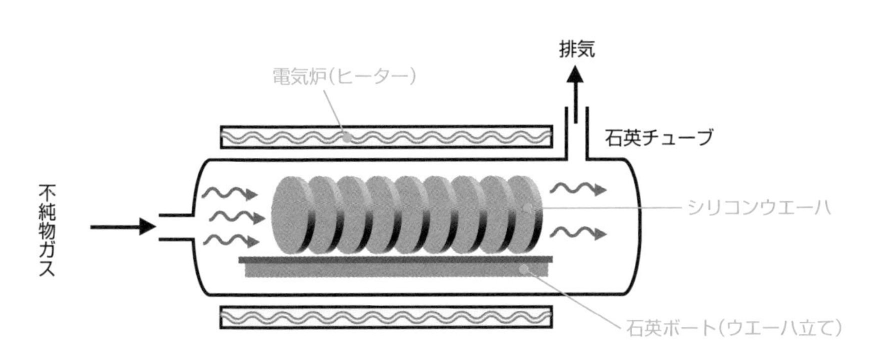

開管拡散法では拡散炉にウエーハを入れ、不純物ガスを窒素ガスと共に流して、ウエーハ表面に不純物を堆積させます。

●イオン注入法（イオン・インプランテーション）

イオン注入法は、現在最も広く用いられている不純物拡散法です。不純物濃度や深さ方向のコントロールを正確に行う必要がある微細化構造のLSI製造には、必須な装置です。またフォトレジストをマスク（レジストマスク）として使用できるなどの利点もあります。

イオン注入は、イオン注入装置を用いて、リン、ヒ素、ボロンなどの不純物ガスを真空中でイオン化し、これを高電界で加速してウエーハ表面に打ち込んで注入します。打ち込まれる不純物の深さは加速電圧（打ち込みエネルギー）によって決まり、不純物濃度はイオンビーム電流で決まります。イオン注入はあまり深いところまではできませんので、深さを得るには注入後に**熱処理**（アニール）工程が必要となります。またイオン注入直後の半導体中の結晶構造は乱されていますので、この意味からも若干の熱処理が必要です。

イオン注入装置の概念

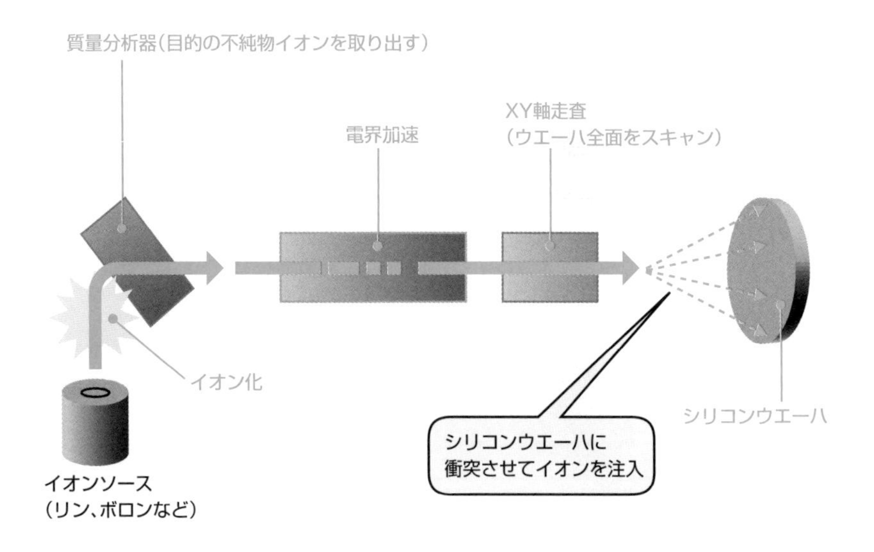

6-9

半導体素子を接続する金属配線

半導体プロセスでの金属配線工程は、ウエーハでの半導体素子が完成した後に、半導体素子間を金属材料で接続し、所望の配線パターンを作成します。微細化構造に向けての、配線遅延解決が大きな問題となっています。

最先端LSIの金属多層配線は12層～13層

汎用的なLSIでの配線層（金属、ポリシリコン）は、3～5層が一般的です。最先端LSIでは、素子/回路接続の金属配線長をできるだけ短くし、電子機器の高速処理に応える必要があります。そこで、**多層配線構造**による金属多層配線は12層～13層まで増加させてトータルな配線長を短くし、配線遅延を最小化しています。

配線材料をアルミから銅へ代え配線遅延を減少

配線の理想は、素子間、機能ブロック間の電気信号に遅れが生じないことです。というのは、金属配線による電気信号遅延が発生すると微細化によって素子（トランジスタ）性能が上がっても、LSIとしての処理速度は**配線遅延**による悪影響が生じます。実は、微細化以前のプロセスルール0.2 μm付近で、配線遅延のほうが素子遅延よりも多くなっています。

そこで最先端LSIの多層配線ではアルミ配線からより低抵抗の**銅配線**に代えています。銅配線形成には一般的な成膜技術は使えないので、絶縁膜表面の溝に金属を電解メッキなどによって埋め込んで、溝以外の金属は**CMP**（化学的機械研磨）で除去して、溝部のみにビアを形成し、その上に新たに平坦な配線層を成膜して形成する、**ダマシン配線**という技術を用いています。また、さらなる金属配線の微細化配線材料としては、一部の配線層にコバルト（Co）も使用されています。

低誘電率材料を用いて配線間容量の減少

配線遅延の原因には、配線抵抗の他に配線間容量があります。配線間を構成する層間絶縁膜の電気容量（コンデンサ）が、配線間に相互干渉を生じて、遅延を発生させるからです。したがって、この相互干渉を減少させるために、層間絶縁膜として、

＊**ビア**　VIA。多層配線で、上層と下層との配線を電気的につなぐ接続領域。

低誘電率（low－k）材料が採用されています。

多層配線構造では平坦化CMP技術が必須

多層配線層数が多くなればなるほど、配線金属工程での凸凹は大きくなります。この凸凹段差は、接続配線の抵抗値を上げ、また断線や短絡の原因になることもあります。さらに、フォトリソグラフィでの露光条件におけるピントボケを防ぐためにも、シリコウエーハ表面の平坦化が必要です。

多層金属配線の平坦化には、CMP技術が用いられています。CMPとは、研磨剤（スラリー）の入った化学薬品（chemical）と砥石などの研磨パッド（mechanical）を用いて、シリコンウエーハ表面を磨き（polishing）、ウエーハを平坦化する技術です。このCMP技術は、多層銅配線工程が支配的なプロセスになっている最先端のLSI製造において、重要な意味合いをもっています。

多層配線断面構造

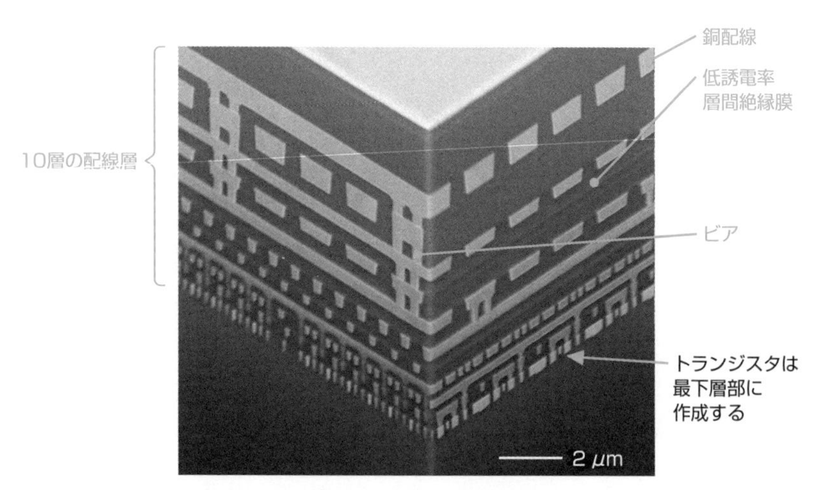

写真提供：富士通セミコンダクター株式会社

6-10

CMOSインバータの製造プロセスを理解しよう

本節では、説明ができるだけ簡易に、そして理解がしやすいように仮想的なプロセス構造とパターン・レイアウトによって、CMOSインバータ（N基板、Pウエル、ポリシリコン1層、メタル1層）の製造プロセスを追ってみましょう。

仮想CMOSインバータの断面図とパターン・レイアウト

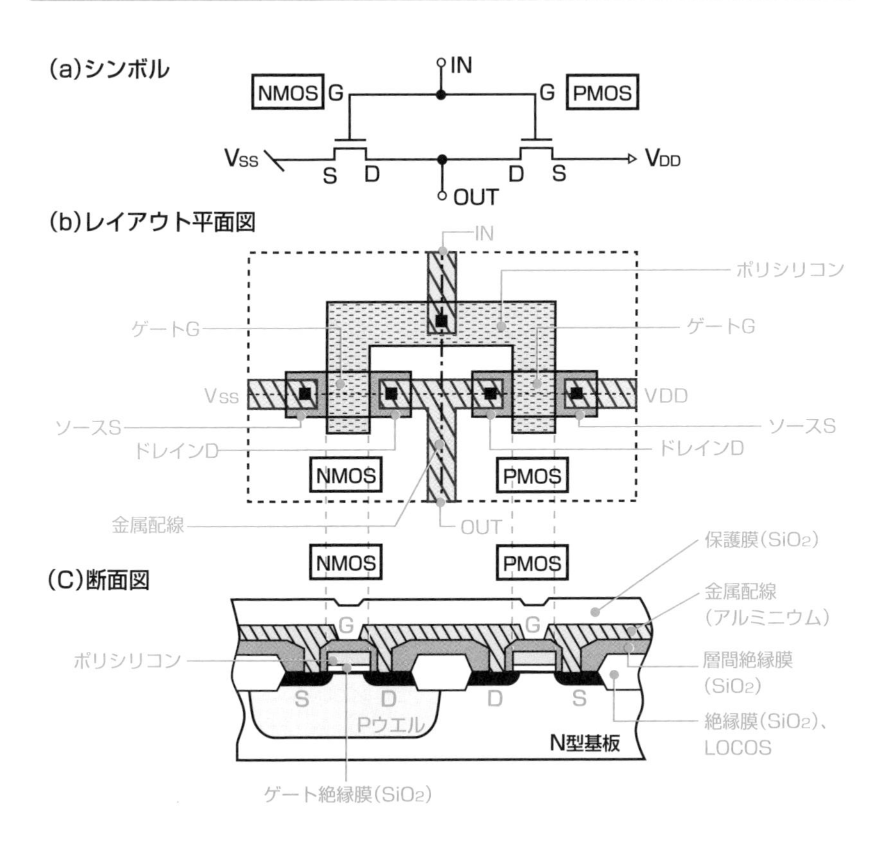

サンプルCMOSのフォトマスク

現在の0.1 μmルールCMOS構造での使用フォトマスクは、DRAM混載なども含めると20～30枚にもおよびますが、ここで使用するフォトマスクは全部で8枚です。マスク名と、マスクの役割を簡単に説明します。

略称	名称	役割
PW	P-type Well Pウエル	CMOS構造では本来、半導体基板はP型とN型の2種類が必要です。そこで通常は、シリコン基板中の特定領域に違う型の半導体領域（ウエル）をつくります。ここでは、N型基板にPウエルを作成し、このPウエルにP型基板の役目をさせます。
AR	Active Region	MOSトランジスタとして動作する領域、すなわち活性領域です。NMOSのNDマスク領域とPMOSのPDマスク領域をOR演算したものになります。AR領域以外は厚いフィールド酸化膜（LOCOS）を形成します 。
POLY	Poly-Silicon ポリシリコン	多結晶状態のシリコンで、イオン注入によって電気抵抗を下げて配線材料とすると同時に、MOSトランジスタのゲート電極に使います。またPOLYの直下は、POLY自身がマスクとなって不純物は入らず、MOSトランジスタのチャネル領域となります。
PD	P-type Diffusion	PMOSトランジスタのための拡散領域です。
ND	N-type Diffusion	NMOSトランジスタのための拡散領域です。
CH	Contact Hole コンタクト・ホール	絶縁膜(酸化膜)に穴をあけて、金属配線と拡散領域（P型、N型のドレイン、ソースなど）や、金属配線とポリシリコン配線を電気的に接続します。
METAL	Metal	半導体素子間や電源との接続をする金属配線です。
PV	Passivation パッシベーション	半導体素子を汚染や湿度から保護するための膜。ボンディング・パッド以外のすべてがカバーされます。

実際のフォトマスクの使用枚数と値段

半導体製造には、一般的にフォトマスクを20～30枚（最先端LSIでは30～50枚）使用します。2003年当時のフォトマスク値段は、0.25 μルールで1枚60～120万円、0.18 μルールで1枚90～260万円、0.13 μルールでは約800万円、そして0.09 μルール約1,200万円でした。ところが現在、最先端LSI（プロセスルール：7～10nm）でのフォトマスク（レチクル）1セットの価格は、マスク枚数は50～100枚位になり、セット価格は数億～10億円にもなります。なお、EUV露光で使用するEUVマスク価格は仕様によっても違いますが、3,000万円/枚と予想されます。

CMOSプロセスフロー

前述のフォトマスク8枚を使用してCMOSインバータの製造プロセスを、順次追ってみましょう。

1 PWフォトマスクでPウエル領域へのイオン注入

❶酸化膜（SiO_2）の生成

❷レジスト塗布（光照射領域のレジストが不溶性のネガタイプ）

❸PWマスクで露光・現像・エッチング

❹酸化膜、レジストの2層をマスクにしてイオン（P型の場合はボロン）を注入

❺レジストの除去

[1]

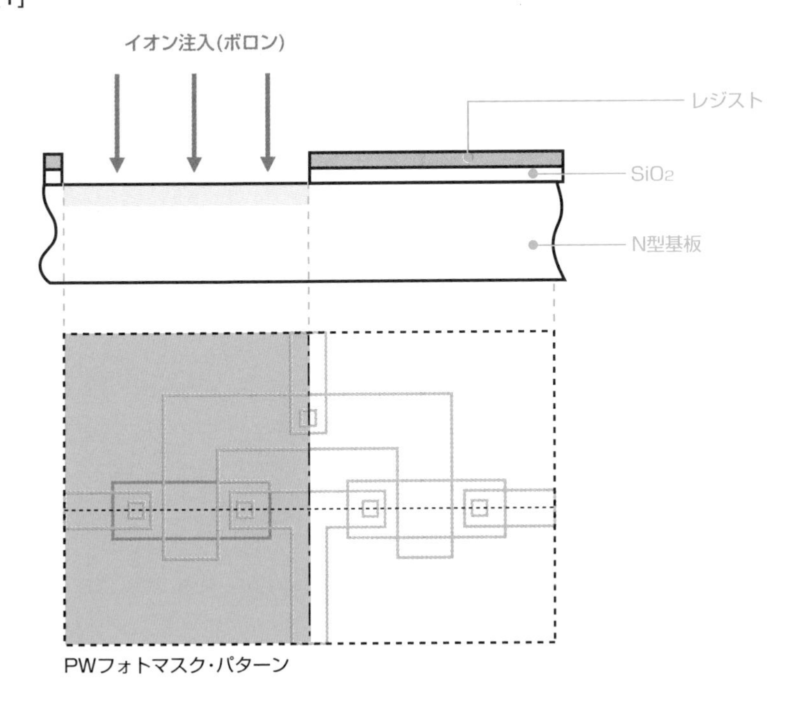

PWフォトマスク・パターン

●**フォトマスク・パターンについて**　フォトマスク・パターンの説明図で、色のついた領域が、光を遮蔽する実際のフォトマスク・パターン部分で、クロームCrなどが成膜されています。グレーの線は、完成CMOSレイアウトのイメージの参考であり、実際のフォトマスクにはありません。

2 熱処理をして、深さ方向へPウエル領域を拡げる

イオン注入したボロンを一定の深さまで熱処理にて拡散させて、Pウエルができます。この工程をドライブインと呼びます。酸化膜は残したまま熱処理します（ドライブイン時に、若干酸化膜が成長します）。

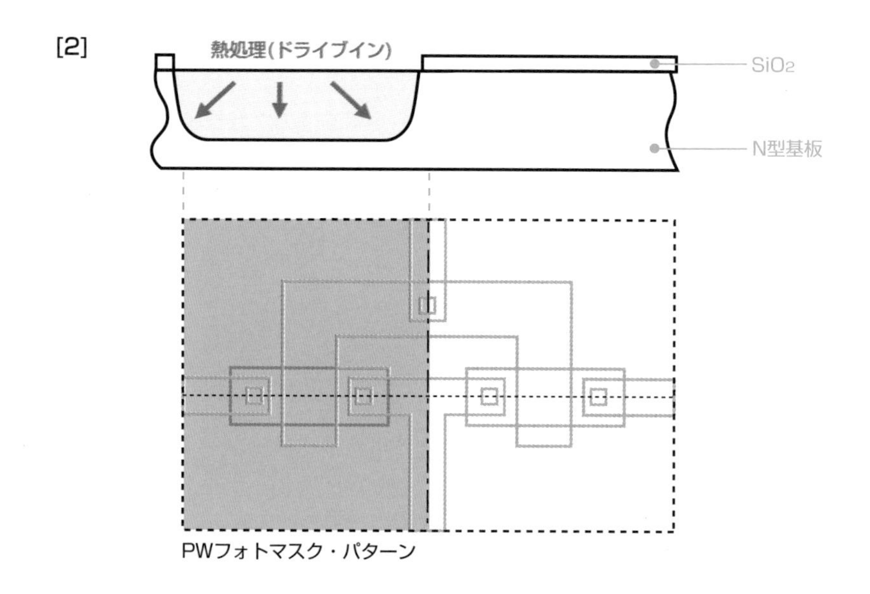

PWフォトマスク・パターン

Memo

本説明では、Pウエルで説明してありますが、現在はNMOS領域用のPウエルとPMOS領域用のNウエルの2種類を用いたツインウエル（ダブルウエル）方式が主流になっています。その理由は、PMOS、NMOSトランジスタのスレッシュホルド電圧*を一定化させるために（スレッシュホルド電圧は基板不純物濃度に左右されます）、不純物濃度が薄いシリコン基板に、イオン注入などの不純物拡散によって一定かつ安定した不純物濃度領域（ウエル）をつくるためです。この方法によって、シリコンウエーハの不純物濃度バラツキによるスレッシュホルド電圧のバラツキを改善できます。

*スレッシュホルド電圧　本文80ページの「3-4　LSIの基本素子MOSトランジスタとは？」を参照。

3 AR(Active　Region)領域の作成

MOSトランジスタ(PMOST、NMOST)として動作させないフィールド領域のためのマスキング(防止用膜)を、ARフォトマスクでつくります。

❶ ドライブイン後の酸化膜エッチング
❷ 薄い酸化膜(SiO_2)の生成
❸ 窒化膜(Si_3N_4)の生成
❹ レジスト塗布(光照射領域のレジストが可溶性のポジタイプ)
❺ ARマスクで露光・現像・エッチング

[3]

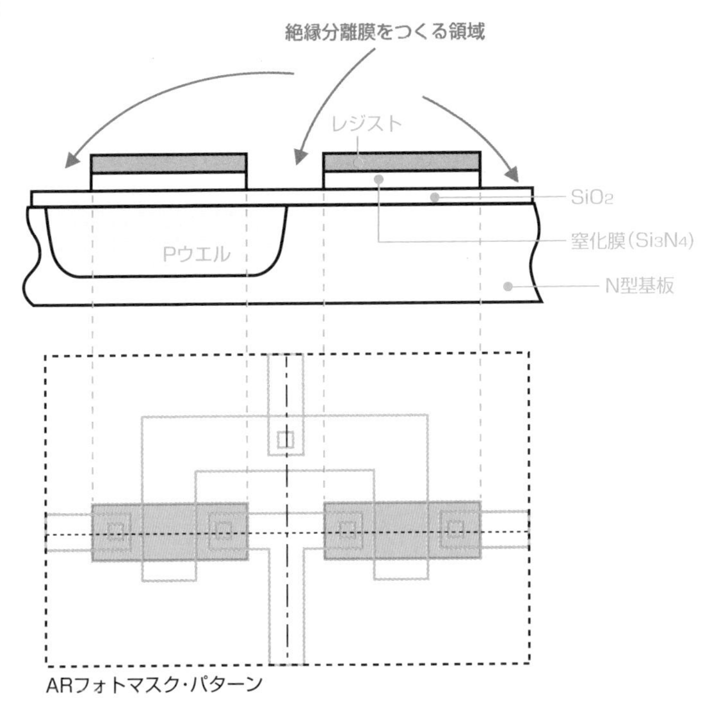

4 絶縁分離膜（LOCOS構造のSiO_2）を成膜

PMOST（Pチャネルトランジスタ）とNMOST（Nチャネルトランジスタ）の分離や、となりのMOSTとの境界などには、素子分離のための厚い酸化膜（SiO_2）を用います。窒化膜（Si_3N_4）をマスクにしてシリコンウエーハに食い込むような、**LOCOS**（Local Oxidation of Silicon）と呼ぶ選択酸化膜（窒化膜のない部分への選択的な酸化作用）構造です。これら素子分離のための酸化膜は、MOSトランジスタ構造でのゲート酸化膜に対してフィールド酸化膜と呼びます。

❶ レジストの除去
❷ 窒化膜をマスキングにしてフィールド酸化膜（LOCOS構造のSiO_2）の生成
❸ 窒化膜の除去

[4]

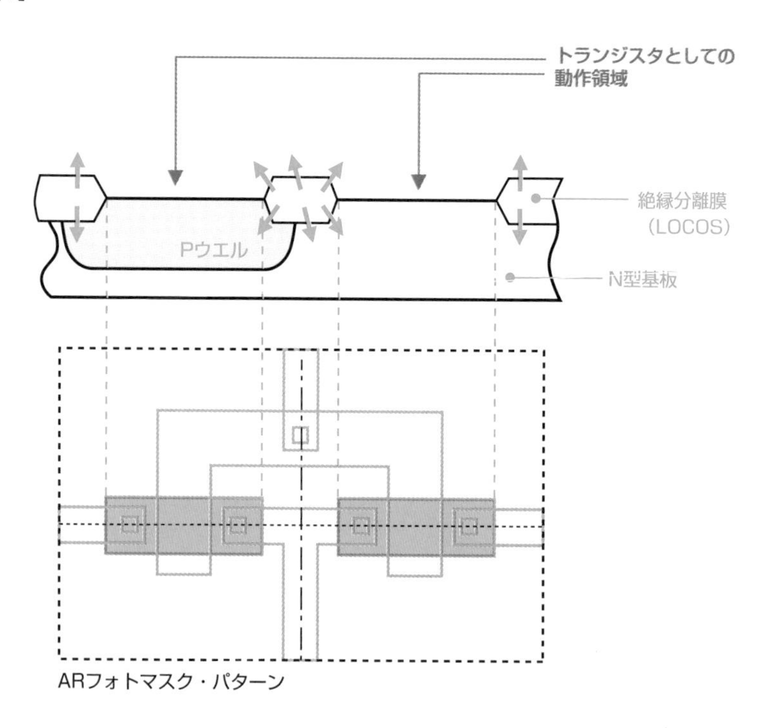

5 ポリシリコンを生成して、POLYマスクでMOSトランジスタのゲートとポリシリコン配線を作成

❶ MOSトランジスタのゲート酸化膜（SiO_2）の生成
❷ ポリシリコンの生成
❸ レジスト塗布（光照射領域のレジストが可溶性のポジタイプ）
❹ POLYフォトマスクで、露光・現像・エッチング

[5]

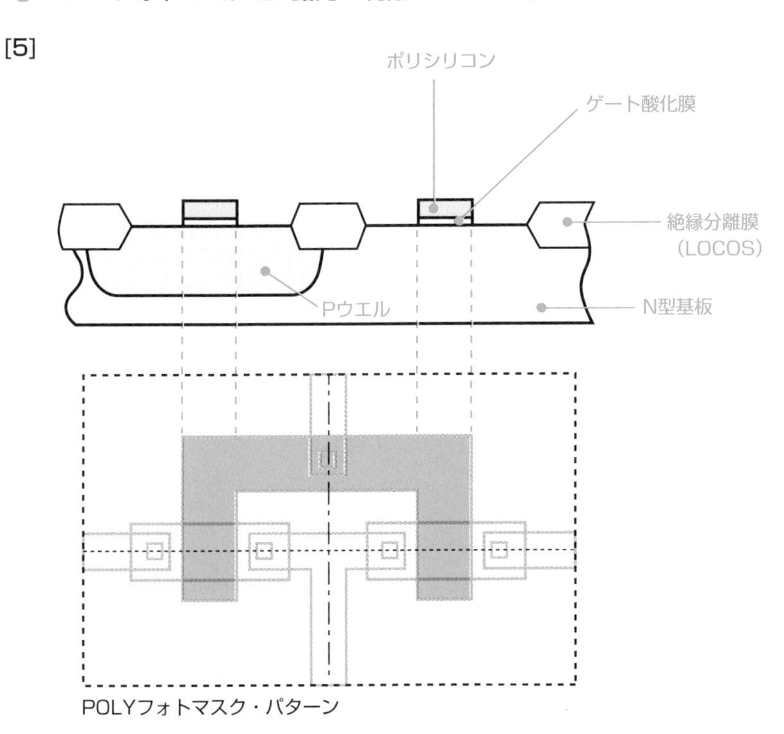

POLYフォトマスク・パターン

Memo

本説明では、説明を簡略化するためにLOCOS構造で説明してありますが、現在はシャロートレンチ分離（STI*）が主流です。STIは、窒化膜などをマスキングとして、エッチングでシリコン基板に浅い溝を形成します。そしてエッチングした部分に酸化膜（埋め込み酸化膜と呼びます）を形成し、それを絶縁分離膜として用います。STIはLOCOSに比較して、横方向へ拡がりがないなど微細化が可能です。

* **STI**　Shallow Trench Isolation。

6 PDフォトマスクでPMOS領域以外をマスキング

PMOS領域に不純物拡散（ボロン）をするための準備段階です。

❶マスキング酸化膜（ボロン拡散用）の生成
❷レジスト塗布（光照射領域のレジストが不溶性のネガタイプ）
❸PDフォトマスクで、露光・現像・エッチング

[6]

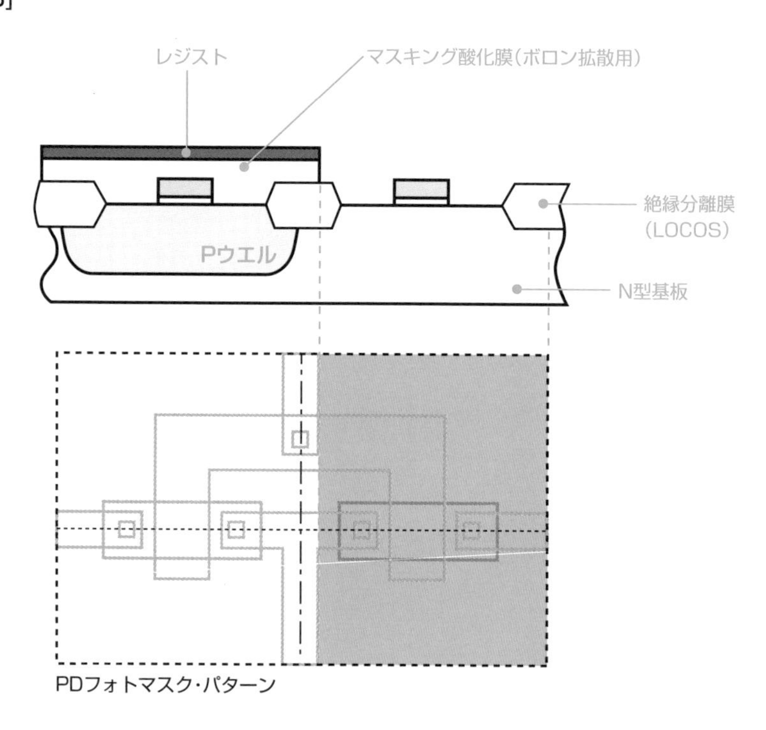

7 P型不純物（ボロン）拡散

P型不純物（ボロン）拡散して、PMOSトランジスタのドレイン、ソースとゲート（ポリシリコン）を作成します。また同時に不純物拡散によって、PMOSポリシリコン配線（ゲート領域も含む）の低抵抗化がなされます。ここで、AR領域のポリシリコン直下にはボロンは入らず、自動的にチャネルが形成され、トランジスタ構造になります。この方式によるトランジスタのゲートを、セルフアライン・ゲートと呼んでいます。

❶ 6 で生成した酸化膜マスクでP型不純物（ボロン）拡散
❷ 酸化膜マスク（ボロン拡散用）の除去

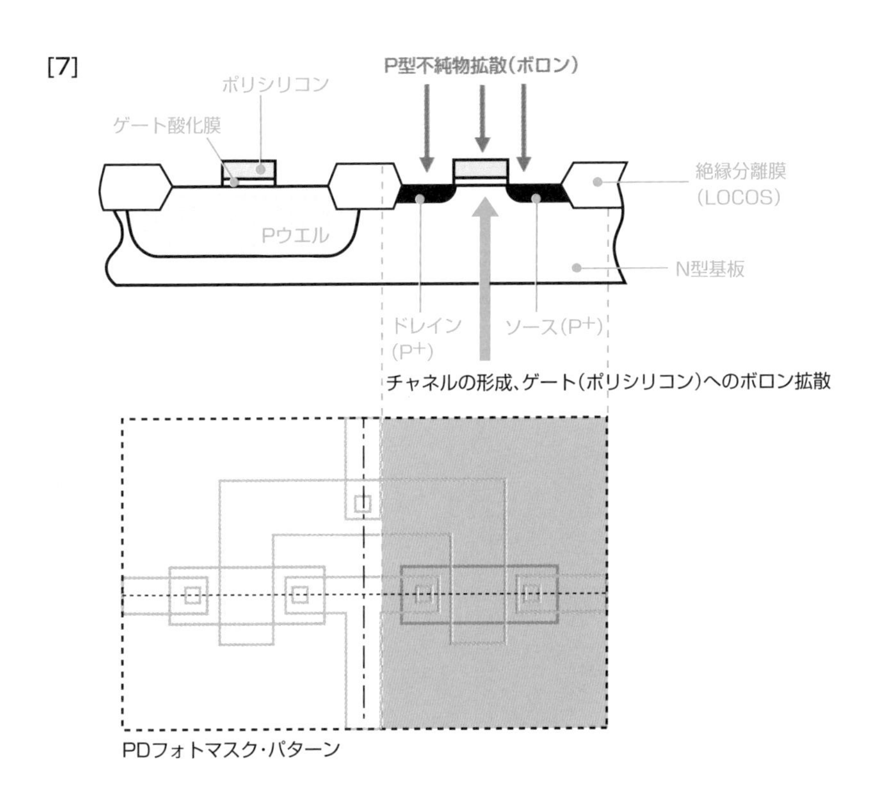

8 NDフォトマスクでNMOS領域以外をマスキング

これはNMOS領域に不純物拡散(リン)をするための準備になります。

❶ **酸化膜マスク(リン拡散用)の生成**

❷ **レジスト塗布(光照射領域のレジストが不溶性のネガタイプ)**

❸ **NDフォトマスクで、露光・現像・エッチング**

[8]

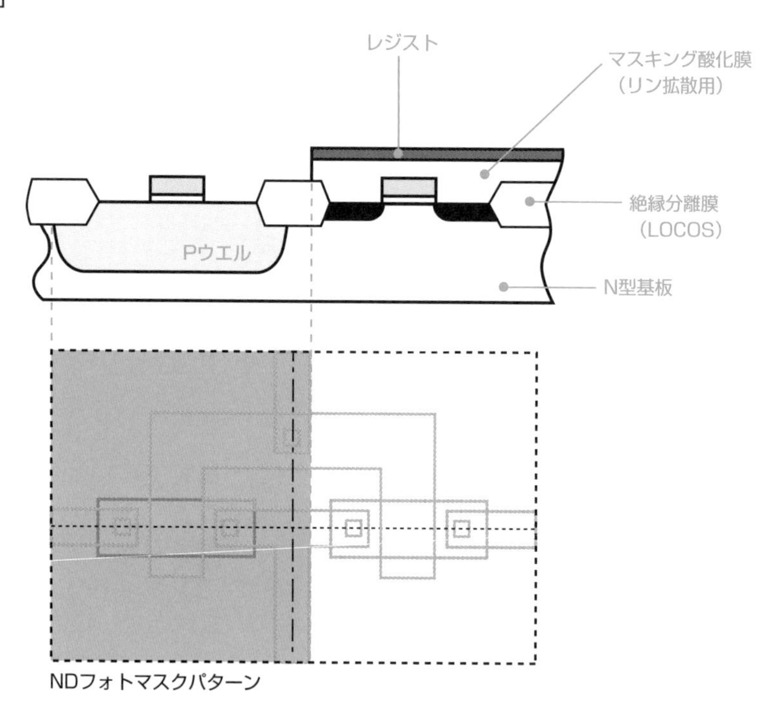

9 N型不純物（リン）の不純物拡散

NMOSトランジスタのドレイン、ソース、ゲート作成と、NMOS領域ポリシリコン配線への不純物拡散による低抵抗化をします。ここでも同様に、AR領域のポリシリコン直下にはリンは入らず、自動的にチャネルが形成され、トランジスタ構造になります。

❶ 8 で生成した酸化膜マスクでN型不純物（リン）拡散
❷ 酸化膜マスク（リン拡散用）の除去

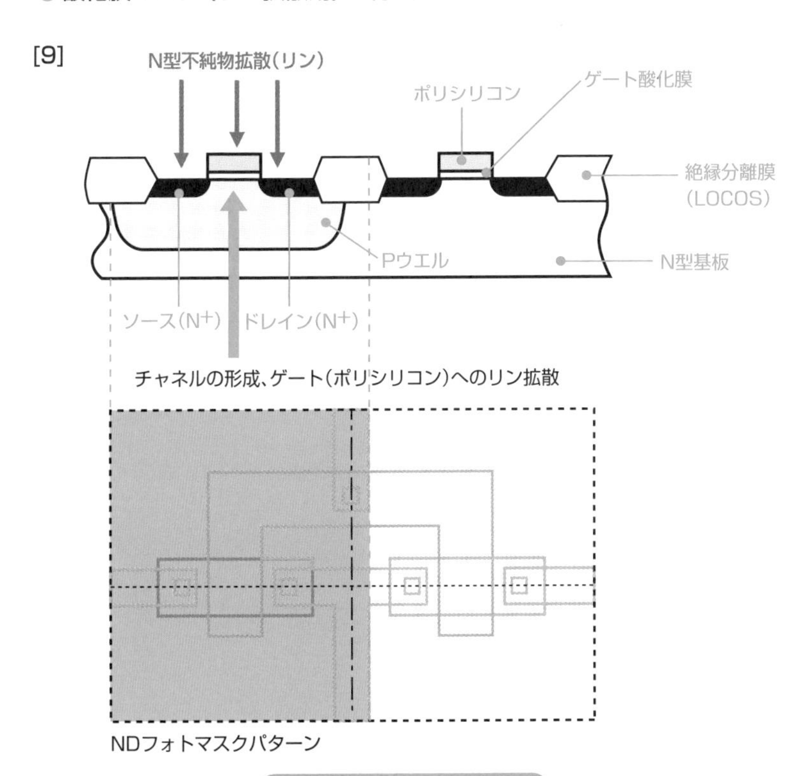

Memo

本説明では、NMOS、PMPSのドレイン、ソースの作成は、1回の不純物拡散によって説明していますが、現在の主流は、ドレイン、ソース近傍に、より薄い不純物を重ねて拡散（二重拡散）する、LDD*構造となっています。

＊**LDD**　Lightly Doped Drain。

10 層間絶縁膜を生成し、コンタクトホールをあける

層間絶縁膜を生成し、CHフォトマスクでMOSトランジスタのドレイン、ソース、ゲート電極のためのコンタクトホールをあけます。

❶ 層間絶縁膜（SiO_2）の生成
❷ レジスト塗布（光照射領域のレジストが不溶性のネガタイプ）
❸ CHフォトマスクで、露光・現像・エッチング

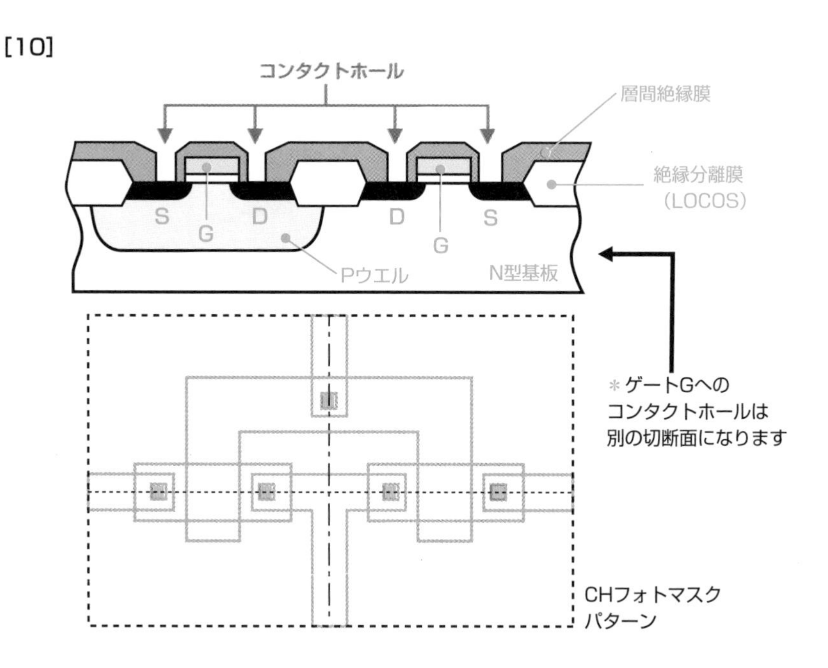

Memo

層間絶縁膜は、金属配線や基板間との間に容量を形成し、電子回路の配線遅延を引き起こします。したがって、容量を減少するために現在の酸化膜（SiO_2）より小さな誘電率の絶縁膜が開発されています。また金属配線が多層におよぶ現在では、微細化構造のために絶縁膜の平坦化が必要です。その平坦化技術が、CMP＊です。

＊ **CMP**　Chemical Mechanical Polishing。

11 METALフォトマスクで金属配線

配線金属膜（たとえばアルミニウム）を生成し、METALフォトマスクで金属配線を行います。

❶ 配線金属膜の形成（スパッタなど）
❷ レジスト塗布（光照射領域のレジストが可溶性のポジタイプ）
❸ METALフォトマスクで、露光・現像・エッチング

[11]

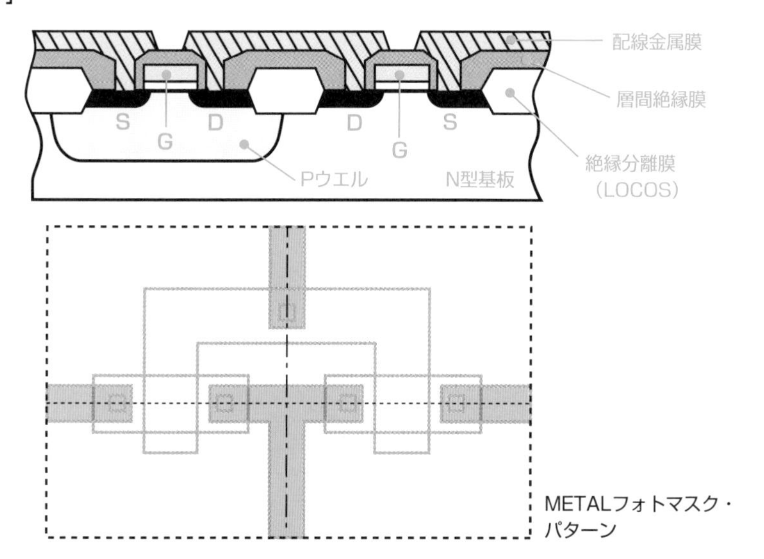

Memo

本説明では、配線層はポリシリコンと金属を合わせて2層ですが、現在の配線層は5層以上にも及んでいます。そこで、配線層同士を接続するために、絶縁膜表面に溝を掘り、その溝に金属を電界メッキなどでによって埋め込んで、溝以外の金属はCMPで除去して、溝部のみに接続配線（ヴィア）を形成し、その上に新たに平坦な配線層を成膜して形成するダマシン配線の採用が進んでいます。これにあわせて、アルミからより低抵抗の銅配線になりつつあります。

12 保護膜の生成

半導体素子を汚染や湿度から保護するための保護膜を生成します。ボンディング・パッド（外部へ電極を取り出すための接続用パッド）以外のすべてがカバーされます。

❶保護膜（酸化膜や窒化膜）の生成

❷レジスト塗布（光照射領域のレジストが可溶性のポジタイプ）

❸PVフォトマスクで、露光・現像・エッチング

[12]

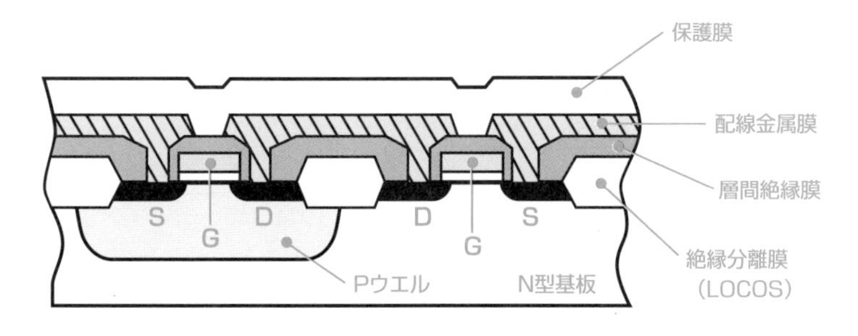

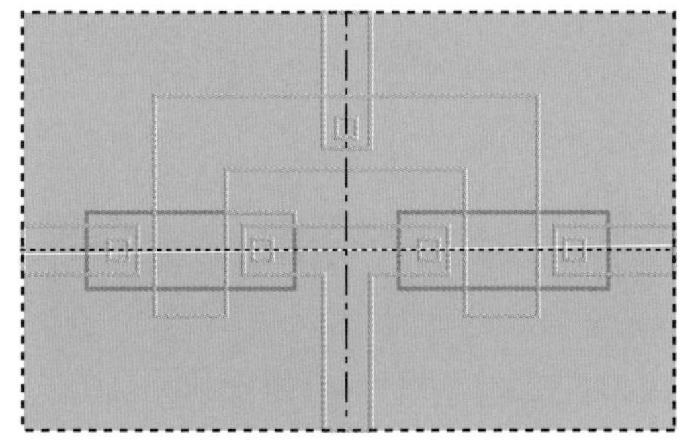

PVフォトマスク・パターン
（ボンディング・パッド以外はすべてカバーされます）

完成（シリコン・ウエーハ）

第7章

LSI製造の後工程と実装技術

パッケージングから検査・出荷まで

よく目にする黒いムカデ型のLSIは、シリコンウエーハから良品シリコンチップを切り出しパッケージに封入し、そして検査後に市場に出荷され電子機器に組み込まれます。

本章ではチップの実装方法、パッケージ種類と、最近の超小型電子機器に大きく貢献している最新実装技術動向について説明します。

7-1 シリコンチップをパッケージに入れて検査・出荷するまで

LSI後工程は、前工程のウエーハ検査後のチップ良品を、実装（パッケージ）して出荷するまでの工程です。具体的には、ダイシング、マウント、ボンディング、モールドそして実装完成後の出荷テストとなります。

1.組み立て（パッケージング）

❶ダイシング

検査後のウエーハ*をLSIチップの寸法に合わせ縦・横にカットして、1個1個のチップ（ダイ）に切り分けます。**ダイシング**は、50～200μmの厚みの円盤状ダイヤモンドブレードを高速で回転させて、シリコンウエーハを正確にペレット状に切断します。

❷マウント（ダイボンディング）

ダイシングが完了し選別した良品チップを、リードフレームなどの回路基板に1個1個導電性接着剤（電気抵抗が小さい接着剤）で貼り付けます。チップをくっつけることからチップ・**マウント**、またダイをリードフレームに結合することからダイ・ボンディングと呼ぶこともあります

❸ボンディング

LSI（チップ）と外部との電気信号のやり取りを行うため、ICチップの表面外周部に配置されたボンディングパッド（外部接続のためにチップ上につくったアルミ電極）とリードフレーム側のリード電極を金やアルミの細線*などで1つずつ接続します。ワイヤー・**ボンディング**とも呼びます。

---

*ウエーハ検査　本文161ページの「5-8　LSI電気的特性の不良解析評価・出荷テストの方法は？」を参照。
*金やアルミの細線　電気抵抗が非常に小さく、加工もしやすい。ボンディングパッドとの結合性がよいので用いられている。

❹モールド（封止）

ボンディングが終了したLSIチップは、機械的や化学的保護のために**モールド**材（封止材）で密封します。

❺仕上げ（マーキング）

リードフレームを切断してから、リード加工、リードメッキして完成です。必要に応じてマーキングをします。

2.検査（テスト）

実装後のLSIについて、全数の良品テストを実施し、出荷します。

組み立て工程（パッケージング）の流れ

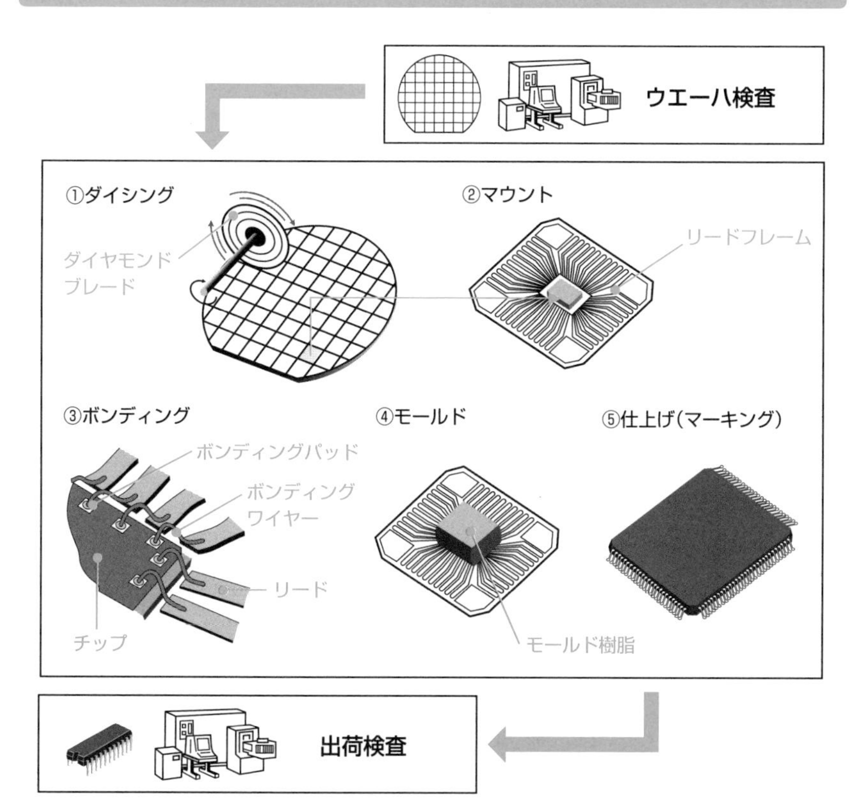

7-2

パッケージ形状の種類はいっぱい

LSIパッケージ*の本来の目的は、半導体チップを外部環境から保護することです。

しかし最近のパッケージは、保護することに加えて高度電子機器の軽薄短小の要求に応えて多種多様な種類が開発されています。

大別すると2種類

プリント基板向けのLSIでは**ピン挿入タイプ**と**表面実装タイプ**がよく使われています。最近では電子機器の軽薄短小の要求に応えて、大きさをより小さくできる表面実装型が主流です。

ピン挿入タイプと表面実装タイプそれぞれにどのような種類があるか、代表的なものを図で見ていきましょう。

パッケージ形状とピン数

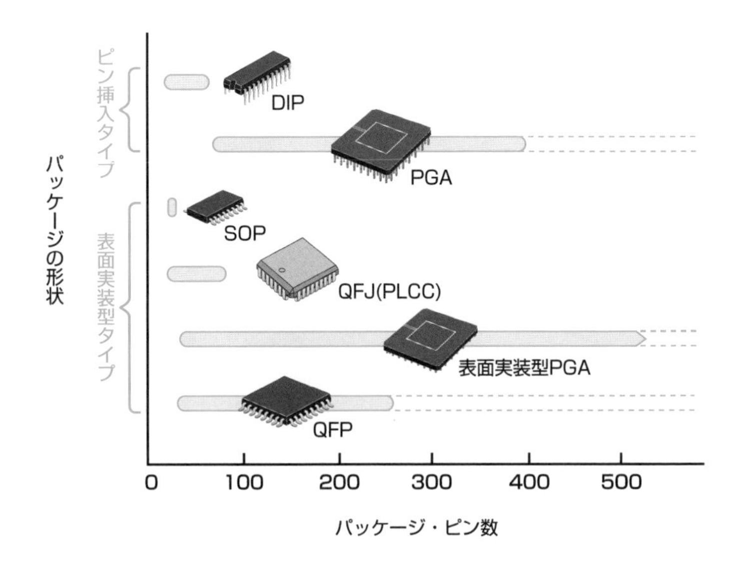

* **LSIパッケージ**　LSIのパッケージ技術には、リードフレームの微細化、メッキ技術の開発、設計のCAD化、高性能ボンダの開発などが重要。

●ピン挿入タイプ

IC開発初期からのタイプです。代表的なDIPに見るように、パッケージ（樹脂あるいはセラミック）の側面からムカデの足のようなリードが取り出されています。このリード（ムカデ足）をプリント回路基板のスルーホール*に挿入して実装します。

ピン挿入タイプ

● DIP
Dual Inline Package

▲リードがパッケージの二側面から取り出されたパッケージ

● SIP
Single Inline Package

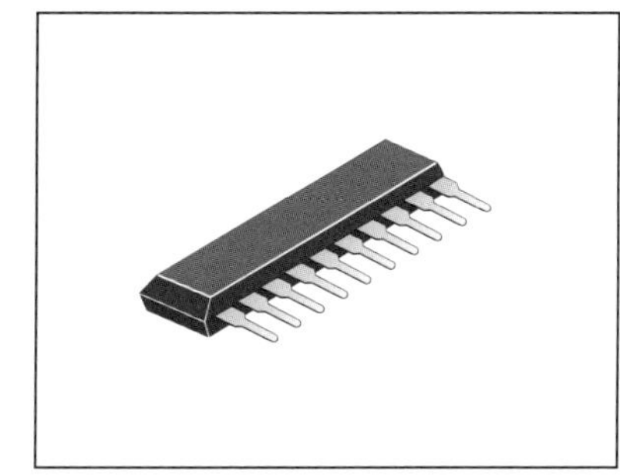

▲リードがパッケージの一側面から取り出され、かつ一列であるパッケージ

● ZIP
Zigzag Inline Package

▲リードがパッケージの一側面から取り出され、かつパッケージ面内で交互に折り曲げられたパッケージ

● PGA（Pin Grid Array）
（PPGA:Plastic Pin Grid Array）

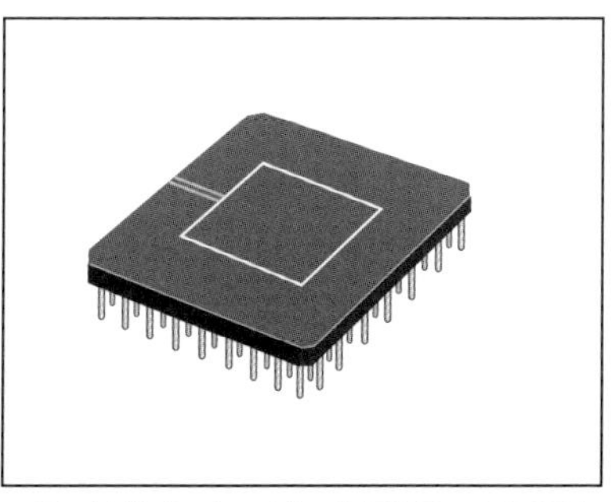

▲リードがパッケージの上面あるいは下面から取り出され、かつ格子状に配置されたパッケージ

***スルーホール**　ハンダ付けによってICを固定するとともに、電気的にICと回路配線を接続するためのハンダメッキされた穴。

●表面実装タイプ

　このタイプは、電子機器の小型化・薄型化・高機能化の要求から開発されたパッケージです。リードがIC表面と並行に、あるいは沿うように形成されています。このリードをプリント回路基板のハンダメッキされたパターンに直接にハンダ付けして実装します。プリント回路基板にはスルーホールがないため配線ピッチを小さくでき、またパッケージ本体の高さも低いため、より高密度実装が可能です。

表面実装タイプ

● **BGA**
Ball Grid Array

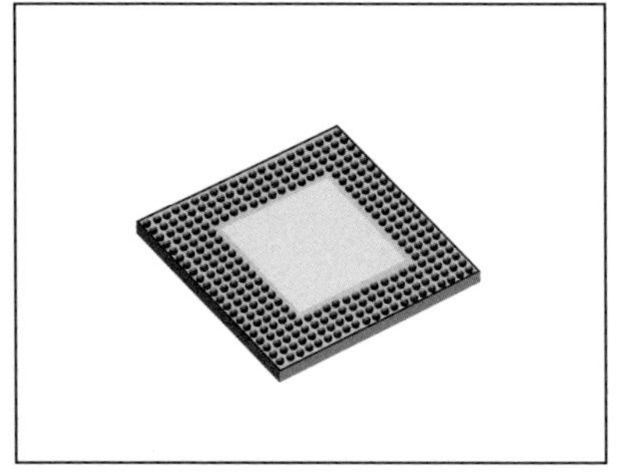

▲ピン・リードの代わりにハンダなどによる球状バンプをアレイ状に並べたパッケージ

● **SOP**
Small Outline Package

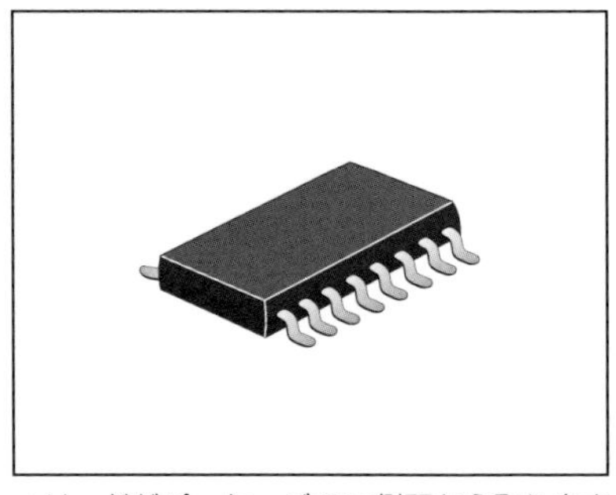

▲リードがパッケージの二側面から取り出され、かつガルウィング形に成形されたパッケージ

● **QFP**
Quad Flat Package

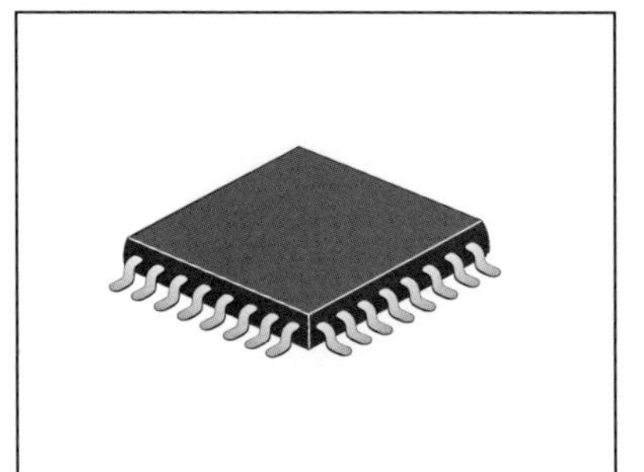

▲リードがパッケージの四側面から取り出され、かつガルウィング形に成形されたパッケージ

● **TSOP**
Thin Small Outline Package

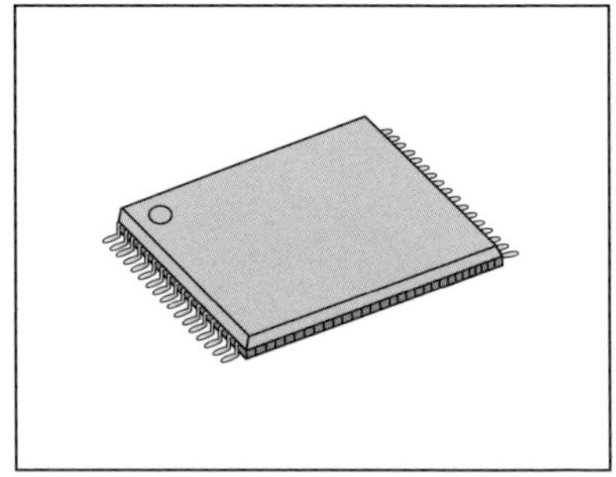

▲リードがパッケージの二側面から取り出され、かつガルウィング形に成形され、パッケージの取り付け高さが［総厚］1.27mm以下のパッケージ

LSIパッケージに要求される技術

パッケージの本来の目的は、外部との電気的接続とチップを外部環境から保護することの2点ですが、最近のパッケージには、LSIの高集積化・高性能化にともない、保護することに加えて高機能化推進のための技術的要求がなされます。

●パッケージ形状への要求

①携帯電話やモバイル（携帯）機器向けの回路基板に対応するための小型・軽量化
②超小型・超薄型化することで高密度（大容量）化
③コンピュータやネットワーク機器向けに、1,000ピン以上の多ピン（高密度）化

●パッケージ電気特性への要求

①高速化対応

携帯電話では1.5GHz帯が、ネットワーク機器では1,000ピンを越える領域で500MHzの高速性が要求されます。そこで、回路遅延を起こさない、高速化対応の基板材料の選択や回路パターン生成などが必要です。

②電気ノイズ対策

LSIは動作周波数、トランジスタ数の増大による電力増加を抑えた低電圧化によるノイズ耐性低下、また動作周波数増大による微細化された配線同士の電気ノイズ干渉などによって、電子機器に誤動作をもたらします。そこで、パッケージ側からも、電源端子を全面に配置する、チップとリードフレーム間の配線距離を最短化する、コンデンサ間が最短距離になるリード配置で電源電圧の安定化をはかる、などの電気ノイズ対策が必要です。

●パッケージ放熱特性への要求

半導体チップに回路電流が流れると、電流オン抵抗に応じた熱が生じます。発生した熱は、半導体自身の誤動作はもちろんのこと、パッケージを経由して、LSIが搭載された電子機器の性能低下をもたらし、安全性や信頼性に決定的な影響を与えることがあります。そこで、パッケージでの熱放散性に優れた樹脂材料の採用やリード・フレーム構造などへの熱対策が必要です。

7-3 BGAやCSPとはどのようなパッケージングか?

パッケージはLSIの高密度化、高速化（高放熱性、電気的特性）、多ピン化*にもかかわらず、チップサイズの大きさまで小さくなってきました。CSP（Chip Size Package）は、表面実装型のBGA（Ball Grid Array）が進化してチップサイズと同じ大きさになったものです。

パッケージ寸法はチップサイズに

パッケージ実装方式は、電子機器の軽薄短小の要求に応えてピン挿入型から表面実装型へ移行しました。携帯電話、デジタルカメラなどの超軽い／小さいは、システムLSIの進化とともに、実装技術の大きな飛躍があってこそなしえたものなのです。

表面実装型の中でも、接続リードがパッケージの四側面からのタイプより、面全体で接続できるBGAタイプが多ピンに対しては断然有利です。

近年、このBGAタイプをさらにチップ寸法まで小さくしたのがCSP（Chip Size Package）なのです。

●BGA

実装モジュール基板の裏面に、ピン・リードの代わりにハンダなどによる**バンプ**（ICチップと回路基板を接続させるための突起状の球状電極）をアレイ状に並べた表面実装型パッケージを**BGA（Ball Grid Array）**といいます。

BGAは、はんだボールを配置するためのベース材料で分類し、PBGA（Plastic BGA）は樹脂系基板、TBGA（Tape BGA）はポリイミド系テープを使用したものです。

従来からある最もポピュラーな四側面にリードフレーム端子をもったパッケージのQFP（Quad Flat Package）とBGAを比較してみましょう。小型軽量化と多ピン化、さらに組み立て歩留まりアップに大きく影響する端子ピッチの拡張も実現できます。

---

* **多ピン化**　ICが高機能化するにつれて外部との電気信号の入出力関係が複雑化するので、それらとインターフェースをとるためのピン数は必然的に増加する。また細いボンディング・ワイヤーやチップ金属配線での抵抗増大によって、電子回路の電圧降下や、処理速度への悪影響を排除するために、電源供給用のピン数も増大する。

BGAの構造例

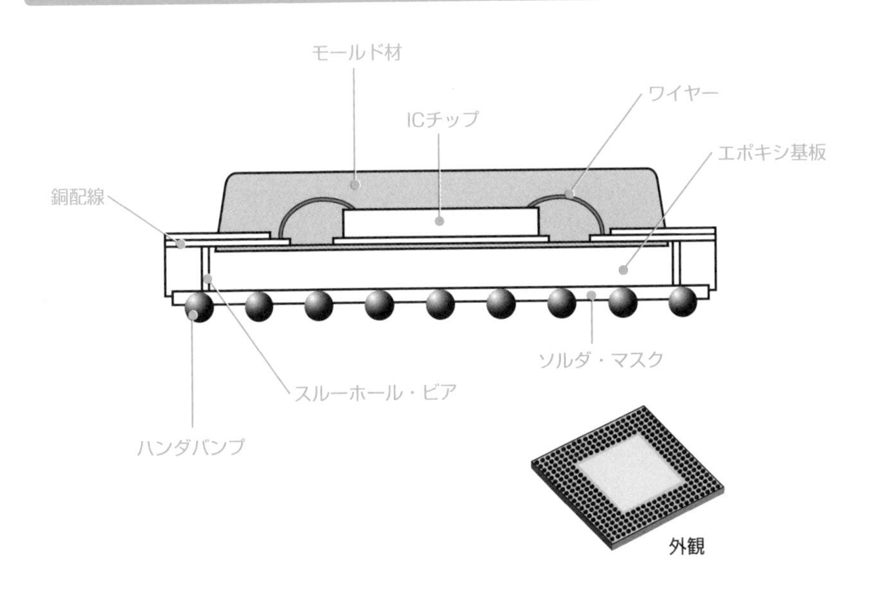

パッケージ比較(QFP vs BGA vs CSP)

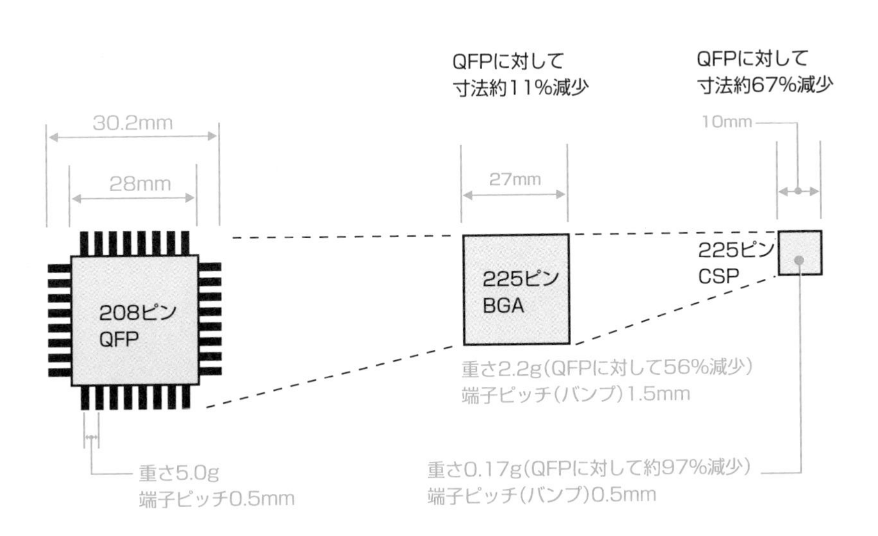

●CSP

外形寸法がチップサイズとほぼ同等な大きさのパッケージの総称を**CSP**（Chip Size Package）と呼んでいます。BGAではプリント基板を介してバンプを作成しましたが、CSPではチップ上の樹脂やテープなどを介して、バンプ（はんだボール）とボンディングパッドを直接に接続したものです。ここでも、従来からある最もポピュラーな四側面にリードフレーム端子をもったパッケージのQFP（Quad Flat Package）とCSPを比較してみましょう（前ページ下図）。

QFPに比較して重さで97％減少、寸法で67％減少と、電子機器小型化の要求に応えての進歩は著しいものがあります。

●ウエーハレベルCSP(WLCSP*)

従来のCSPがややチップサイズより大きい寸法なのに対して、ウエーハレベルCSPは、チップ自身の大きさで実現したリアルチップサイズのCSPです。したがって、その寸法はベアチップ（何も加工していない裸チップ状態）そのものです。

CSPの構造例

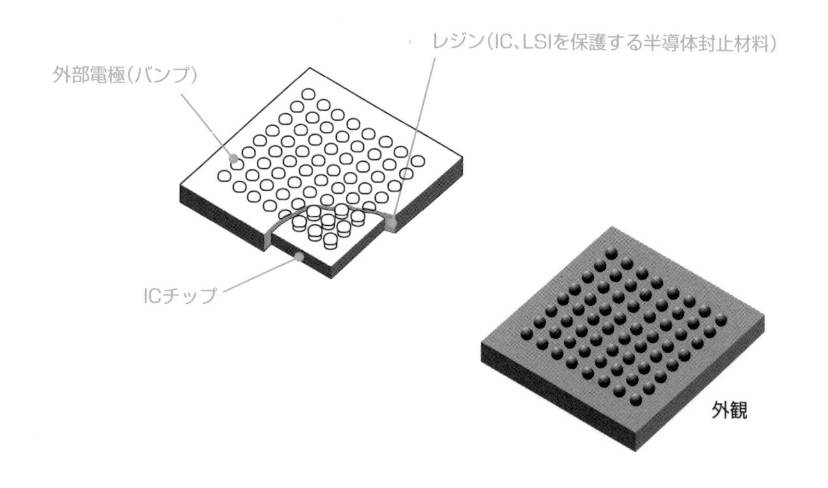

---

* **WLCSP** Wafer Level Chip Size Package

たとえば富士通が開発したSCSP（Super　CSP）の製造は、通常の前工程（ウエーハプロセス）終了後、引き続き再配置配線のためのメタル成膜を行い、再配線やメタルポスト（はんだボールと接続するための突起電極）を形成します。その後ウエーハごとに樹脂封止を実施して、次にはんだボールを搭載します。そして最後に、従来のようにダイシングによってペレットに切断して完成させます。これは、ウエーハ完成で、前工程、後工程がすべて完了しているということです。

ウエーハレベルCSPの製造プロセス／構造例

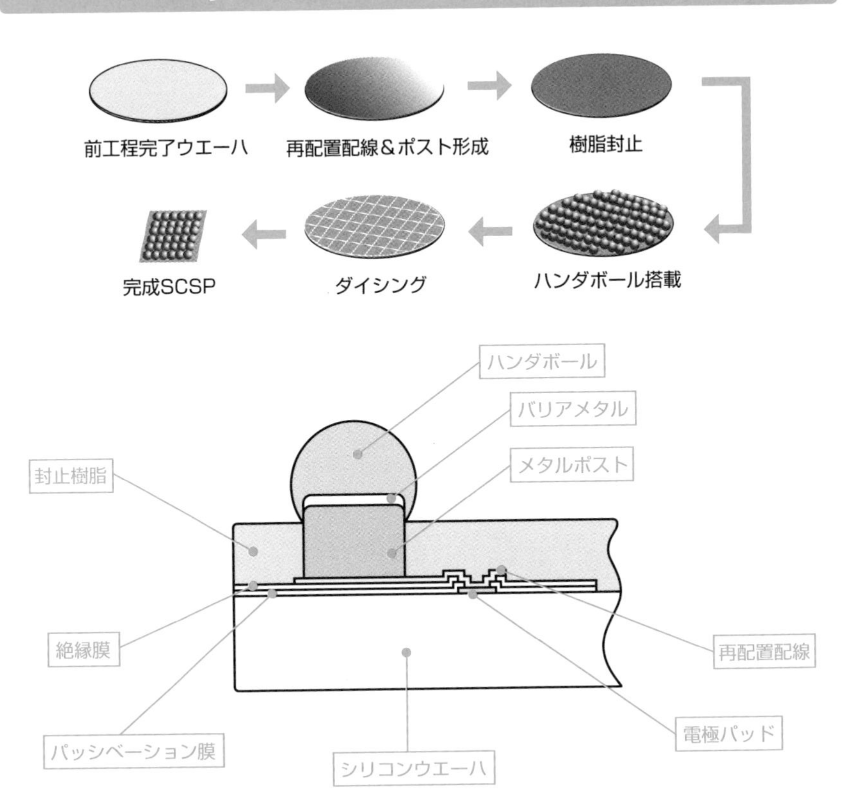

7-4 複数のチップを同一パッケージに搭載するSIP

従来、CSPがパッケージの限界であろうと思われていましたが、MCM（Multi Chip Module）の考え方を取り入れて、複数チップを積層した3次元実装技術が開発されました。電子機器システムが丸ごとパッケージに入ることから、これらの技術総称をSIP（System in Package）と呼んでいます。

実装密度が2以上へ

半導体パッケージの微細化は、ピン挿入タイプから表面実装タイプへと進化しました。そしてひとつの終着がBGA／CSPでありました。いわゆる、実装密度（チップ面積／パッケージ面積）が1となり、パッケージサイズがチップサイズと同等になったからです。

ところが最近は、従来のMCMを3次元構造へと展開した**積層チップパッケージ**

パッケージ技術の進歩

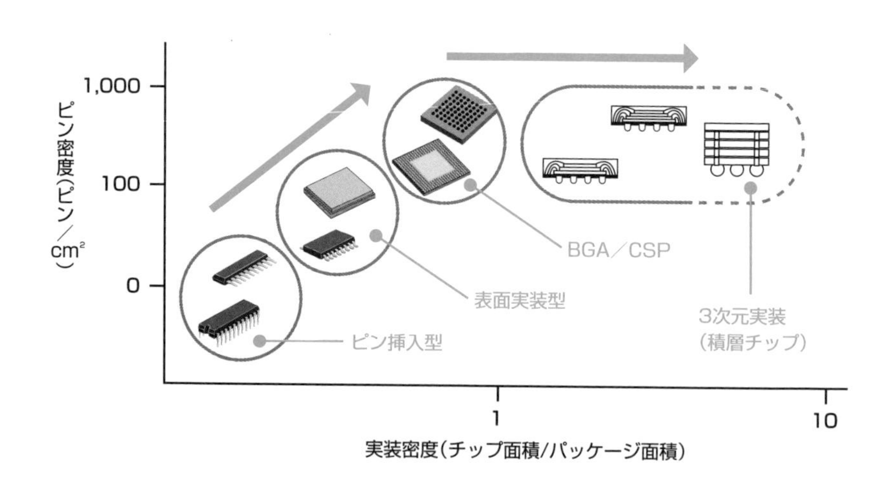

による、実装密度が2以上のパッケージが提案・開発されるようになりました。

●MCM（Multi　Chip　Module）

CPU、DSPなどのデジタル回路とアナログ回路の混載や、DRAMメモリの混載など、技術的あるいはコスト的に1チップ化が難しいLSIシステムの実現が、**MCM**方式による1モジュール化で実現されてきました。小型・軽量化できるだけでなく、LSI間の配線長を短縮して、チップ間の配線遅延を減少、CPUとDRAMの接続でのバスボトルネック（メモリバスの転送時間増大による処理速度の減少）などによる影響を軽減できます。

●3次元実装技術（積層チップ）

MCMのひとつですが、従来は平面的に配置していた複数チップを、積層して1つのパッケージに実装したパッケージ技術です。この技術をCSPレベルで展開したのが最近のSIPの考え方です。

MCMの構造例

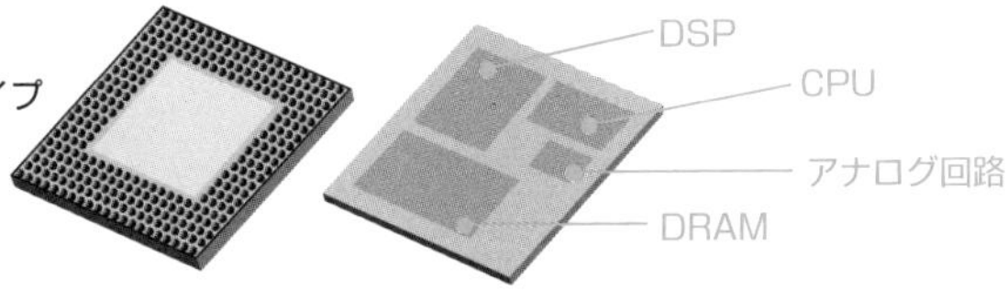

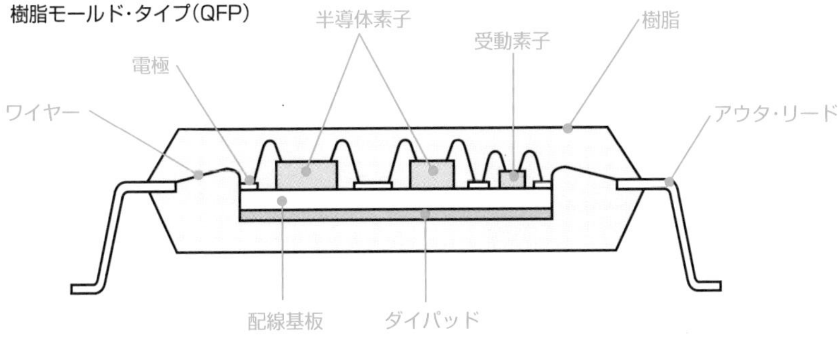

●SIP（System In Package）

電子機器の小型化、多機能化は、LSIの猛烈な微細化技術の進歩とともに、システムLSI、そしてSOC（System On a Chip）というかたちで応えてきました。

一方、このSOCの考え方をパッケージで展開したのが、複数チップを3次元的に接続した**SIP**技術です。超小型化を必須とする携帯電話やデジタルカメラなどのモバイル製品を中心に急速に応用が始まっています。今後は、コスト削減、高速動作、異種チップ混載などの課題をこなしつつ、電子機器全体に応用が広がるでしょう。

3次元実装技術

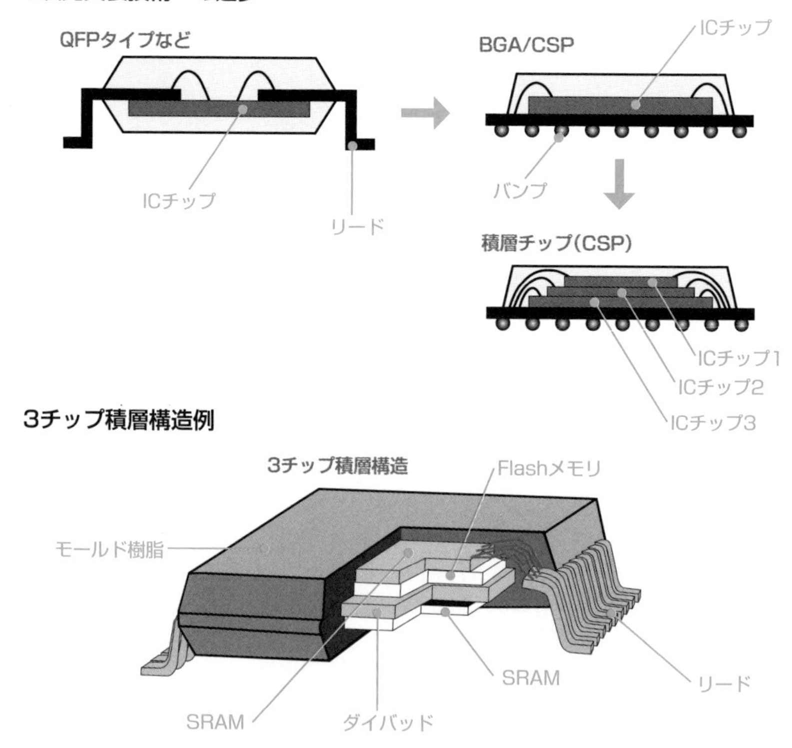

SIPの製品形態

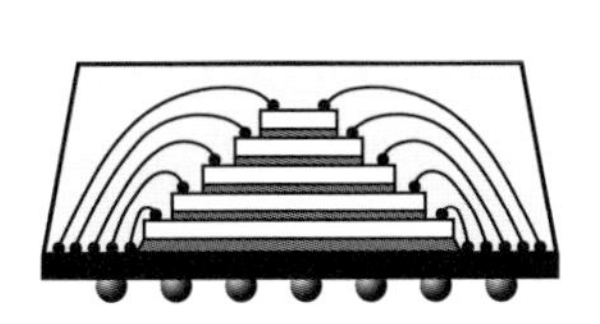

積層チップ数の増加

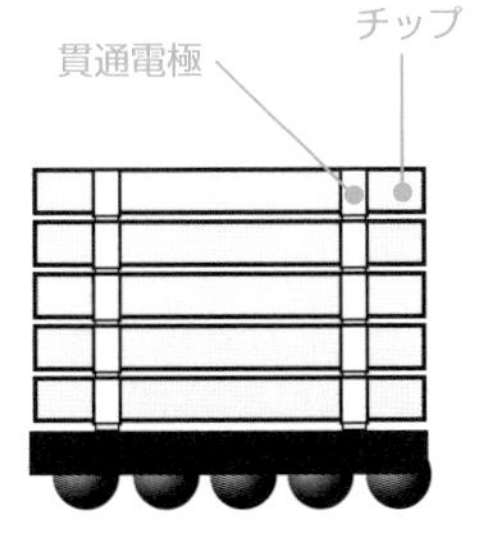

チップ貫通電極構造による
リアルサイズCSP

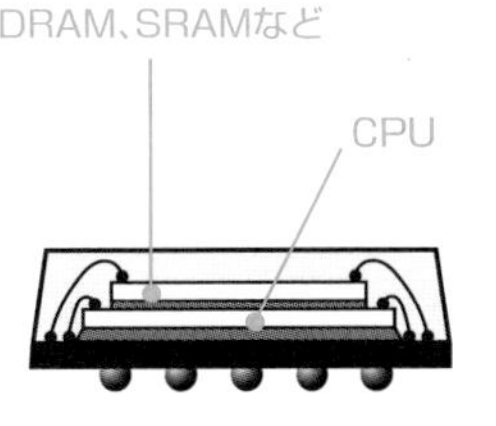

異種チップの積層
（チップ・オン・チップ）

SIP vs SOC

SIPが実用化するにつれて、SOCとの比較がされるようになってきました。アナログ、高周波素子、メモリ混載ができるSOCといっても、実際には開発期間（製造工程の検討も含めて）の増大や、マスク代金を含めての開発コスト高騰があり、SIPによる実現のほうが有利になる場合も想定できるようになったからです。SIPとSOCについて、大まかにその優劣についてまとめてみました。

▼SIPとSOCの現状比較

	SIP	SOC	コメント
開発期間	○	－	既存チップのアッセンブリですむ
開発コスト	○	－	アッセンブリコスト＋α
製品コスト	－	○	生産個数が多い場合
製品コスト	○	－	生産個数が少ない場合
小型化	○	－	異種デバイスの場合
小型化	－	○	同一デバイスの場合
高速化	－	○	チップ間接続によるバスネック
低消費電力	－	○	配線負荷なども微細化により減少
搭載メモリ	○	－	積層により大容量が可能

このなかで、SIPが有利な顕著な場合を考えてみましょう。

❶異機種チップの混載が可能

なんでもワンチップといっても、実際は高周波回路部、イメージセンサーなどはまだまだSOC化は難しい状況にあります。現在のシステム機器では、ほとんどが複数チップ構成で実現しているのが現状です。SIPなら既存チップの積層で可能です。

❷大容量メモリの搭載

システムLSIになればなるほど、チップに占めるメモリ領域は増加します。

DRAMなどの混載チップはコストが非常に増大します。SIPなら既存CPUとあわせて廉価な既存大容量DRAMの混載が可能です。デジタルカメラの画像メモリなどにすでに応用されています。

❸開発期間の短縮・コスト削減

新製品の市場投入は現在のビジネスの根幹です。SIPで実践する場合は、既存チップの組み合わせだけですみますので、開発期間を大幅に短縮できます。開発期間はSOCの6カ月〜1年に比較して、その1/5〜1/10に短縮できる可能性もあります。また、開発も含めたコストは、基本的にはアッセンブリなので、やはり1/3〜1/4に削減できる可能性があります。

SIP単独からSIP×SOCのソリューションへ

SIPは、搭載チップが最も効率的に積層されるように構成し、最短距離接続ワイヤーにより遅延最小化をはかり、さらに、テスト時間短縮のための最適ボンディングパッド配置など、設計時の検討は非常に重要です。

上記の技術的考慮に入れた最近のSIPの考え方は、大規模高機能SOC、あるいはシリコン以外の高周波IC、メモリなどをSIPによって複数混載することによって、単なる1パッケージ以上のシステムソリューションを期待しています。すなわち、今後の高機能SIPには、単なる複数SOC搭載によるSIPでは無い、すなわちSIPとSOCの掛け算（SIP×SOC）コンセプトに基づいた設計手法による、（SIP×SOC）性能が出るところまで求められているのです。したがって、SIPかSOCの選択には、開発製品の戦略上の位置付けや生産個数を十分に考慮することが重要です。

7-5 貫通電極TSVによる3次元実装技術

貫通電極TSVを使った3次元実装技術は、積層されたLSIチップ間の電気信号をワイヤボンディングの配線より短い配線で接続して、従来の2次元実装に比較して実装面積を大きく減少させるとともに、より高機能なLSIを実現できます。

シリコン貫通電極TSV技術とは？

シリコン貫通電極**TSV**（Through Silicon Via）による3次元実装技術は、積層したLSIチップの上下を貫通するビアをエッチング装置で形成し、銅、ポリシリコンなどの電極材料を流し込んで縦配線とし、LSIチップ相互間の回路接続を行います。従来からあるSIPでは、LSIチップを縦積みや横置きにして、ワイヤボンディングによりLSIチップ間を電気的に相互接続していました。

TSVのメリットとしては、①小型化・高密度化（LSI チップの外側へ張り出すワイヤボンディングが無い）、②処理速度の高速化（配線全長の減少）、③低消費電力化（配線抵抗・浮遊容量の減少）、④多端子化（数千本まで可能）、⑤多機能・高機能化（複数チップ、異機種チップ接続）があげられます。

TSV技術と従来3次元実装技術

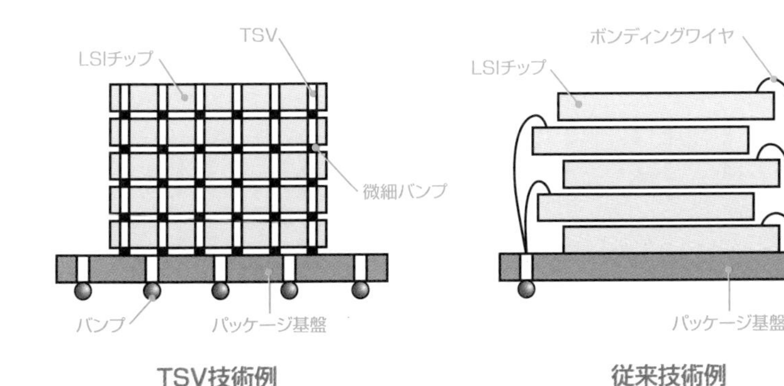

TSV技術と応用デバイス

TSV技術の代表的な作製工程例では、①シリコンエーハのTSV穴あけ工程、②シリコンウエーハとTSVとを分離するための絶縁膜形成工程、③TSV穴への電極材料の充填工程、④TSV完成後のウエーハに、不要部分を除去してTSVを露出させるための、裏面からのCMP研磨加工・エッチング工程、⑤TSV完成後のウエーハ（あるいは切り離したチップ）を貼り合わせて、ウエーハ（チップ）間の配線接続工程を経て完了となります。

TSV技術の応用例では、NANDフラッシュメモリでは、ワイヤボンディングによるチップ積層からの置き換えによって、高速化・高密度化モジュール（SDカード、USB）として実現してきました。しかし、3DNANDフラッシュメモリの登場により、TSV技術は必要が無くなるかもしれません。また、DRAMでは、サムスン電子がTSV技術によるチップ12積層（チップ厚みを50μm以下に加工し厚みは720μm）で24GB の超高速広帯域DRAM製品を発表しています。

また民生機器では、SONYのCMOSイメージセンサーがあり、チップサイズのカメラモジュールとして搭載されています。

TSV技術の作製工程例

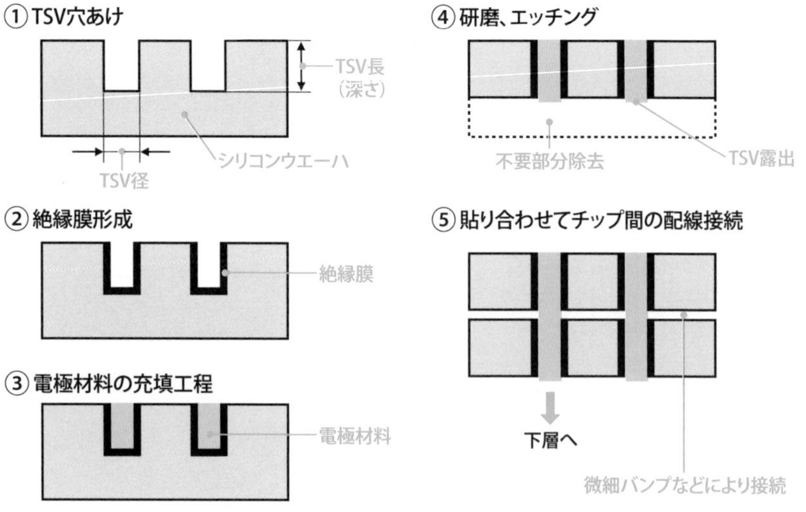

7-6

高密度実装技術のさらなる進化

WLCSP*は、①シリコンウエーハと封止樹脂との熱歪により、ウエーハが反る。②WLCSPは端子ピッチが狭く、プリント配線基板の製造が難しい。③チップは微細化で高集積・高機能化し、面積当たりの入出力端子数が増加するが、全ての端子を収容できなくなる。などの問題点がありました。

WLCSPから高密度・高信頼性のFOWLPへ

FOWLP*は、半導体チップとはんだボールの間をつなぐ再配線層をウエーハプロセス（プリント配線より数段も微細配線が可能）で作製して、入出力端子領域をチップ外側（Fan　Out領域）まで拡げ、入出力端子数を大幅に増加しました。

その結果、LSI高機能化に伴う入出力端子数増加や、モジュールの薄型化、配線長減少による高速処理化、高周波帯における低伝送損失などの問題に対応できるので、高密度・高信頼性が要求されるモバイル機器やスマートフォンに搭載する最先端LSI向けのパッケージとして重要な役割を担っています。なおFOWLPに対して、従来からあるWLCSPをFIWLP*とも呼ぶこともあります。

WLCSP vs FOWLP

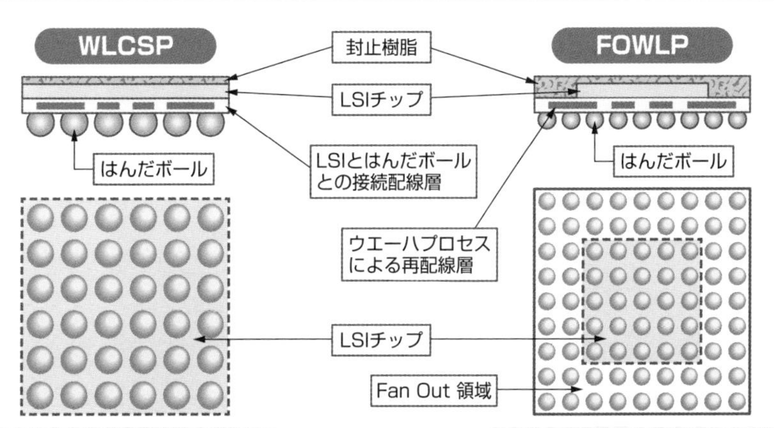

* **WLCSP**　Wafer Level Chip Size Package 218ページを参照。
* **FOWLP**　Fan Out Wafer Level Package。
* **FIWLP**　Fan In Wafer Level Package。

FOWLP製造工程

FOWLPの製造方法には、①「搭載するチップを接合する前に再配線層を作成」、②「搭載するチップを接合してから再配線層を作成」の2方法などがあります。本章では、製造工程のイメージがつかみ易い、製造方法①について説明します。

1.支持基板（シリコンウエーハ、ガラスなど）上に、再配線層の形成。

2.搭載するICチップを、支持基板・再配線層上に再配置して接続。

3.モールド材料でICチップ（再配線層）を樹脂封止。

4.支持基板を剥離（樹脂封止した側が基板となる）。

5.もう一方の再配線層に、はんだボールを搭載。

6.基板をダイシングして個別化する。

上記説明では1個のICチップですが、複数個のICチップを搭載すれば、さらに高機能なマルチチップFOWLPができます。例えば、CPUとメモリを最短配線で結線できるので、配線遅延が少ない高速処理回路モジュールができます。なお、台湾TSMCでは、この実装方式をInFO（Integrated　Fan-Out）と呼んでいます。

FOWLP製造の概念

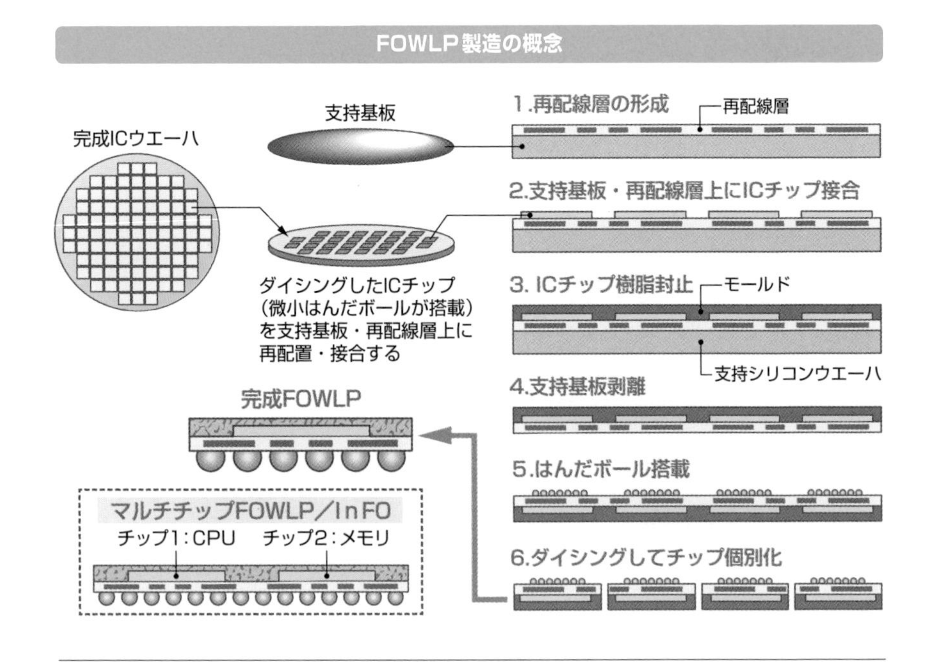

第8章

代表的な半導体デバイス

半導体技術は、IT時代での高性能電子機器に数多く応用されています。そこで私達の生活で、特に関係が深い半導体デバイス（発光ダイオード、半導体レーザ、イメージセンサー、パワー半導体など）と、それらを搭載した最新電子機器についての説明をします。

8-1

光半導体の基本原理（発光ダイオード、フォトダイオード）

光半導体とは、発光ダイオード、フォトダイオード、レーザーダイオード、イメージセンサ、太陽電池など、電気エネルギーを光エネルギーに変換、もしくは光エネルギーを電気エネルギーに変換することを利用した半導体デバイスです。ここでは、発光ダイオード、フォトダイオードについて説明します。

光半導体は、光 → 電気／電気 → 光のエネルギー変換デバイス

ここまで説明してきた半導体は、ロジックLSIやメモリなど、主に電子機器に搭載されて、演算や記憶などの人間の頭脳をになうものでした。これに対して光半導体は、ロジックLSIやメモリを搭載した電子機器のなかで、私達の目に当たる役目をして実生活で見ている光（光エネルギー）を電気エネルギーに、あるいは電気エネルギーを目にみえる光に変換する半導体素子（半導体デバイス）なのです。

光半導体デバイスの種類

・発光デバイス

発光ダイオード（LED*）は、電気信号（電気エネルギー）を光エネルギーに変換するダイオードで、赤青緑の可視光や、目に見えない赤外線、紫外線などを発光（放射）します。光の色は結晶材料（InGaAlP、GaNなど）、結晶混晶比、添加不純物によって決まります。主な用途は、家電製品、計器類、ディスプレイ、リモコン光源、各種センサーなどです。また、**レーザーダイオード**（LD*）は、波長や位相がそろった高エネルギーのレーザーを放射し、光通信デバイスや、CD、DVD用レーザー、プリンタ、計器類として使用します。

・受光デバイス

フォトダイオード（フォトトランジスタ）はLEDとは逆に、光エネルギーを電気信号に変換するダイオード（InGaAs/InPなどが結晶材料）です。半導体のPN接合部への光照射量に応じた電流を取り出して利用します。イメージセンサ*は、光エネ

---

*LED　Light Emitting Diode。

*LD　LASER Diode。本文245ページの「8-4　IT社会を担う高速通信網を可能にした半導体レーザー」を参照。

ルギーを画像として取り出します。主な用途は、光センサ、リモコン、光の遮断検出、光電スイッチ、スキャナ、ビデオカメラなどです。

・光複合デバイス

フォトカプラは、入力電気信号を光信号に変換するLEDと、その光信号を電気信号に変換するフォトダイオードを一体化した光結合デバイスです。フォトインタラプタは構造は基本的に同じですが、発光・受光素子間の物体を、光遮断によって検出するデバイスです。

・光通信用デバイス

光ファイバを中心とした高速光通信向けに、光通信用レーザーダイオードや光通信用受光素子などがあります。

・イメージセンサ

デジタルカメラなどでの撮影画像（光信号）を電気信号に変換します。

発光デバイス：発光ダイオード（LED）は高輝度で長寿命

発光ダイオード（LED）の特徴は、なんといっても熱を出さずにエネルギーを無駄なく光にできるところです。LEDの消費電力は、白熱電球の約1/8、蛍光灯の約1/2です。LEDデバイス自身の寿命は半永久的（10年以上）ですが、照明用の白熱電球にした場合は、LEDデバイス発熱による封止樹脂の劣化などにより短命化します。現在その寿命は、4万時間以上が保証されています。

しかもLEDは、水銀などの有害物質を含まず、また熱発生も少ないので部屋全体からすれば冷房費用の節約ができ、地球環境に優しいグリーンデバイスといわれています。特に照明分野での、白熱電球からLED電球への劇的な省電力化は、CO_2削減による地球温暖化対策に、大きく貢献することが期待できます。

ディスプレイへの利用では、1993年に青色、1995年に純緑色のLEDが開発されて、すでに開発済みの赤色と合わせて輝度の高い光の3原色がそろい、高精細なフルカラー表示が可能になり、街中のビルの壁面やサッカー競技場などに、多数のLEDをマトリクス状に配列した巨大スクリーンが登場してきました。

＊**イメージセンサ**　本文239ページの「8-3　膨大な数のフォトダイオードを集積化したのがイメージセンサ」を参照。

また、LEDは照明器具やディスプレイのみならず、民生機器（デジタル家電）や情報機器とも密接に関係し、社会に浸透しています。民生機器での、TVやオーディオ機器のリモコンには赤外線LEDが使用されていますし、またOA機器にも、カラーコピー機、スキャナー、レーザープリンターなどの露光光源として使用されています。DVDよりも大容量のブルーレイディスクが実現したのも、従来の赤色より短波長な青色LEDを基礎とした青色半導体レーザーのおかげです。

LEDと白熱電球の比較

	LED	ランプ(電球)
光の色あい	赤、緑、青というように 単一な特定色	いろいろな光(波長)が 混ざっているので、白色に近い
熱の発生	少ない	多い(エネルギーの80%以上が 熱になる)
寿命	長い(ランプの10倍以上)	短い
消費電力	少ない(ランプの約1/10)	多い
応答時間	極小(ランプの1/100万以下)	大きい

発光ダイオード（LED）の基本原理

LEDは、半導体ダイオードのPN接合に順方向電圧をかけたときに、PN接合領域に向かって、P領域からのホールとN領域からのエレクトロンが移動して電流が流れます。そのときにPN接合の付近で、エレクトロンとホールがお互いにくっつきあって消滅してしまう、再結合という現象が起こります。この再結合後の合算エネルギーは、エレクトロン、ホールがそれぞれもっていたエネルギーより小さくなるので、そのエネルギー差が光となって放射されます。これが、LEDの発光現象です。

発光色（光の波長）はLED半導体材料や添加する不純物によって異なり、紫外線領域から可視光域、赤外線領域まであります。LED材料は、ガリウム（Ga）、砒素（As）、リン（P）などを組み合わせた化合物半導体*です。

* **化合物半導体**　本文42ページの「2-3　LSIにはどんな種類があるのか？」を参照。

LED発光の基本原理

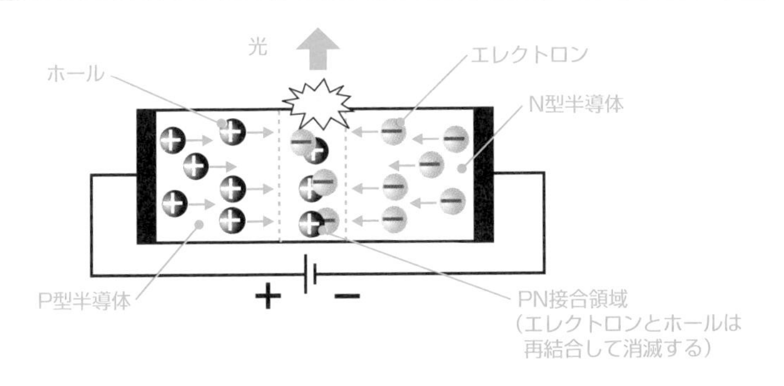

LEDの基本構造

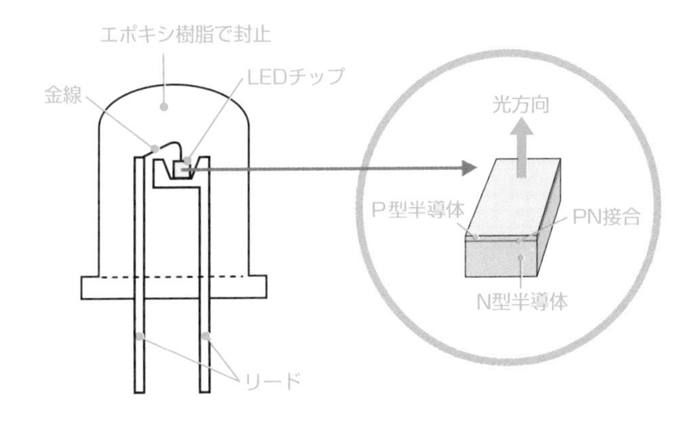

光センサ（フォトダイオード）の基本原理

光センサの代表であるフォトダイオードの基本動作は、PN接合に逆バイアス（P型に負、N型に正の電圧）をかけて、微小抵抗の負荷を接続して用います。光がPN接合領域に入射すると、エレクトロンとホールのペアが発生します。発生したエレクトロンとホールは、ダイオードにかけられた電界に引かれ、エレクトロンは＋電極側に、ホールは－電極側に移動します。これが、光エネルギーの入力量に比例したN型からP型に向かう逆方向電流となり、**光電流**となって検出できるのです。

フォトダイオードの出力をトランジスタで増幅する構造にして一体化したのが、フォトトランジスタです。フォトダイオードに比較して感度が高く、高速応答であるため、現在もっとも広く使用されている受光デバイスです。

光センサはあらゆるところに使用されている

・リモコン

身近な例では、TVのリモコンがそうです。リモコンには、赤外線を送信するダイ

フォトダイオードの基本原理と構造

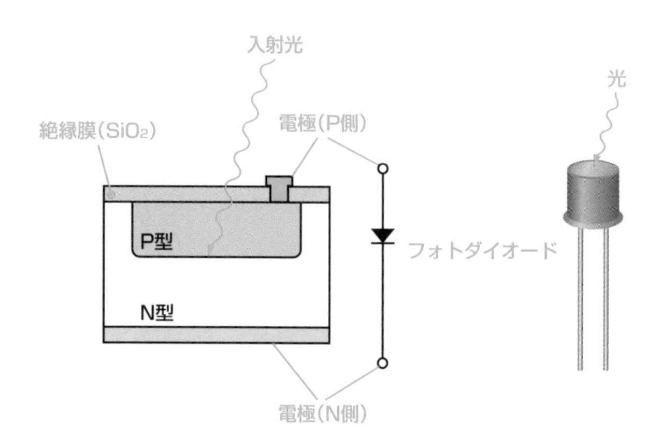

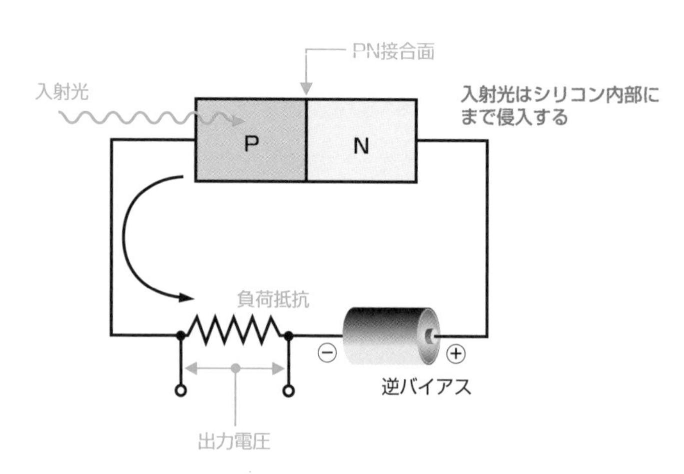

オード（赤外線LED）があり、TV側には、それを受光するセンサ（赤外線フォトダイオード）があります。実際のリモコン操作では、その光による指令信号を受信制御して、チャンネルや音量の変更を行っているのです。

●照度検出

周囲の照度（明るさ）、熱（赤外線）などを検出して、機器の制御をするのにも使われています。身近なものに、自動ドアの開閉、夕方からの暗さに応じて点灯する街路灯などがあります。また、周囲の明るさに応じて、携帯電話、液晶TVなどの液晶画面を最適化して見やすさを高めることや、消費電力節約や使用時間を長くすることができます。

●物体検出、変位量検出

光センサ（受光素子）と発光ダイオード（発光素子）を組み合せた複合デバイスにより、そこに物体の有無、物体の大小、変位量などがわかります。自販機、ATMをはじめとして、プリンタ、FAX、コピー機など、たくさんの事務機器に使用されています。

自販機で使用されている光センサ

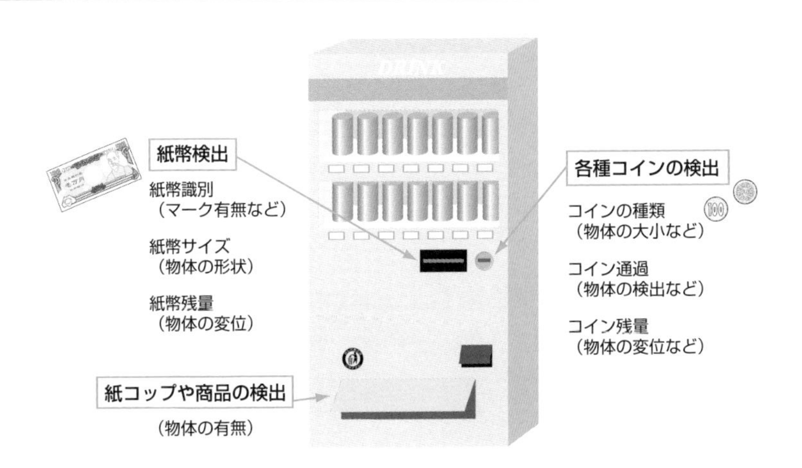

8-2

照明器具として白色LEDの登場

照明器具の省エネルギー化エースとして、白色LEDが登場しました。LEDによって白色光を得るには、3色（赤、緑、青）LED、青色LED＋蛍光体、近紫外LED＋蛍光体による、3方式があります。

照明器具の省エネエースとして白色LEDの登場

近年、照明器具は白熱電球から蛍光灯中心へと大きく変わり、家庭における省エネルギー化が進んでいますが、さらなる省エネ化には、LED照明が必須です。明るさ60Wの電球の消費電力は、白熱電球54W、蛍光灯13W、LED照明6Wであり、LED照明はなんと白熱灯の1/8程度に消費電力が抑えられるのです。

LEDにより白色光を得るには3方式がある

光の3原色は、赤、緑、青で、3原色の光を重ねあわせると白色光となります。照明用の**白色LED**も基本的には、この光3原色の混合によって白色を得ています。したがって、白色LEDは、従来からある赤色LED、緑色LEDに加えて、1993年に青色LEDが開発されことによって初めて実現可能になりました。

LEDによって白色を得るには、上記の光3原色混合を含めて、以下のような3種類の方法が考えられていますが、現在で最も普及しているのは、青色LEDと**蛍光体**の組み合わせ方式です。

なお、LEDを一般照明器具として利用するためには、LEDの大出力化のほかに、指向性のある光を拡散するための散光板や、耐熱性のある**封止材料**の開発、さらに駆動電源の小型化技術（電子回路、放熱器）の開発などが必要です。

❶光3原色混合（青色LED＋緑色LED＋赤色LED）

3原色LEDを1個にまとめて同時発光させて、光3原色混合によって白色光を得る方式です。蛍光体を使用しないので光の損失が少なく発色も良いこと、そして3原色によりフルカラー表示ができるので、ディスプレイ照明や大型ディスプレイなどでも利用されています。しかし、この方法は、3チップを用いるため色ムラが生じやすく、温度特性や経時変化により３色の発光特性が個別に変化しやすく、初期からの白色光を持続するのが容易ではありません。さらに個別に３個の駆動電源が必要になるなど、コストがかかります。

❷青色LEDと蛍光体の組み合わせ（青色LED＋蛍光体）

青色LEDを蛍光体の励光源として使用し、蛍光体の発色との組み合わせで白色光とする方式です。黄色が青色の補色光で、青色が混ざると白色になることを利用して、青色LEDが発光した青い光を黄色の蛍光体に当てることで白色を得ています。本方式は明るく（発光効率が良い）、LEDが１チップタイプで製造も容易なことから、現在最も普及しています。しかしながら、少し青みがかった白色になりやすいなどの改善課題が残っています。

❸近紫外LEDと蛍光体の組み合わせ（近紫外LED＋蛍光体）

近紫外LEDを蛍光体の励光源として使用し、蛍光体の発色との組み合わせで白色光とする方式です。紫色の近紫外LEDで発光した光を、青・緑・赤を発色する蛍光体に当てて白色を得ます。RGB合成のため自然光に近い白色で、色ばらつきも少ないが、発光効率の向上が今後の課題となっています。

LEDで白色光を得る３方式

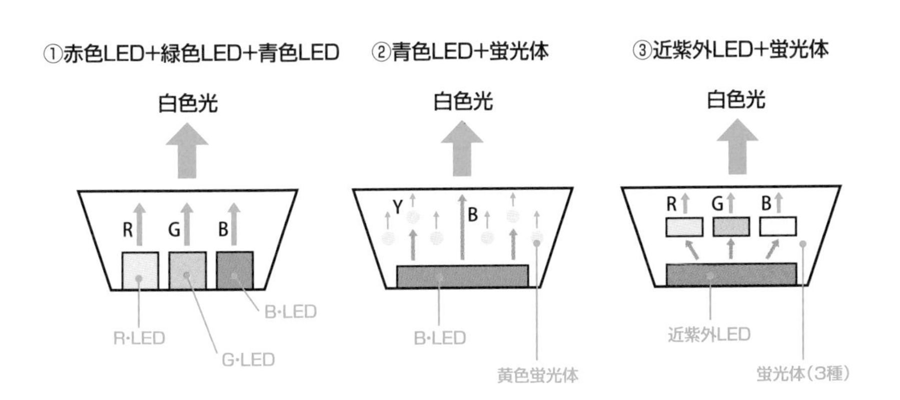

照明用白色LED構造

照明用白色LEDには、連続的な大光量（明るさ）、高効率（省エネルギー）、高演色性（光源による物体の色再現性）、長寿命（70%までの減光期間）などが要求されます。そこで、発光LED素子はもちろんのこと、LEDパッケージ構造での封止樹脂、蛍光体、ケース（放熱器を含む）などについての考察が必要です。

封止樹脂材は、素子高輝度化（素子からの発熱量大）、光源の短波長化（光エネルギーの増大）が進展するなか、白色LEDのパッケージ性能や寿命を大きく左右します。そこで樹脂封止材には、長期透明安定性（高透過率、耐熱性、耐光性）、耐環境信頼性（ON/OFF時を含む耐ヒートサイクル性）、ハンダ耐熱性（実装組立時）などが求められます。このような過酷な条件を満たす材料として、エポキシ樹脂やシリコン樹脂が使用されています。

蛍光体は、LEDチップの光を吸収し、吸収光より長い波長の光を発光します。例えば、現在最も普及が進んでいる白色LED（青色LED＋黄色蛍光体）では、青色LED光を吸収し、その光をブロードな黄色光に変換し、また散光させています。

ケースは、LEDチップ、蛍光体、封止樹脂を収めるLEDパッケージ構造の要となり、外部電子回路との接続はもちろん、LED発光強度分布を整える光学部品や、LEDチップ（蛍光体）の発熱を放散させる放熱器（ヒートシンク）としての機能を持ち合わせています。ヒートシンク付き樹脂ケースは、ケースボディにケース電極（＋電極、－電極）とケースヒートシンクを備えていて、窪んだ中央部にLEDチップをダイボンディングする構造になっています。

ヒートシンク付き白色LEDパッケージ

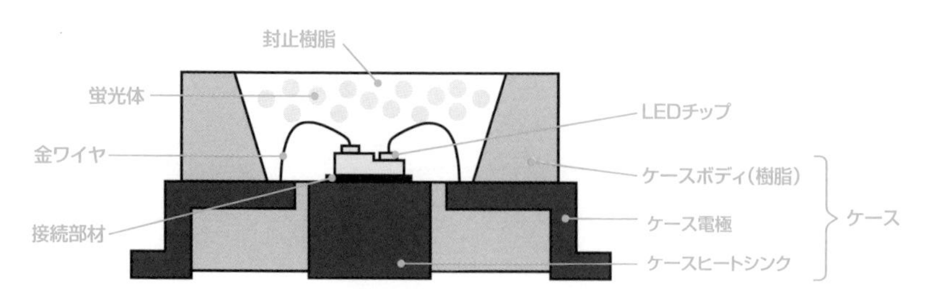

出所：LED照明推進協議会「LED照明ハンドブック」

8-3

膨大な数のフォトダイオードを集積化したのがイメージセンサ

イメージセンサの基本的な原理は、人の目の網膜と同じで、被写体をレンズを通して結像させ、それを膨大な数のフォトダイオードによって、光の明暗とした電気信号に変換し、画像として取り出しています。光を電気信号出力に変換するまでの方式の違いで、CCDとCMOS型に分類できます。

イメージセンサの仕組み

イメージセンサ（撮像用半導体素子）は、光の入力量に応じて電流が生じる**フォトダイオード**を用いた、光（画像）信号を電気信号に変換する半導体素子で、レンズ系により投影された光学像を読み取ります。イメージセンサは、光を電気信号出力に変換するまでの方式の違いで、CCDとCMOS型イメージセンサに、また、画素配列の違いで、フォトダイオードをライン状にしたラインセンサ*と、平面状に配置したエリアセンサ*に分類できます。

ラインセンサはコピー機などのスキャナ（画像読み取り装置）に使用されています。動作は、被写すべき原稿画像を光源で照明し、その反射（透過）光を光学系を通してリニアイメージセンサ（CCD）で細いライン状に読み取り、搬送系で原稿画像と読み取り部の相対位置をスキャンしながら、画像情報として取り込みます。

一方、携帯やデジタルカメラに用いているイメージセンサ（エリアセンサ）は、シリコンウエーハ上に、集光のためのマイクロレンズ、カラー化するための光３原色（赤R、緑G、青B）のカラーフィルタ、受光素子のフォトダイオード、そして受光した画像（光量）に応じた値を電気量（電圧もしくは電流）に変換して出力する回路で構成されています。

イメージセンサのチップ表面には、コンパクトカメラでは、1画素（ピクセル）が1.5～3μm四方の小さな受光素子が数十万個から1千万個以上配置されています。カメラなどの性能でいう800万画素（ピクセル）とは、この画素数のことです。画素数が多いほど高精細な画像が得られますが、色再現性などを考慮しての画質的には、一概にはそうともいえなくなっています。

---

*ラインセンサ　ラインをスキャンして読み取る方式。スキャナなどに用いる。
*エリアセンサ　カメラなどの2次元画像を読み取る。

イメージセンサの基本構造と動作原理

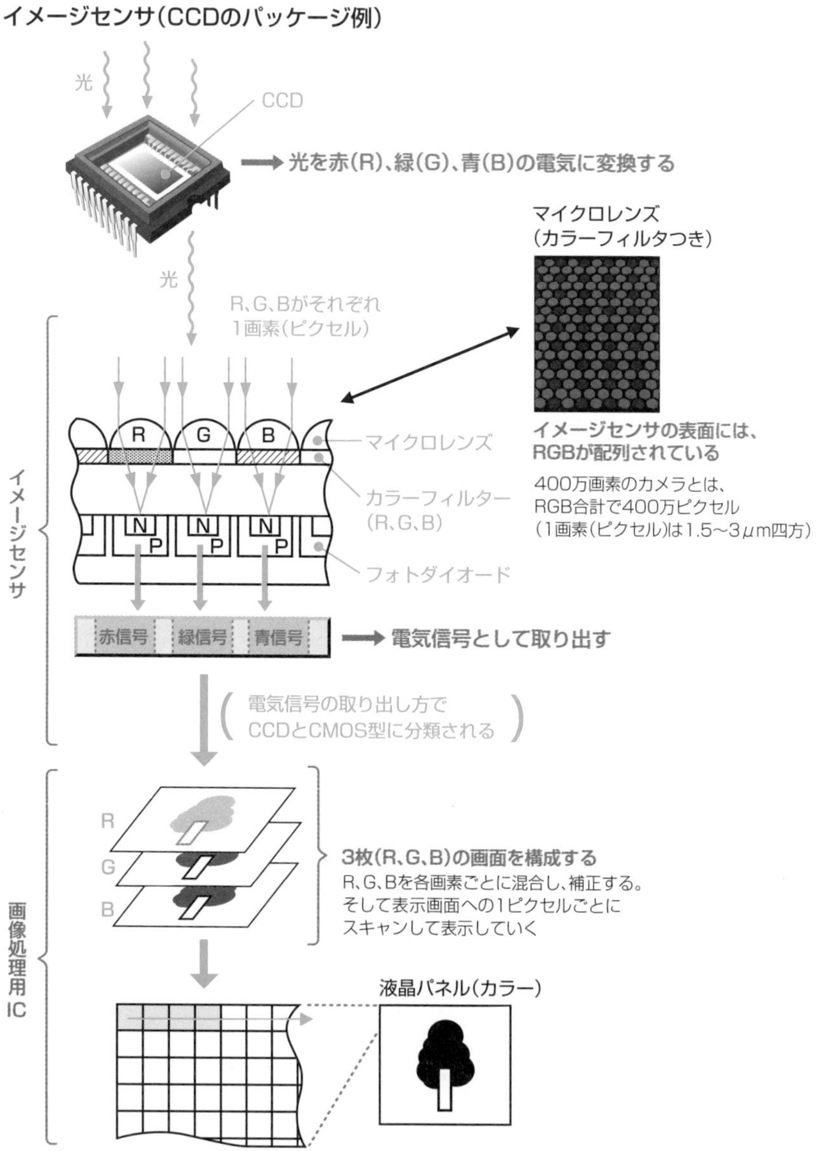

CCDイメージセンサ

CCD*は、本来、半導体基板表面に多数の電荷転送のための電極（電荷電極）を配列したMOS構造の電荷結合素子*の略語です。ところが、CCDを固体撮像素子として使い、フォトダイオードの電荷を信号出力として引き出す転送方式が一般化したために、CCDがイメージセンサを指すようになりました。

CCD（イメージセンサ）は、光を電荷に変換するフォトダイオードと、それを転送するためのCCD電極を1画素（ピクセル）として、画素数のぶんだけ配置されています。画像を構成している全受光素子の電荷は、このCCDを順次走査することにより、順番に次の電極に移動して、画像データの電荷をすべて外部に出力します。説明図では、画素の電荷をまず垂直転送CCDで垂直下方向へ転送し、それを水平転送CCDでアンプ（増幅回路）側に転送して、取り出しています。

CCDの特長のひとつは、たとえ数百万画素以上になろうとも、電荷の取り出しがただ1個のアンプを用いてできることです。したがって、半導体プロセスに起因する素子のバラつきによるアンプ増幅特性の影響を除去することができ、雑音が少ない均一な画質を得ることができます。また、フォトダイオードのリーク電流のバラつきが少ないため暗い画面のときの電圧雑音が少ない、フォトダイオードとCCDのみで構成されるので光受光領域（フォトダイオード）を大きくとることができ画像の明るさが確保できる、なども特長です。

その一方で、CCD転送回路に高駆動電圧回路／複数電源（例えば、+15V、−7.5V、+5V）が必要、製造プロセスが複雑なので製造時のコストアップ要因になる、CCDプロセスが特殊なためCMOS論理回路と同じチップに搭載できない、などの短所もあります。

CMOS型イメージセンサ

CMOS型イメージセンサのピクセルは、フォトダイオードとフォトダイオードの微弱信号（光出力）を増幅するためのアンプ（標準的には3～5個）から構成されています。

CCDが受光した電荷を転送し、最終的に1個のアンプで電気信号化するのに対

---

* **CCD**　Charge Coupled Device。
* **電荷結合素子**　半導体表面に蓄積された電荷を、電極走査により電極から電極へと次々に転送していく機能をもつMOS型半導体素子。

CCDイメージセンサの基本原理

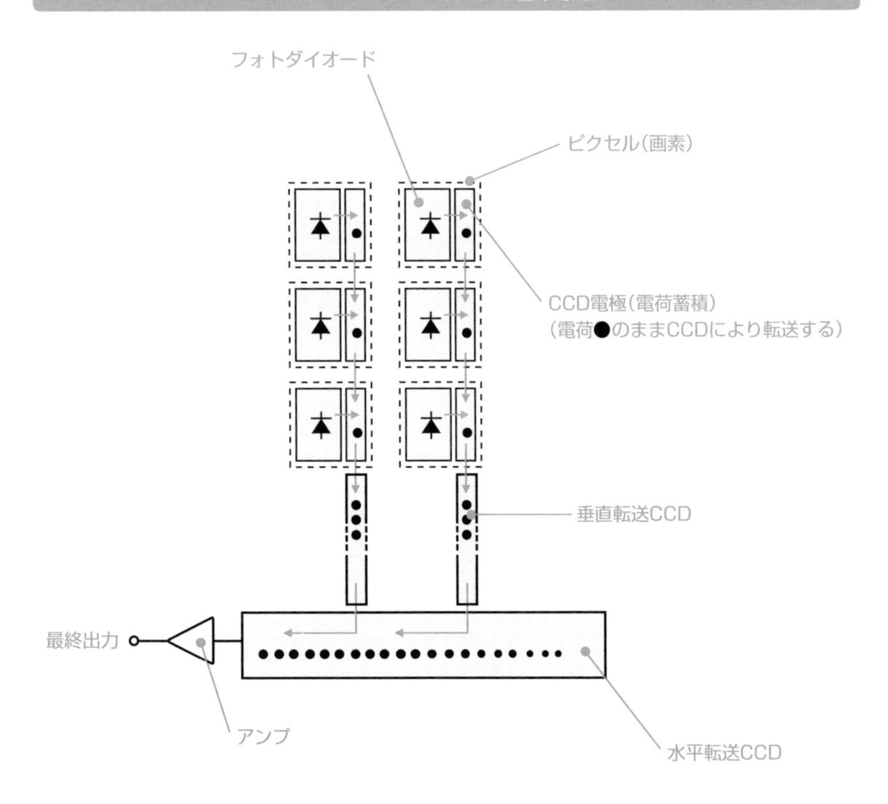

して、CMOS型はピクセルごとに電気信号化しています。このことは、画質が各アンプの特性(ピクセル数と同じ数百万個)に左右されてバラつきやすいということです。

また、小さなピクセルの中でアンプ部分が大きな面積を占めてしまい、CCDに比較して十分な受光量を確保できなくなり暗い画像になってしまう、フォトダイオードのリーク電流のバラつきが多いため暗いときの電圧雑音が多くなる、などの短所もあります。

しかし、長所も多くあります。CCDでは、周囲より極端に明るい被写体を写したときに画像が白飛びするスミアと呼ばれる現象がありますが、CMOS型には発生しません。また、CCDに比較して、付属する電子回路が単一電源/低電圧駆動でできて消費電流が少なく、CMOS走査回路により高速画像読み出しができます。さらに、イメージセンサをCMOS電子回路と同一製造プロセスでできるため、全体のコストを安価にできる可能性があります。

最近になって、CMOSイメージセンサは、従来の画素構造（表面照射型）とは異なり、シリコン基板の裏面側から光を照射させた**裏面照射型**が開発されました。表面照射型が、フォトダイオードへの入射光が配線層で減光されるのに対して、裏面照射型は、入射光が減光されること無く直接に照射されるため光量が増大し、画素性能の高感度・低雑音化が実現され、撮像特性が大幅に向上されています。

CMOS型イメージセンサの基本原理

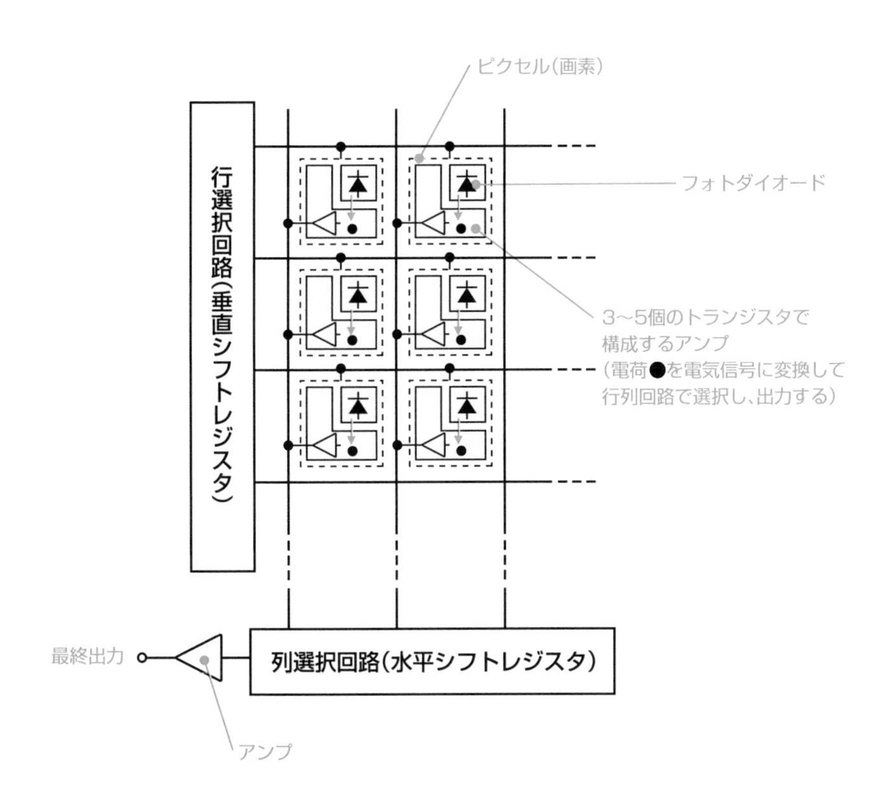

CMOS型イメージセンサの断面構造（表面照射型／裏面照射型）

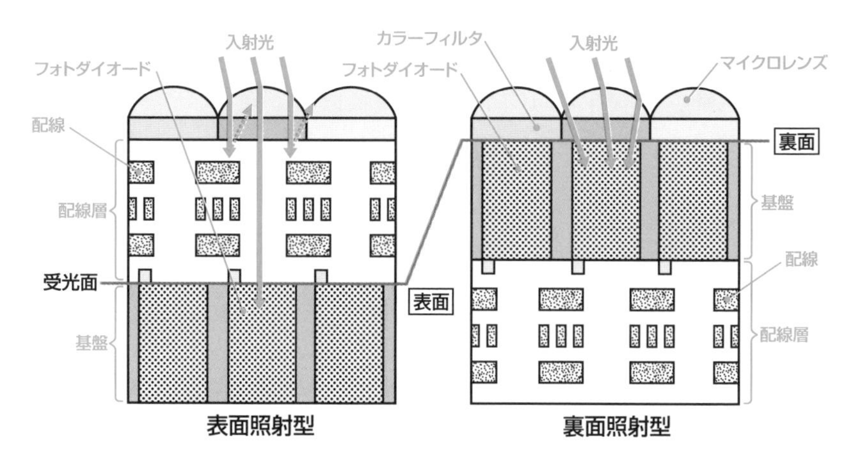

資料協力：ソニー株式会社

8-4

IT社会を担う高速通信網を可能にした半導体レーザー

現在のIT*（高度情報通信）社会で、ブロードバンド（高速大容量通信）による、携帯電話やインターネットなどが可能になったのは、光ファイバーと光通信用半導体の発展によります。光通信用半導体の中でも半導体レーザーは、電気信号をレーザー光に変換して光ファイバーに送り込むキーデバイスです。

光通信システム

光通信システムの基本構成は、光送信機（**半導体レーザー**で送信）、光伝送路（**光ファイバー**）、および光受信機（フォトダイオード）の主たる3つの構成要素からできています。レーザーダイオード（半導体レーザー）は、電気信号をレーザー光に変換する光通信用デバイスです。

レーザー（**LASER***）光は、太陽光などの自然光と異なり、周波数スペクトルを一定に保つことができ、ビーム（並進する光の流れ）として絞りやすい、単位断面積あたりのエネルギー密度が高い、指向性・直進性に優れているなどの特長があります。そこで、遠距離通信を可能にする光通信システムに使われています。

光通信システムの基本構成

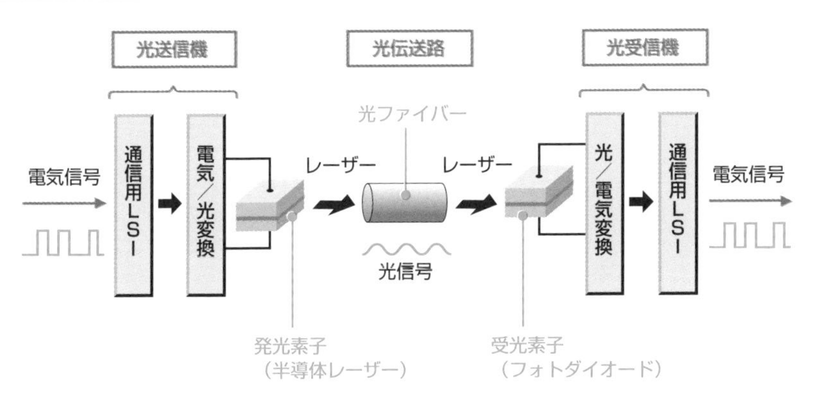

*IT　Information Technology。高度情報通信技術。
*LASER　Light Amplification by Stimulated Emission Radiation。輻射の誘導放出による光増幅。

半導体レーザー

光通信方式のキーデバイスが、電気信号を光信号に変換する半導体レーザー*です。半導体レーザーは、通常のLSIがシリコン材料であるのに対して、化合物半導体であるガリウムヒ素（GaAs）を主材料として用います。

半導体レーザーの構造は、PN接合の間に活性層と呼ぶ領域がはさまれています。この構造で順方向（P型に正、N型に負）に電圧をかけると、P型からN型へエレクトロンが、N型からP型へホールが移動します。ところが、半導体レーザーではP型とN型の間に活性層があります。活性層とは薄いPN接合領域で、エレクトロンやホールがたまりやすい構造になっています。この活性層にエレクトロンとホールが少し蓄積されます。すると、この活性層でお互いが引き合って再結合が起こります。この再結合時に、光エネルギーを放出します。ところが、光は活性層とP型、N型領域との屈折率の違いにより閉じ込められ、鏡面状態に加工された活性層両端での反射を繰り返して発振状態になります。この発振状態が鏡面間（活性層両端）で増幅され、一定状態になるとレーザーとしての連続発振が始まります。そして、この境界面から一部が外部へ放出された光が、レーザー光となります。

半導体レーザーの原理

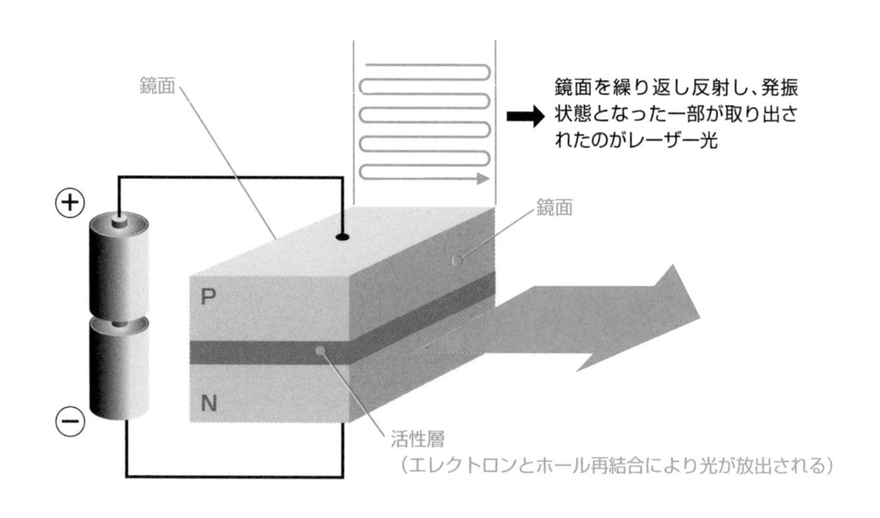

*半導体レーザー　レーザーダイオードともいう。

8-5

青色レーザーが可能にした高画質長時間レコーダの実現

ブルーレイディスク（BD）は、既存のCD、DVDに比較して、さらに短波長の青色レーザー（波長405nm）を用い、従来と同面積のディスクに、より小さな情報ピットを高密度に作り込むことによって、高画質長時間レコーダを実現しています。

光学式記録メディアの原理

CDやDVDなどには、光学メディア（プラスチック透明樹脂でできた、直径120mm、厚さ1.2mmの透明基板）上に**情報ピット***と呼ばれるごく小さな突起があり、その上をアルミニウムの薄膜が覆っています。半導体レーザーを**光学メディア**に照射したとき、情報ピットのない平面にレーザー光があたった場合は、光はアルミニウム膜に反射されてそのまま戻りますが、情報ピットがある部分にレーザー光があたると、一部の光は散乱してしまうので、反射光は減少します。このような光の強弱を光検出器*で受け、それを電気回路（システムLSI）で処理して、デジタルデータとして読み取ります。

光学メディアの構造

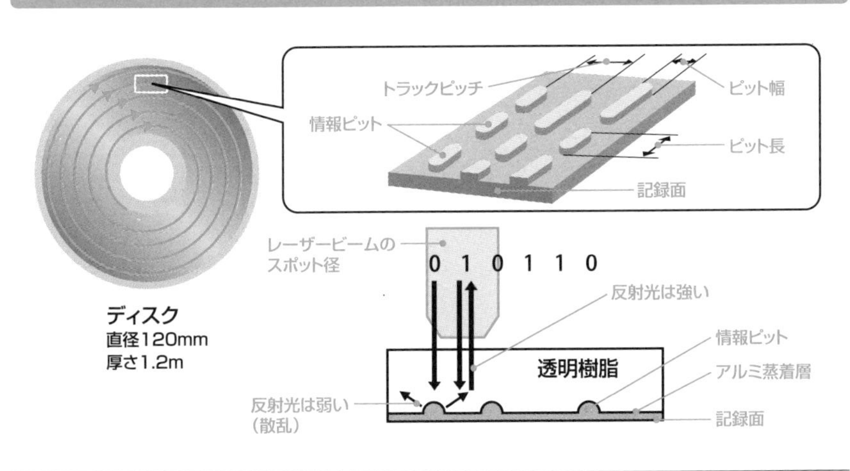

＊**情報ピット**　光学メディア（CD、DVD、BD）上の細かい突起。ただし、ピットの本来の意味は穴、へこみ。
＊**光検出器**　受光部はフォトダイオードで構成。

光学メディア性能を決めるのは照射するレーザー光波長

ブルーレイディスク（BD＊）では、コンパクトディスク（CD＊）で使われる赤外レーザー（波長780nm）、DVD＊で使われる赤色レーザー（波長650nm）の代わりに、さらに短波長の**青色レーザー**（波長405nm）を使用し、ピックアップ光学レンズの開口数NA＊（数値が大きいレンズほど高解像度）も上げています。これによって、情報ピットそのものや、**トラックピッチ**（同心円状に書き込まれた記憶単位がトラックで、その隣接しているトラック同士の間隔）の間隔を小さくし、同面積で情報を高密度化することが可能となり、DVDの５倍以上の記録容量（１層25GB、2層50GB）を実現できたのです。もちろん高密度化には、レーザーを代えたことに加えて、光学ディスク微細加工技術の進歩も大きく貢献しています。

BDは、もともと高画質の動画の保存・再生用として開発されてきたのですが、記録メディアの大容量化により、パソコン向けのBDドライブ、BDドライブゲーム機器、BDメディア搭載ビデオカメラ、高解像度・高画質の放送機器、長時間記録のセキュリティ（監視カメラ）などへ、幅広い応用製品への展開が始まっています。

光学メディア比較(CD vs DVD vs BD)

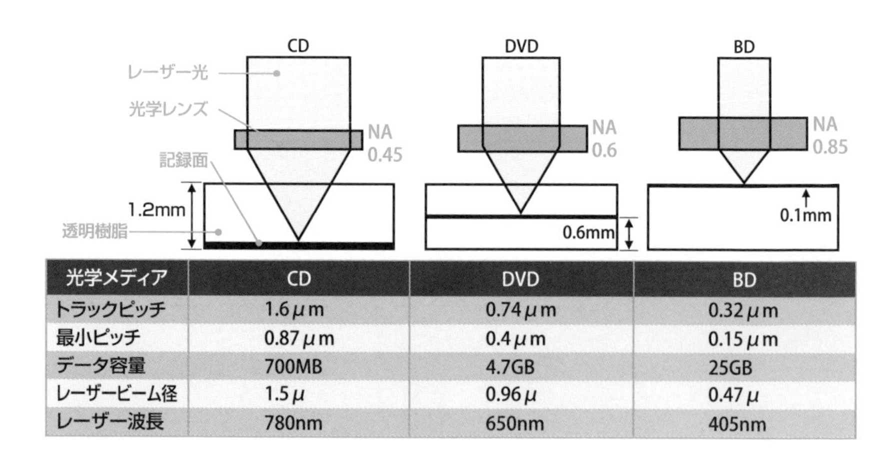

光学メディア	CD	DVD	BD
トラックピッチ	1.6μm	0.74μm	0.32μm
最小ピッチ	0.87μm	0.4μm	0.15μm
データ容量	700MB	4.7GB	25GB
レーザービーム径	1.5μ	0.96μ	0.47μ
レーザー波長	780nm	650nm	405nm

＊**BD**　Blu-ray Disc。
＊**CD**　Compact Disc。
＊**DVD**　Digital Versatile Disc 。
＊**NA**　Numerical Aperture。

8-6

省電気エネルギーに貢献するパワー半導体

エアコンや冷蔵庫には、省電気エネルギーに貢献するインバータが搭載されています。インバータには、パワー半導体としてシリコン材料のパワーMOSFET、IGBTなどが使用されていますが、今後は、一段の高効率化が可能なSiCやGaN半導体が期待されています。

パワーMOSFET

パワー半導体（**パワーMOSFET**）の特性には、低損失（オン抵抗が小さい）、高速性（**インバータ***などの電力変換効率は周波数が高い方が良い）、高破壊耐圧量（駆動電圧、駆動電流が大きい）などが要求されます。

これらの要求に応えて、パワーMOSFETは、小信号用MOSFETが電流を2次元方向（水平）へ流すのに対して、電流をチップの3次元方向（垂直）へ流す構造を採用することによって、多数のトランジスタを並列接続してオン抵抗を減少し、駆動電流を大きくしています。

パワーMOSFETには、ゲートがチップ表面に形成された**プーレナゲートMOSFET**と、垂直方向に溝を掘りその中にゲートを埋めこんだ**トレンチゲートMOSFET**の2種類があります。トレンチゲートMOSFETはU型溝ゲート構造によって、チャネルを縦方向に形成して、いっそうの高集積化を実現し、低損失・大駆動電流を得ています。

IGBT

IGBT*はその名のとおり絶縁ゲート型バイポーラトランジスタです。コレクタ側にPN接合を付加し、そのPN接合からホールを注入して電流密度を増し、オン抵抗を下げる仕組みです。この構造によって、MOSFETが耐圧を上げるとオン抵抗が急激に増加する問題を解決しました。

MOSFETが照明機器などの低電圧用途とすれば、IGBTは主として、高電圧・大電流用途である電動機制御分野（エアコン、IH炊飯器、工作機械、電力機器、自動

---

* **インバータ**　電子制御により、モーター駆動のための電圧・電流・周波数をコントロールする機器。
* **IGBT**　Insulated Gate Bipolar Transistor。

車、電鉄）で用いられています。

パワーMOSFETの構造

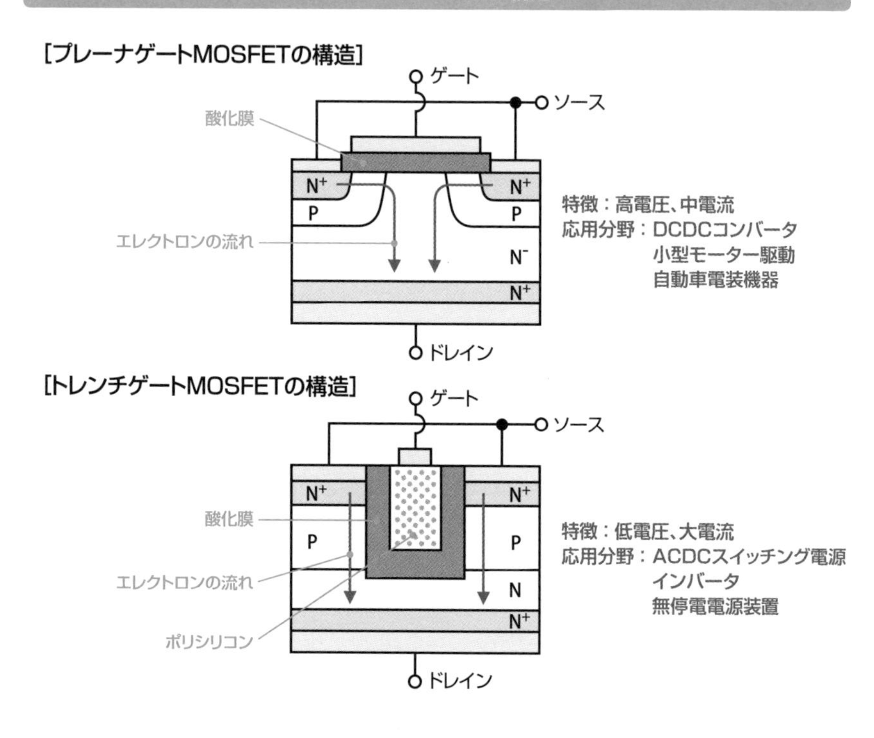

IGBTの構造

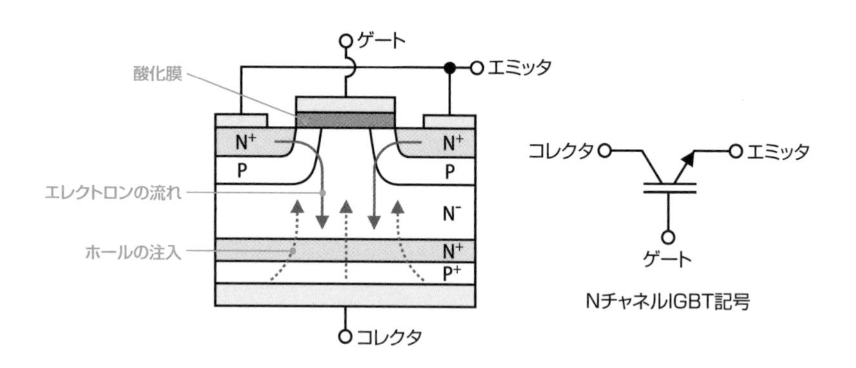

パワー半導体の現状

パワートランジスタなど、電力の制御や供給を行い、エネルギーの有効利用をになう半導体をパワー半導体と呼び、出力容量（高電圧、高電流）と動作周波数などの用途に応じて、各種デバイスが開発されています。その品質性能には、さらなる超低損失化、小型化、軽量化が求められていますが、シリコンウエーハを用いるMOSFET、IGBTの性能は、もはやエネルギー損失を最小限に抑える限界値に迫っており、次世代のシリコンカーバイド（**SiC**）やガリウムナイトライド（**GaN**）への期待が、一段と高まっています。

シリコン半導体の限界を超えるSiC半導体

SiC半導体は、シリコン半導体と比較してエネルギーバンドギャップ*が3倍（リークが発生しにくく高温動作が可能、かつドレイン・ソース間の電流通路を薄くできるのでオン抵抗減少による低損失化）、絶縁破壊電圧が10倍（高電圧化）、高周波動作可能（インバータなど高変換効率化）、熱伝導率が3倍（放熱器の小型化）など、パワー半導体としての優れた特性をもっています。

SiC半導体によるMOSFET構造が、従来のシリコン半導体と明らかに違う点は、耐圧電圧を同じとするならば、チップの厚みを1/10程度にできることで、これがオン抵抗減少による低損失パワーデバイス化につながっているのです。

GaN半導体は、SiC半導体よりパワー的には小さなものになりますが、GaAsなどに比較して、より高出力な高周波パワーデバイスとして期待されています。

SiCパワー半導体の実用化が始まる

SiCパワー半導体は、エアコン、太陽電池、自動車、鉄道といった分野で採用が始まっています。しかし、以下の問題は未だ完全に解決されてはいません。

- SiCウエーハ製造には、高品質な大口径ウエーハを得ることが難しい（現在は6インチ程度）
- SiCは化学結合が強く、不純物の熱拡散ができず、ドーピングには高温イオン注入（500℃以上）と超高温アニーリング（1700℃以上）が必要
- MOSFETでのゲートチャネル抵抗値を下げる（キャリヤ移動度を上げる）こと

---

* **エネルギーバンドギャップ**　本文10ページの「1-1　半導体って何だろう？」を参照。
* **SiC-SBD**　SiC基板上に作成したショットキーバリアダイオード。

が難しい

・実用に耐えうる酸化膜信頼性が得にくい

パワー半導体の性能と用途

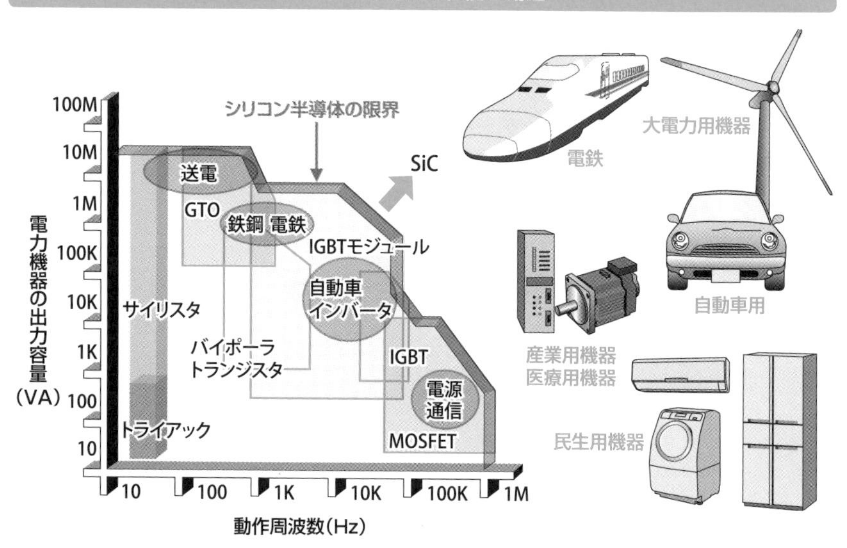

Si-MOSFETとSiC－MOSFETの構造比較

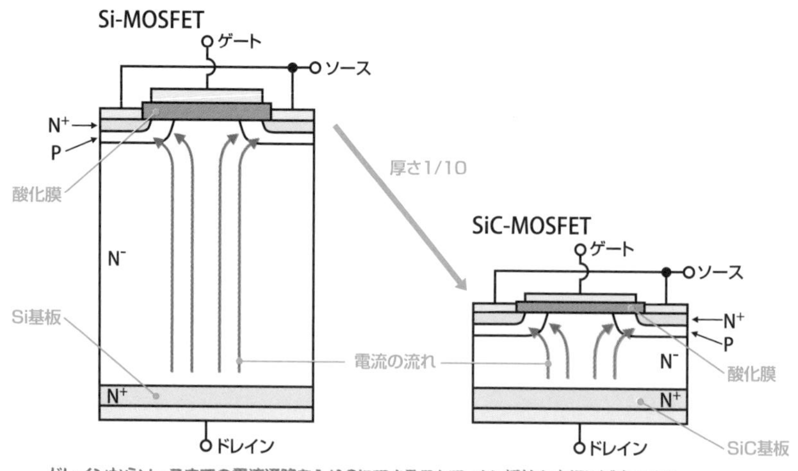

究極的なパワー半導体はダイヤモンド

パワー半導体は、シリコンに代わってSiCやGaNへの期待が高まっています。しかし、これらの半導体性能をはるかに超える、究極のパワー半導体として期待されているものに、**ダイヤモンド半導体**があります。ダイヤモンドは絶縁体と思われていますが、アクセプターやドナーとなる不純物も存在し、理論的にはP型やN型の半導体も実現可能なのです。理想的なダイヤモンドがもつ半導体材料としてのポテンシャルは、シリコンなどとは比べものにならないほど高く、シリコンに比べて、高温動作温度で５倍、高電圧化で30倍、高速化では３倍の特性をもちます。

ダイヤモンド半導体は、近年、日本の企業や研究機関などが、大型単結晶ウエーハや高品質な合成ダイヤモンド薄膜を作成することに成功するなど、大出力高周波半導体、パワー半導体として注目を集めてきています。もし、ダイヤモンド半導体を用いて、デバイスの自己発熱温度（200～250℃）で動作させることができれば、電気自動車、ハイブリッド自動車のモーター駆動のためのパワーモジュール冷却装置を排除し空冷が可能となるなど、パワー電子機器の効率アップや放熱装置に革命をもたらす可能性を秘めています。

ダイヤモンドとシリコンの物性比較

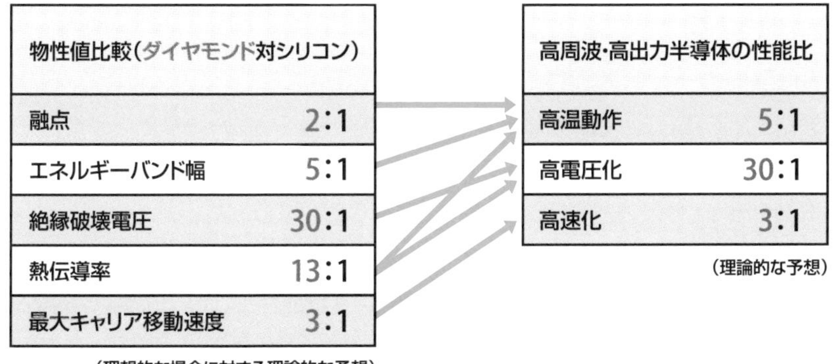

出所：NTT物性科学基礎研究所

8-7

ICカードは極小コンピュータ

ICチップに情報が書き込まれているICカードは、情報記憶量が大きいこと、安全性が高いことを特長とし、その構成はまさに極小コンピュータです。しかも、利便性、耐久性にも優れ、鉄道系パスや電子マネーとして市場が拡大しています。

ICカードは極小コンピュータ

ICカードは、コンピュータを構成する基本要素と同じCPU、メモリ（記憶装置）、入出力装置をもち、用途に応じたアプリケーション・プログラムも搭載されていることを考えると、まさに極小コンピューターであると言えます。

従来の磁気カードよりもはるかに大きな記憶容量を持ちますが、ICカード最大の特徴は記憶容量ではなく、CPU内蔵によって個人認証を高め、安全性（セキュリティ）を圧倒的に高めたことです。

ICカードの種類

ICカードには、リーダライタ（データの読取り・書込みのカード端末機器）との通信手段によって、接触型と非接触型があります。

接触型ICカード

接触型ICカードは、磁気カードと同じ大きさ（54×86×0.76mm）で、8つの電極端子があるということを除いては、従来のキャッシュカードなどの磁気カードと外見上の差はありません。従来の磁気カードでの情報の読取り／書込み方法が、磁気ストライプを端末の磁気ヘッドにスライドさせて行っていたのに対して、ICカードをリーダライタに差し込むことによって、露出している金属端子を介して直接に、電源供給とデータ通信を行います。電気的な接続によって、確実に通信が行えるので、情報量も多く高度なセキュリティが求められる銀行カードの決済や認証などに多く使用されています。

接触型ICカードの構造

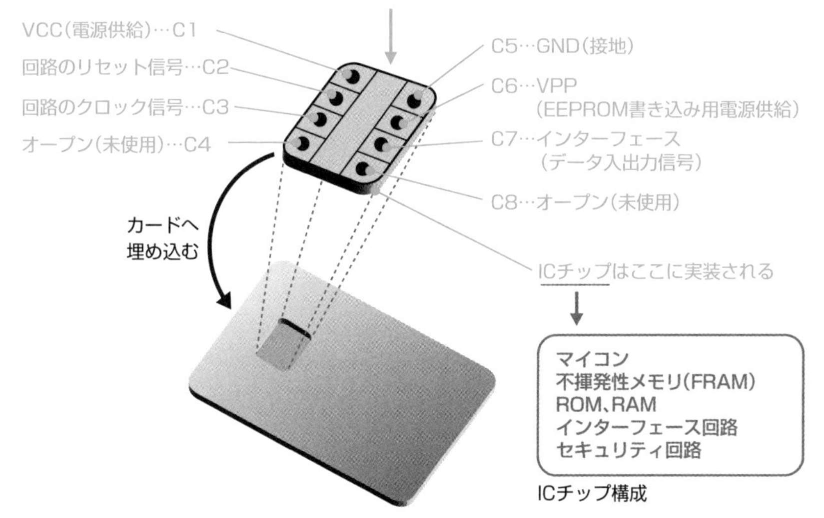

非接触型ICカード

非接触型ICカードは、端末（リーダライタ）と直接接触してデータ通信を行わず、カードに内蔵したアンテナから発生する電波と、非接触でデータ通信を行います。そのため、カードの接触による表面の金属磨耗や汚れによる接触不良が起きにくく、耐久性に優れ、リーダライタから発生している磁界にカードをかざすだけで、データのやりとりができます。

ただし、ICカードは基本的には電池を内蔵していませんので、外部から電力を供給する必要があります。したがって、ICカード内にコイル状アンテナを内蔵させて、リーダライタが発信する電磁波を、アンテナで受信して動作電力に変えています。

非接触型ICカードは、耐久性に優れた特長を最大限利用して、先ずは交通系ICカードに採用されました。そして現在、流通しているマーケットは、①**電子マネー***決済のプリペイド型電子マネー、②学生証／教職員証／社員証、③公的個人認証サービスに対応したマイナンバーカードなど、より簡便性を求められる市場で大きく拡大しています。

＊**電子マネー**　非接触ICカードなどに貨幣価値データを記録しておいて、商店での支払いや銀行口座からの引き出しなどに連動して金額を増減させて、貨幣の代替を行うもの。

非接触ICカードの動作原理（リーダライタとの通信）

非接触ICカードとリーダライタ（電磁誘導方式）との情報交換は、以下のような手順によって行われています。

❶リーダライタが発生する電磁波を非接触ICカードのアンテナで受信し電流に変換する。

❷ICチップに電流が流れ、LSI（電子回路）が起動する。

❸ICチップのメモリに書込まれている情報を発信する。

❹リーダライタのアンテナが電波を受信して、制御回路にて解析する。

非接触ICカードを使った自動改札機の例

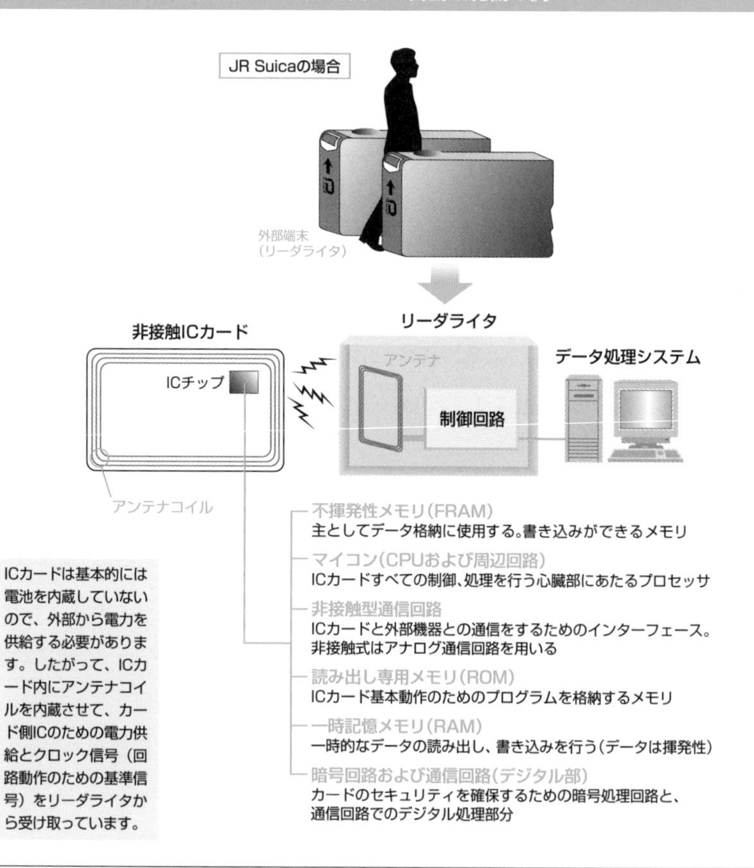

8-8

流通管理の仕組みを変える無線通信ICタグ

ICタグ、もしくはRFIDは、基本的にはICチップを埋め込んだ非接触ICカードと同様な機能を有しています。しかし、ICカードと違うところは、基本的にはCPUを搭載せず、非接触通信での利用を固有番号の識別技術としているところです。

ICタグの特徴とビジネスへの応用

微小チップ（ミリ単位以下）と小型アンテナを埋めこんだ**ICタグ***は、シールラベル、タグ、コイン、キー、カプセルなどさまざまな形状があります。基本構成は非接触ICカードと同じですが、ほとんどの製品はCPUを搭載せず、固有番号の識別技術として利用しています。なお、ICタグには、電子タグ、無線タグ、電子荷札、電子値札、**RFID***など、いろいろな名称がつけられています。ICタグは無線による非接触方式なので、識別番号が目に見える必要が無いので、箱の中にあっても衣料に縫い付けられていてもかまいません。このことによって、様々な流通などに、多様なビジネスでのアプリケーションとして利用されています。

ICタグのビジネスモデル例

アパレル業界

・生産管理
・流通管理
・在庫管理
・売れ筋商品管理

運輸業界

・物流管理
・宅配便管理
・航空手荷物管理

商品会計

・商品一括読みとり
・商品管理
・在庫管理
・万引き防止

図書館、出版業界

・管理番号
・本の名前、著者
・場所検索
・貸し出し管理

---

* **ICタグ**　ICタグは、RFIDとも呼ばれる。ICタグは応用面から、RFIDは技術面からの呼称と考えてよい。
* **RFID**　Radio Frequency Identification。電波による個体識別。本来は無線を利用した非接触の自動認識技術の総称。

ICタグの動作原理

ICタグは非接触ICカードと同じで、ICチップとリーダライタからの電波を受信するとともに電力を供給されるためのアンテナコイルから構成されています。ICタグ用チップに記録されるデータは認識番号が主体となっているため情報量が少なく、また読み出し専用の用途で使用する場合が多いため、非接触ICカードと比較して、小さなチップ面積ですみます。

ICタグ(RFID)の現況

店舗などではICタグは予想されたほど普及していません。導入には、ICタグの値段まだが高く、単価が安い商品には費用対効果が見込めず全商品への展開が困難、リーダライタの購入費用がかかるなどの理由があります。なお現在、経済産業省は、「RFIDタグを活用した食品ロス削減に関する実証実験(2021年)」などの活動を推進しています。下図は、日立製作所とルネサステクノロジが開発した(2005年の愛・地球博の入場券)ICタグ(ミューチップ0.4mm角)の例です。

ICタグ例(ミューチップ構成)

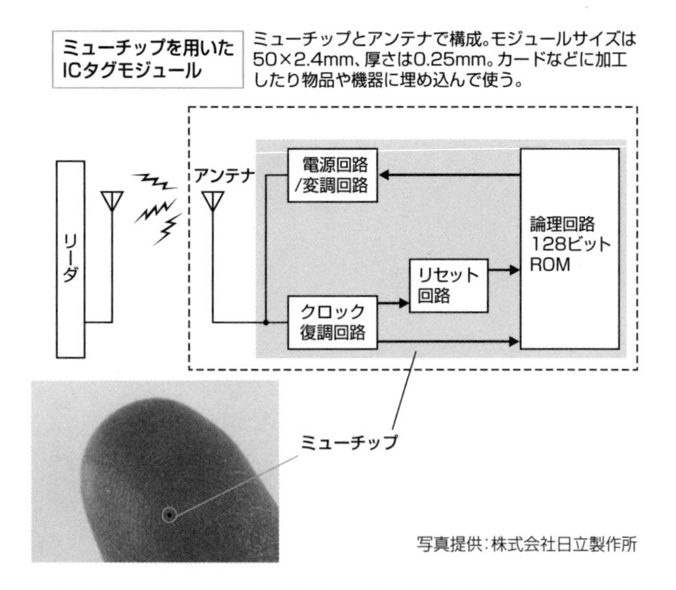

写真提供:株式会社日立製作所

第9章

半導体の微細化はどこまで？

1971年、米インテルが世界で初めてマイクロプロセッサを発表しましたが、その時のプロセスルールは10μmでした。ところが現在は、それが10nmになっています。半導体の微細化は今も続いています。どこまで微細化されるのでしょうか？今後の動向や将来の可能性について説明します。

9-1 トランジスタの微細化構造限界はどこまでか？

半導体の高性能化は、CMOSトランジスタ寸法の微細化に依存しています。微細化が壁にぶつかる時期もありましたが、超解像技術の登場もあって、現在も相変わらず進化し続けています。

MOSトランジスタ微細化を決めていた比例縮小則

CMOSデバイスの微細化は、従来はMOSトランジスタの主要パラメータ*を一定の係数で比例的、あるいは反比例的に縮小していく、MOSトランジスタの**比例縮小則**（スケーリング）を満たしてきました。しかしながら、これからは比例縮小則にしたがっているだけでは将来予測が実現されないため、各種の阻害要因解決策が提案されています。

MOSFETの比例縮小則（電界強度一定のとき）

▼MOSFETの比例縮小則（電界強度一定のとき）

	パラメータ	スケーリング比
デバイス（独立）	チャネル長	1/K
	チャネル幅	1/K
	ゲート酸化膜厚	1/K
	不純物濃度	K
	接合深さ	1/K
	空乏層厚さ	1/K
	電圧	1/K
回路（従属）	電流	1/K
	容量	1/K
	消費電力／回路	$1/K^2$
	遅延時間／回路	1/K
	デバイス面積	$1/K^2$

（出典）R.H.Dennard,F.H.Gaennsslen,H.N.Yu,V.L.Rideout,
E.B.Bassous and A.R.LeBlanc：Design of implanted MOSFET's with very small physical dimmensions,IEEE J of Solid State Circuits, SC-9,p.256（1974）

*主要パラメータ　チャネル長、チャネル幅、ゲート絶縁膜厚み、電圧、不純物濃度など。

さらなる微細化構造実現のための阻害要因の解決策

・**ゲート絶縁膜に高誘電率（high－k）材料**

極薄になったゲート絶縁膜を通してゲートリーク電流が生じます。酸化膜換算の絶縁膜をより厚くできる高誘電率（hgh－k）材料を用います。

・**トランジスタはLDD構造＊（ゲート側壁をサイドウオールと呼びます）**

ドレイン、ソース近傍の電界強度を下げて電源耐圧劣化を防止します。

・**トランジスタ構造にSOI基板**

チャネル部分の寄生容量を最小化する**SOI**＊構造の採用によって、動作時の無効電力増大を防ぎ、また動作処理速度を上げることができる。

・**トランジスタ構造に歪みシリコン**

シリコン基板に**歪みシリコン**を用いる。シリコン基板の歪みは、移動度を向上させる。移動度の向上は、そのままトランジスタ性能（速度）を向上させる。

・**多層配線金属に銅配線、層間絶縁膜に低誘電率（low－k）材料**

アルミから銅配線・低誘電率材料の層間絶縁膜で、配線遅延の減少。

CMOS微細化構造への解決策

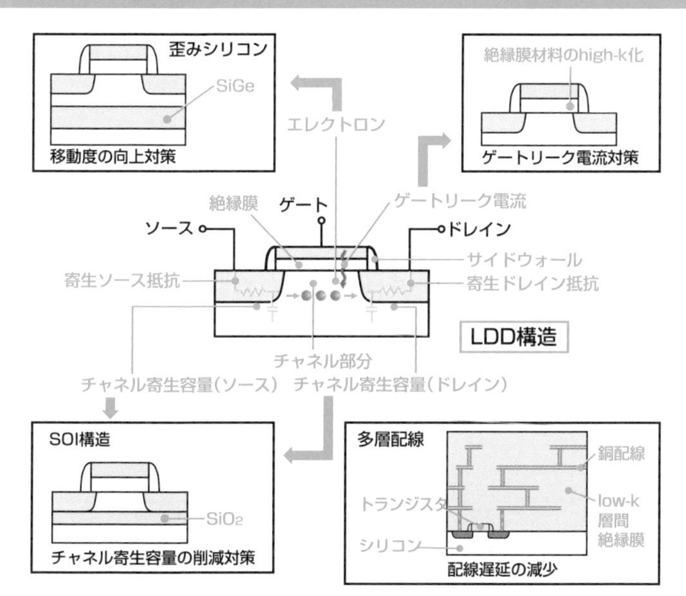

＊**SOI**　Silicon on Insulator。絶縁膜上の半導体。

＊**LDD構造**　第6章205ページを参照。

半導体の微細化はどこまでか？

図版は、SEMI（国際半導体製造装置材料協会）が予測した「半導体の微細化トレンド」です。本章では、**テクノロジーノード**は、プロセスルール（半導体製造プロセスでの最小加工寸法を規定する数値）と同義語としています。

半導体製造が開始されて以来、**ムーアの法則**（インテル社、ゴードンムーア博士が1965年に経験則として提唱した半導体の集積度は18～24ヶ月で倍増するという法則）どおり微細化（高集積度化に必要）も推移してきました。

しかし、プロセスルール32nmを境に、微細化スピードは鈍化しています。その最大原因は、露光技術（パターン解像度）の性能限界に起因しています。ArF液浸露光装置とダブルパターニング（二重露光）を駆使しても、解像限界が38nmとされていたからです。ところが32nm以降もまだペースダウンはあるものの微細化は進んでいます。それは、露光技術によらない成膜・エッチング技術のみによるダブルパターニング（SADP）の採用によって、超微細化が進展できたからです。

さらにEUV露光が本格稼働開始したこともあり、半導体の微細化はプロセスルール1nmの可能性さえ見えてきました。

半導体テクノロジーノード微細化トレンド

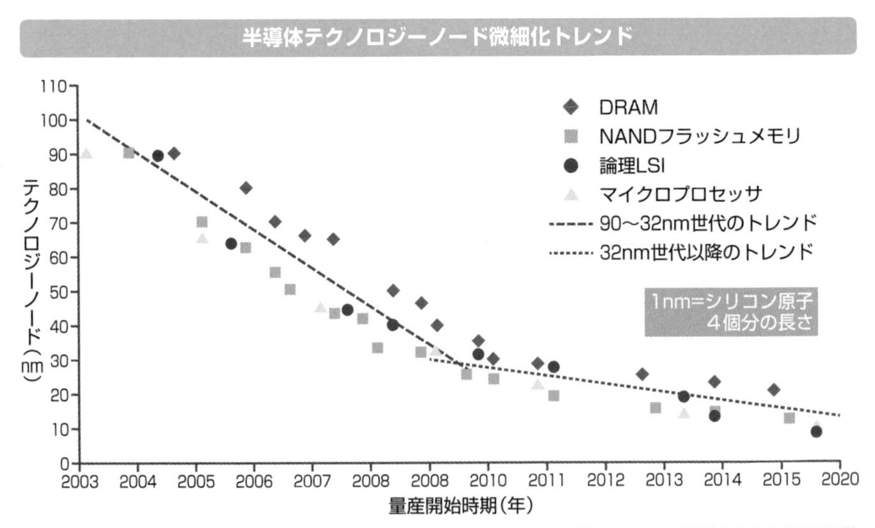

出所：SEMI World Fab Forecast(September 2017)をもとに筆者が加筆

MOSトランジスタ構造の微細化推移

本章は、電子機器性能を決めるMOSFETの高速動作化、すなわちMOSトランジスタ(MOSFET)構造の微細化推移について説明します。

大雑把に言えば、MOSFETの動作速度はチャネル長が短いほど高速になります。

MOSFETをスイッチ（デジタル回路）と考えるなら、OFF→ON(ON→OFF)への切替時間が短くなればよい訳ですから、それは、ソースから飛び出した電子が如何に速くドレインに到達出来るかにかかっているわけです。したがって、ソース・ドレイン間（チャネル長）の距離縮小こそが、MOSFETの高速動作化になるわけです。

しかしチャネル長を縮小すると、MOSFETはリーク電流が増大し（正確には他にも要因があります）、スイッチ機能としてON/OFFの区別が出来なくなり、動作不良を起こします。そこで、MOSFET　微細化推移での構造変化は、まさにチャネル長を縮小しつつ、如何にMOSFETリーク電流の増加を防止するかの問題になります。

初期構造はウエーハ平面上でのプレーナ型MOSFETで、チャネル長の推移は10μmから始まり、1.3μm位までは比例縮小側に従っています。しかし1.0μmくらいからは、性能劣化を防ぐためLDD構造が採用されました。そしてさらに構造は、立体化したFin型、GAA型へと進化していきます。

MOSトランジスタ構造の微細化推移

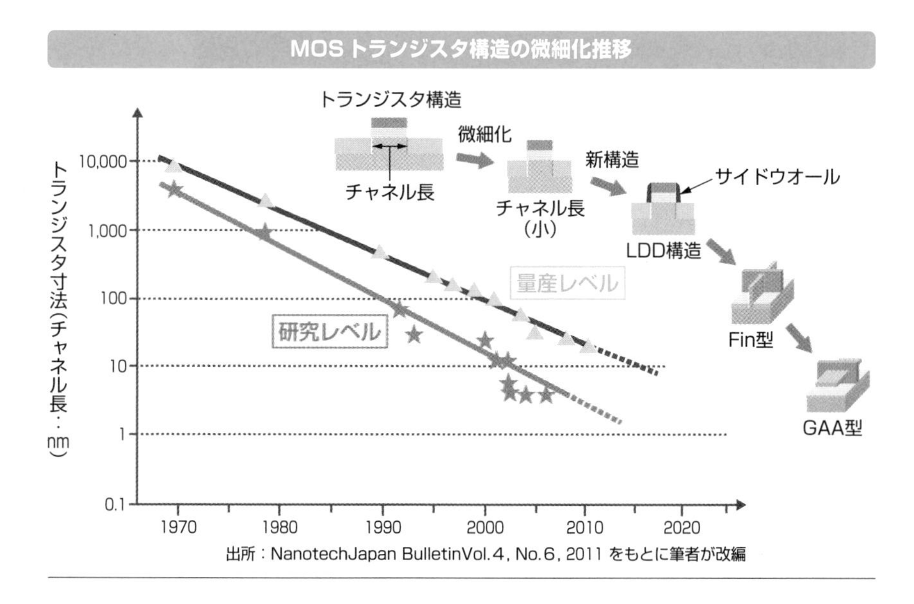

出所：NanotechJapan BulletinVol.4, No.6, 2011 をもとに筆者が改編

MOSFET構造の立体化

やがて、LDD構造（改良は継続）も性能限界になります。チャネル長20nmくらいからはMOSFETは平面型（プレーナ型MOSFET）から立体化したFin型MOSFETになります。Fin型MOSFETは、従来はゲート直下のチャネル部分が平面的（2次元）であったのに対して、チャネル部分のゲートを立体化し３方向から覆うFin構造（フィンとは魚の尾ひれ）になります。Fin型は、リーク電流を減少させるだけでなくMOSFET性能の改善にもつながり、さらなる低電圧化や高速化を可能にします。

超解像技術による半導体微細化が進み、チャネル長10nm以下まで製造できるようになると、Fin型MOSFETはさらに進化して一段と高性能なGAA型MOSFETが開発されます。GAA*型MOSFETは、Fin型MOSFETのゲートがチャネル部分を３方向から覆っていたのに対して、全方向から覆う構造になってさらに高性能化されます。

スマートフォンに搭載されている最高性能のプロセッサは、すでにチャネル長5～7nmが製造されています。トランジスタ寸法の微細化は依然続いていて、チャネル長1nmまでの限界に挑戦しています。

MOSFET構造の３次元化

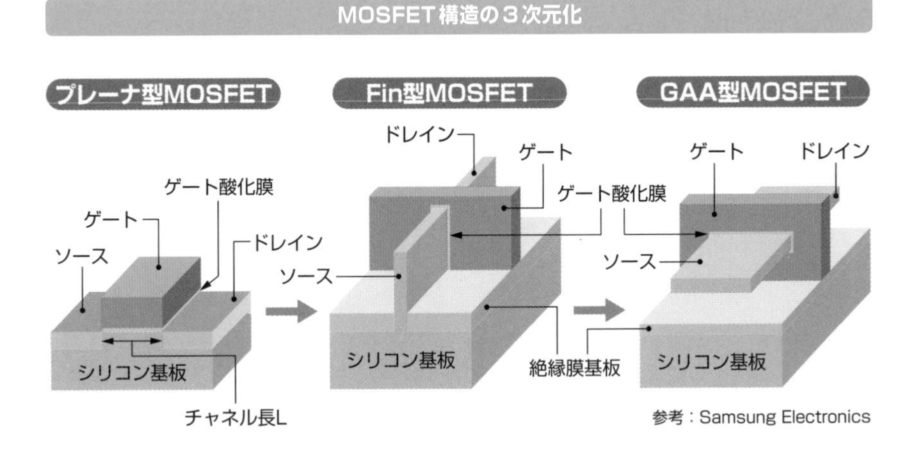

参考：Samsung Electronics

＊**GAA**　Gate All Around。

究極ナノテク技術の単一電子トランジスタ

現在のMOSFET縮小化とは別に、究極の極小トランジスタである**単一電子トランジスタ**が、ナノテク技術により考えられています。現状のMOSトランジスタが1万個以上のエレクトロンの電子をソース、ドレイン間に移動させてON／OFFを行うのに対して、単一電子トランジスタはただ1個のエレクトロン移動によって、トランジスタのON、OFFを行おうとするデバイスです。概略構造は、通常MOSFETゲートに似ていて、ゲート直下のチャネルをシリコンの島（電荷島）に代えて、電荷島とソース、ドレイン間にトンネル障壁を設ける構造になります。電子は、このトンネル障壁を超えて、ソースからドレインへ移動することになります。

考え方の1つとして、超低消費電力への期待があります。たとえば現在のメモリが約10万個のエレクトロンでコンデンサに充放電をして1ビットを記憶しているとすれば、単電子メモリでは、エレクトロン1～数個で1ビットを記憶できるようになります。したがって消費電力が約10万分の1になる可能性があります。さらに単一電子トランジスタは、必然的に微細化構造であり究極の超高集積化構造になります。

単一電子トランジスタ

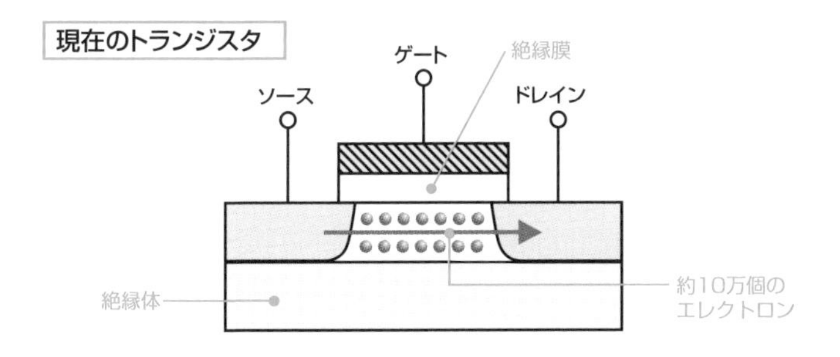

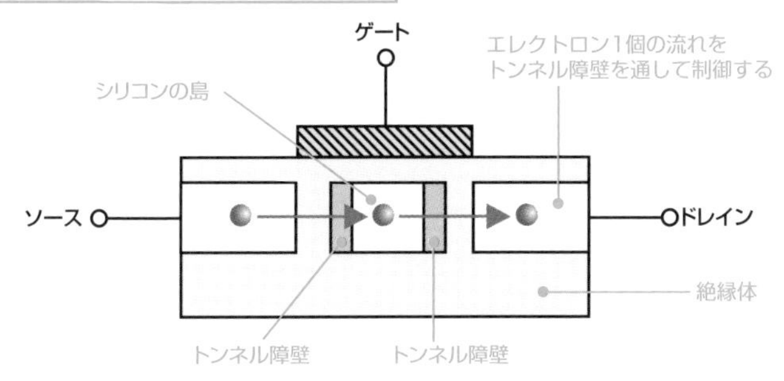

9-2

微細化は電子機器高性能化を加速する

トランジスタ微細化は、集積度増大、消費電力削減、処理速度向上などの効果をもたらし、電子機器高性能化を加速します。しかしながらCPU高性能化では、処理速度向上のみでは、消費電力増加による破綻が生じ、現在は、CPUのマルチコア化が進んでいます。

トランジスタ微細化による電子機器高性能化への効果

・集積度（ワンチップに搭載するトランジスタ数）の増大

システムLSIは、100万～数億個以上のトランジスタを搭載し、高性能電子システムを実現しました。パソコンの性能を決めているCPUも、大幅にそのトランジスタ数を増大させています。例えば、1971年のインテル4004が2,300個であったのに対して、2019年のCorei9は20億、そして2019年のiPhone11搭載A13Bionicプロセッサでは85億個ものトランジスタが搭載されています。

・動作周波数の高速化（CPUの高速処理化）

トランジスタの動作周波数は、チャネル長が短いほど高速化されます。パソコンの高性能化も、CPUに搭載されているトランジスタの動作周波数に依存しているので、トランジスタが微細化され高速化されるほど、命令（仕事）の実行時間は短くなります。CPU動作周波数は、インテル4004が108kHzだったのに対して、Corei9では5,000MHzです。動作周波数のみで単純比較すると、Corei9は約5万倍の高速処理が可能になっている計算です（ただし、実際の処理速度は動作周波数だけでは決定しません）。

・消費電力の削減

LSIに搭載しているCMOS論理回路の動作時における消費電力Pは、おおよそ、

$$P \fallingdotseq CNV^2f + NVI_L$$

C：負荷容量、N：トランジスタ数　V：電源電圧、f：動作周波数

I_L：リーク電流（回路動作に関与しないMOSFET構造上から生じる漏れ電流）

と表すことができます。

上記ファクターの中で、消費電流削減効果があるのは、負荷容量Cと電源電圧Vになります。負荷容量Cはトランジスタ面積に相当しますので、微細化による面積縮少は、比例的に消費電力を削減できます。さらに、電源電圧Vの項は2乗で効きますので、動作する電源電圧を低下すると大きな消費電力削減になります。例えば、電源電圧を1/2にすれば、消費電力は$(1/2)^2$=1/4になります。

インテルプロセッサの動作周波数・トランジスタ数・プロセスルールの推移

名称	発売年	動作周波数(MHz)	トランジスタ数（個）	プロセスルール
4004	1971	0.108	2,300	10μm
8080	1974	2	6,000	6μm
8086	1978	5〜10	2万9,000	3μm
Pentium 4	2000	1,400〜3,800	4,200万	0.18μm
Pentium M	2002	1,100〜2,260	5,500万	90nm
Corei7	2008	3,200〜3,330	7億3,100万	45nm
Corei7	2012	3,900	9億9,500万	32nm
Corei7	2017	4,500	4CPU　10億	14nm
Corei9	2019	5,000	8CPU　20億	10〜14nm

1μm=1,000nm　1GHz=1,000MHz　　出所：インテル株式会社

動作電圧低下しても限界にきているCPU消費電力削減

CMOSLSIで使用するMOSFETは、微細化に加えて、消費電力削減のため動作電圧の低下が図られてきました。しかし一方、電子機器の高速処理化のために動作周波数はGHzに及ぶような高々周波数まで上がってきています。前記したように、動作周波数fは、直接に消費電力増加の要因になります。GHz以上の高周波数化では消費電力が急激に増大し、バッテリー駆動時間減少や発熱問題（高温度ではMOSFETにリークが発生し動作不能となるので放熱機構が必要）などに大きな問題を生じてきました。また一方、数十億までに及ぶトランジスタ数Nによるリーク電流I_Lの増加が、消費電力全体に及ぼす影響も無視できない状態となっています。

そこで、考えられた解決方法が、動作周波数増大をせずに、電力性能比に優れたCPUを2個あるいはそれ以上に並列的に配置して、消費電力を増加せずに実質的なCPU処理性能向上を実現させる手法が**マルチコア**（マルチプロセッサ）による処理方式です。

マルチコア（マルチプロセッサ）技術

マルチコア技術では、現在の倍の演算性能を得ようとした場合、シングルコアで2倍の動作周波数にするよりも、動作周波数を同じにして、2個のCPUを用いたデュアルコアにするほうがより低消費電力で実現できます。シングルコアで同じ演算性能を得ようとすると、動作周波数を高め（消費電力は動作周波数に比例）、また電源電圧も高める（消費電力は電源電圧の2乗に比例）必要があり、その結果、デュアルコア（CPU2個）の場合より消費電力が大きくなってしまいます。

しかしながらプロセッサ性能は、CPUを2個用いたからといって、単純に動作速度が2倍相当になるわけではありません。マルチコアによるプロセッサ性能を所望の値にするためには、複数のCPU動作による効果的なプログラムの並列処理が非常に重要です。そのためには、適切なOS*対応とマルチスレッド*対応アプリケーションが必要になります。

マルチコア（マルチプロセッサ）の概念

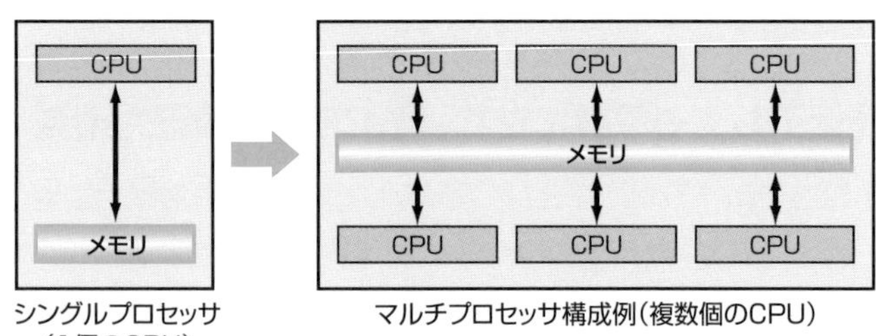

---

* OS　Operating System。コンピュータでプログラムを実行する場合の制御、管理、入出力制御などを行うための基本ソフトウエア。
* マルチスレッド　スレッドは1つの実行プログラムを複数分割して処理する単位。マルチスレッドとは、この複数のスレッドによって同時並行処理を行うこと。

索引

INDEX

記号・数字

英字

あ行

か行

さ行

た行

な・は行

ま行

や・ら・わ行

■参考文献

・『超LSI総合事典』
(サイエンスフォーラム、1988年)
・『図解ディジタル回路入門』
中村次男 著(日本理工出版会、1999年)
・『システムLSIソリューション』
沖テクニカルレビュー(沖電気、2003年10月)
・『90nmCMOS Cu配線技術』
FUJITSU(富士通、2004年5月)
・『入門DSPのすべて』
日本テキサス・インスツルメンツ(技術評論社、1998年)
・『ナノメートル時代の半導体デバイスと製造技術の展望』
日立評論(日立、2006年3月)
・『先端デバイス設計とリソグラフィー技術』
日立評論(日立、2008年4月)
・『LED照明ハンドブック』
(LED照明推進協議会、2006年7月)
・『3次元LSI実装のためのTSV技術の研究開発動向』
科学技術動向(科学技術動向研究センター、2010年4月)
・『基本システムLSI用語辞典』
西久保靖彦 著(CQ出版、2000年)
・『図解雑学 半導体のしくみ』
西久保靖彦 著(ナツメ社、2010年)
・『超大容量不揮発性ストレージを実現する3次元構造BiCSフラッシュメモリ』
東芝レビューVol.66 NO.9 (2011)
・『福田昭のセミコン業界最前線』
PC Watch , Impress Corporation
・『湯之上隆のナノフォーカス』
EE Times Japan , ITmedia Inc. 湯之上隆(微細加工研究所)

■著者紹介

西久保　靖彦（にしくぼ　やすひこ）

埼玉県生まれ。電気通信大学を卒業後、シチズン時計株式会社技術研究所、大日本印刷株式会社エレクトロニクスデザイン研究所、イノテック株式会社、三栄ハイテックス株式会社を経て、現在、ウエストブレイン（代表）。静岡大学客員教授（2005.4～2018.3）。

シチズン時計での水晶腕時計用CMOS・IC　開発をスタートとして、日本の半導体産業に黎明期から関わってきた。著書は『図解入門よくわかる最新半導体の基本と仕組み』、『図解入門よくわかる最新ディスプレイ技術の基本と仕組み』、『図解入門よくわかるCPUの基本と仕組み』（株式会社秀和システム刊）、『図解雑学半導体のしくみ』（株式会社ナツメ社）、『大画面・薄型ディスプレイの疑問100』（ソフトバンククリエイティブ株式会社）、『基本ASIC　用語辞典』（CQ　出版株式会社）、『基本システムLSI用語辞典』（CQ　出版株式会社）、『回路シミュレータSPICE入門』（日本工業技術センター）、『LSIデザインの実態と日本半導体産業の課題』（半導体産業研究所）など。

趣味はアマチュア無線（JA1EGN、1級アマチュア無線技師）、国内・海外を問わず、あちこちと駆け巡る旅行。

図解入門　よくわかる
最新半導体の基本と仕組み［第3版］

発行日　2021年 7月 5日　第1版第1刷
　　　　2023年12月18日　第1版第4刷

著　者　西久保　靖彦

発行者　斉藤　和邦
発行所　株式会社　秀和システム
〒135-0016
東京都江東区東陽2-4-2　新宮ビル2F
Tel 03-6264-3105（販売）Fax 03-6264-3094
印刷所　三松堂印刷株式会社　Printed in Japan

ISBN978-4-7980-6506-9 C3054

定価はカバーに表示してあります。
乱丁本・落丁本はお取りかえいたします。
本書に関するご質問については、ご質問の内容と住所、氏名、電話番号を明記のうえ、当社編集部宛FAXまたは書面にてお送りください。お電話によるご質問は受け付けておりませんのであらかじめご了承ください。